机械制造技术基础

李贵红　王　磊　叶　青　主编

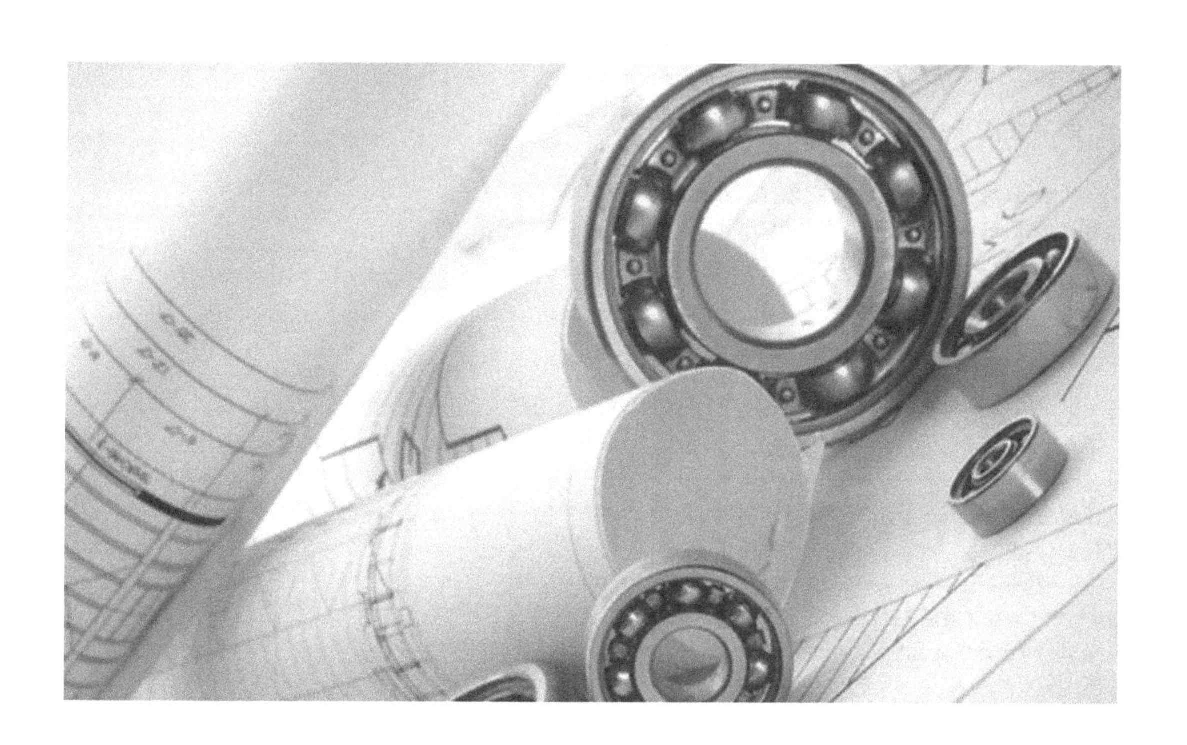

中国纺织出版社有限公司

内 容 提 要

本书以“工学结合”人才培养模式为指导，以强化基础知识、突出应用能力培养、注重实用性为原则，在总结近年来的教学改革与实践经验的基础上，参照当前有关技术标准编写而成。本书主要介绍了金属切削过程与控制、机械制造中的加工方法及装备、机械加工质量及其控制、工艺规程设计、机床夹具设计和机械制造技术的新发展。

本书可以用作普通高等院校机械工程专业和机械设计制造及其自动化专业机械制造技术基础课程设计指导教材或参考资料，也可作为普通高等院校其他相关专业的参考书，以及供广大机械类专业的学习者、从事机械制造的工程技术人员参考使用。

图书在版编目(CIP)数据

机械制造技术基础 / 李贵红，王磊，叶青主编．—北京：中国纺织出版社有限公司，2019.10

ISBN 978-7-5180-6279-9

Ⅰ．①机… Ⅱ．①李… ②王… ③叶 Ⅲ．①机械制造工艺—高等学校 Ⅳ．①TH16

中国版本图书馆 CIP 数据核字（2019）第 116664 号

责任编辑：朱利锋　　责任校对：韩雪丽
责任设计：艾书文　　责任印制：何建

中国纺织出版社有限公司出版发行
地址：北京市朝阳区百子湾东里 A407 号楼　邮政编码：100124
销售电话：010—67004422　传真：010—87155801
http://www.c-textilep.com
中国纺织出版社天猫旗舰店
官方微博 http://weibo.com/2119887771
北京虎彩文化传播有限公司印刷　各地新华书店经销
2019 年 10 月第 1 版第 1 次印刷
开本：787×1092　1/16　印张：15.75
字数：265 千字　定价：66.00 元

"机械制造技术基础"是我国高等院校工科专业工艺教育的一门重要的技术基础课,也是一门改革力度较大的课程。近年来,根据教学改革的要求,国内已出版了多种同类教材。在汲取同类教材宝贵经验的基础上,本教材对该课程的体系和结构进行了一定的改革,既努力避免教学过程中教材内容重复的现象,又考虑到知识体系结构和读者自学的需要,力求符合人们认识事物的规律,使之有益于培养读者的创造性思维,提高他们的创新能力。

本教材主要将金属切削基本理论、机械加工方法与装备、机械制造工艺与夹具设计原理等内容进行有机整合,注重突出知识要点和基本概念,加强理论联系工程实际,目的是使学生能掌握机械制造技术的基本理论,培养分析和解决实际生产问题的能力。本教材一方面考虑了学时缩短及篇幅限制,另一方面注重加强机械制造基础知识的教学,同时充实了新知识和新的研究成果,以拓宽学生的知识面,使学生建立与现代制造工业发展相适应的系统知识体系。

本教材以实用性、科学性相结合为宗旨,采用以图为主、辅以简要文字说明的方法,语言简练、通俗易懂,同时反映了现代机械制造技术的新发展,是一部极具创新性和使用价值的专业用书。

在本教材的编写过程中,参考了众多的教材和专著,在此我们向所有的作者表示敬意和感谢!最后,向参加本书编写、审稿和出版工作以及在编写过程中给予帮助和支持的各位同仁,致以最诚挚的谢意!

由于时间紧迫,加之作者水平有限,疏漏之处在所难免,恳请广大读者批评指正。

编　者

2019 年 5 月

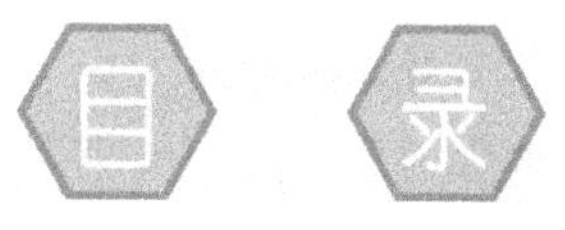
目 录

第一章 绪 论

第一节 机械制造工业在国民经济中的地位与作用

制造业是国民经济的支柱产业，是国家创造力、竞争力和综合国力的重要体现。它不仅为现代工业社会提供物质基础，为信息与知识社会搭建先进装备和技术平台，也是实现军事变革和国防安全的基础。

机械装备制造业是制造业中重要的组成部分之一，它担负着向国民经济和国防建设的各个部门提供机械装备的任务。我国现代化建设的发展速度在很大程度上要取决于机械装备制造业的发展水平，从这个意义上说，加快振兴机械装备制造业是至关重要的。

我国是世界上文化、科学发展最早的国家之一。随着农业和手工业的发展，我国应用各种机械作为生产工具。早在公元前 2000 年左右，我国就制成了纺织机械；公元 260 年左右，我们的祖先就创造了木制齿轮，并应用轮系原理制成了水力驱动的谷物加工机械；在明代创造了和现在的铣削加工相类似的机械加工方法。然而后来我们落后了，从资本主义生产方式在欧洲大陆开始发展的 14 世纪起一直到 1949 年中华人民共和国成立这漫长的几百年间，我国的机械制造工业长期处于停滞状态。

中华人民共和国成立前的机械制造工业基础十分薄弱，从 1865 年清政府在上海创办江南机械制造局起到 1949 年这 80 多年的时间里，全国只有屈指可数的少数城市有一些机械厂。中华人民共和国建立 50 多年来，我国已经建立了一个比较完整的机械工业体系。中华人民共和国成立初期，以万吨水压机等为代表的各种重型装备的研制成功，标志着国民经济有了自己的脊梁；“两弹一星”和千万吨级露天矿采掘设备、大秦铁路重载列车、宝钢工程设备、30 万 kW 及 60 万 kW 火电机组、三峡发电机组、秦山核电站机组、30 万 t 乙烯成套设备、秦皇岛煤码头设备、正负电子对撞机、500 kV 交流输变电设备等重大装备的研制成功，解决了 20 世纪后 20 年我国经济建设中的许多难题，有力地促进了国家重大工程建设，也为以后重大技术装备的研制打下了坚实的基础。目前，全国电力、钢铁、石油、交通、矿山等基础工业部门所拥有的机电装备总量中，约有 2/3 是我国自己制造的，其中 12 000 m 特深井陆地石油钻机、五轴联动数控机床、70 万 kW水轮发电机组等为代表的一批重大技术装备已达到或接近国际先进水平。2007 年我国生产汽车约 888 万辆，生产金属切削机床约 58 万台(其中数控机床约 12 万台)，许多与人民生活密切相关的主要耐用消费机械产品，如电冰箱、家用空调机、摩托车的产量均位居世界前列，我国已崛起成为全球第三制造大国。

我国的工业水平与世界先进水平相比，尤其是机械装备制造业的整体技术水平和国际竞争能力有较大差距。第一，我国国民经济建设和高新技术产业所需重大装备的国内自给率目前尚不到 50%，高档制造装备和科学仪器的 90%要依赖进口；第二，制造业的人均劳动生产率比较低，仅为工业发达国家的十几至二十几分之一；第三，企业对市场需求的快速响应能力不高，我国新产品开发周期平均为 18 个多月，工业发达国家新产品开发周期平均为 4～6 个月；第四，我国制造业仍存在能源资源消耗高、污染排放严重、自主创新能力薄弱、区域产业结构趋同、服务增值率低、高水平人才短缺等亟待解决的问题。

“中国制造 2025”提出，2015 年是我国为实现制造强国战略目标而提出的第一个十年行动规划，涉及的十大重点领域无不属于高技术产业和先进制造业领域。

(1)新一代信息技术。其涉及集成电路及专用装备、信息通信设备、操作系统及工业软件，其中就包括要全面突破第五代移动通信(5G)技术。5G 网络主要有三大特点，即极高的速率、极大的容量、极低的时延，能支持 1000 亿级别物的连接并提供工业级的可靠性和实时性，是支撑智能制造理想的通信网络。

(2)高档数控机床和机器人。鉴于我国已成为全球第一大工业机器人消费市场，“中国制造 2025”提出，围绕汽车、机械、电子、危险品制造、国防军工、化工、轻工等工业机器人、特种机器人，以及医疗健康、家庭服务、教育娱乐等服务机器人应用需求，研发出新的产品，促进机器人标准化、模块化发展，并突破机器人本体、减速器、伺服电动机、控制器、传感器与驱动器等关键零部件及系统集成设计制造等技术瓶颈。

(3)航空航天装备。飞机被称为“工业之花”和技术发展的“火车头”，而航空发动机则被誉为工业皇冠上的“明珠”。航天装备水平也是衡量国家高科技生产力高低的重要标志之一。

“中国制造 2025”提出，在航空装备方面要加快大型飞机研制，适时启动宽体客机研制，鼓励国际合作研制重型直升机；推进干支线飞机、直升机、无人机和通用飞机产业化；突破高推重比、先进涡桨(轴)发动机及大涵道比涡扇发动机技术，建立发动机自主发展工业体系；开发先进机载设备及系统，形成自主完整的航空产业链。在航天装备方面，发展新一代运载火箭、重型运载器，提升进入空间能力。加快推进国家民用空间基础设施建设，发展新型卫星等空间平台与有效载荷、空天地宽带互联网系统，形成长期持续稳定的卫星遥感、通信、导航等空间信息服务能力。推动载人航天、月球探测工程，适度发展深空探测。推进航天技术转化与空间技术应用。

(4)海洋工程装备及高技术船舶。船舶工业是为水上交通、海洋资源开发及国防建设提供技术装备的现代综合性和战略性产业，是国家发展高端装备制造业的重要组成部分，是国家实施海洋强国战略的基础和重要支撑。“中国制造2025”指出，要大力发展深海探测、资源开发利用、海上作业保障装备及其关键系统和专用设备。推动深海空间站、大型浮式结构物的开发和工程化。形成海洋工程装备综合试验、检测与鉴定能力，提高海洋开发利用水平。突破豪华邮轮设计建造技术，全面提升液化天然气船等高技术船舶国际竞争力，掌握重点配套设备集成化、智能化、模块化设计制造核心技术。

(5)先进轨道交通装备。轨道交通装备制造是我国高端装备制造领域自主创新程度最高、国际创新竞争力最强、产业带动效应最明显的行业之一。特别是近年来在“高速”“重载”“便捷”“环保”技术路线推进下，高速动车组和大功率机车取得了举世瞩目的成就。

“中国制造2025”提出，要加快新材料、新技术和新工艺的应用，重点突破体系化安全保障、节能环保、数字化智能化网络化技术，研制先进可靠适用的产品和轻量化、模块化、谱系化产品。研发新一代绿色智能、高速重载轨道交通装备系统，围绕系统全寿命周期，向用户提供整体解决方案，建立世界领先的现代轨道交通产业体系。

(6)节能与新能源汽车。鉴于传统内燃机车已经不能满足驱动中国发展的需要，“中国制造2025”将目标瞄准节能与新能源汽车，要求大力支持电动汽车、燃料电池汽车发展，掌握汽车低碳化、信息化、智能化核心技术，提升动力电池、驱动电动机、高效内燃机、先进变速器、轻量化材料、智能控制等核心技术的工程化和产业化能力，形成从关键零部件到整车的完整工业体系和创新体系，推动自主品牌节能与新能源汽车同国际先进水平接轨。

(7)电力装备。电力装备是实现能源安全稳定供给的基础，包括发电设备、输变电设备、配电设备等。近年来，我国发电设备装机容量、输电线路长度均居世界第一位。大型发电、特高压输变电、智能电网成套装备已经达到世界领先水平。“中国制造2025”提出，推动大型高效超净排放煤电机组的应用，进一步提高超大容量水电机组、核电机组、重型燃气轮机制造水平。推进新能源和可再生能源装备、先进储能装置、智能电网用输变电及用户端设备发展。突破大功率电力电子器件、高温超导材料等关键元器件和材料的制造及应用技术，形成产业化能力。

(8)农机装备。农业机械装备是提高农业生产效率、实现资源有效利用、推动农业可持续发展的不可或缺工具。农机装备中的拖拉机、联合收割机、植保机械、农用水泵等产品，我国产量居世界第一位。“中国制造2025”提出，重点发展粮、棉、油、糖等大宗粮食和战略性经济作物育、耕、种、管、收、运、贮等主要生产过程使用的先进农机装备，加快发展大型拖拉机及其复式作业机具、大型高效联合收割机等高端农业装备及关键核心零部件。提高农机装备信息收集、智能决策和精准作业能力，推进形成面向农业生产的信息化整体解决方案。

(9)生物医药及高性能医疗器械。我国是全球第二大药品消费市场，并拥有1.2亿以上的老年人口，这对新药的创制提出新的要求。“中国制造2025”提出，要发展针对重大疾病的化学药、中药、生物技术药物新产品，重点包括新机制和新靶点化学药、抗体药物、抗体偶联药物、全新结构蛋白及多肽药物、新型疫苗、临床优势突出的创新中药及个性化治疗药物。提高医疗器械的创新能力和产业化水平，重点发展影像设备、医用机器人等高性能诊疗设备，全降解血管支架等高值医用耗材，可穿戴、远程诊疗等移动医疗产品。实现生物3D打印、诱导多能干细胞等新技术的突破和应用。

(10)新材料。新材料是指那些对现代科学技术的进步和国民经济的发展有重大推动作用的新型材料。新材料作为引导性新兴产业正成为未来经济社会发展的重要力量。“中国制造2025”指出的新材料发展方向是：以特种金属功能材料、高性能结构材料、功能性高分子材料、特种无机非金属材料和先进复合材料为发展重点，加快研发新材料制备关键技术和装备，突破产业化制备瓶颈；发展军民共用特种新材料；提前布局和研制超导材料、纳米材料、石墨烯、生物基材料等战略前沿材料。

同学们在学习“机械制造技术基础”这门课时，都要认真地想一想，在振兴我国机械装备制造业的宏伟事业中我们自己所肩负的历史重任。

第二节 机械制造厂的生产过程和工艺过程

一、生产过程和工艺过程

1.生产过程

将自然界的物质作成对人们有用的机械装备，需要经历一系列的过程。例如，从矿井里开采矿石，把矿石运到原材料制造厂，经过熔炼变成各种原材料，将原材料送到机械制造厂，采用各种加工方法把它们作成机器零件，再将机器零件装成具有规定性能的机械装备。

机械制造厂一般都从其他工厂取得制造机械装备所需要的原材料或半成品。从原材料(或半成品)进厂，一直到把成品制造出来的各有关劳动过程的总和统称为工厂的生产过程，它包括原材料的运输保管、把原材料作成毛坯、把毛坯作成机器零件、把机器零件装配成机械装备、检验、试车、油漆、包装等。

工厂的生产过程又可按车间分为若干车间的生产过程。甲车间所用的原材料(或半成品），可能是乙车间的成品；而乙车间的成品，又可能是其他车间的原材料（或半成品）。例如，铸造车间或锻造车间的成品是机械加工车间的原材料（或半成品），而机械加工车间的成品又是装配车间的原材料（或半成品），等等。

2. 工艺过程

在生产过程中，凡属直接改变生产对象的尺寸、形状、物理化学性能以及相对位置关系的过程，统称为工艺过程；其他过程则称为辅助过程。例如统计报表、动力供应、运输、保管、工具的制造、修理等。当然，把工艺过程从生产过程中划分出来，只能有条件地分到一定程度。例如，在机床上加工一个零件，加工前要把工件装夹到机床上去，加工后要测量它的尺寸等，这些工作虽然不直接改变加工件的尺寸、形状、物理化学性能和相对位置关系，但还是把它们列在工艺过程的范畴之内，因为它们与加工过程密切相关，很难分割。

工艺过程又可分为铸造、锻造、冲压、焊接、机械加工、热处理、装配等工艺过程。“机械制造技术基础”课程只讨论机械加工工艺过程和装配工艺过程。铸造、锻造、冲压、焊接等工艺过程在“材料成形技术基础”课程中讨论；热处理工艺过程在“工程材料”课程中讨论。

一个同样要求的零件，可以采用几种不同的工艺过程来加工，但其中总有一种工艺过程在给定的条件下是最合理的，人们把该工艺过程的有关内容用文件的形式固定下来，用以指导生产，这个文件称为工艺规程。

二、工艺过程的组成

1. 工序

一个工人或一组工人，在一个工作地对同一工件或同时对几个工件所连续完成的那一部分工艺过程，称为工序。

机械零件的机械加工工艺过程由若干工序组成，毛坯依次通过这些工序，就被加工成合乎图样规定要求的零件。加工图 1-2-1 所示零件，其工艺过程可由表 1-2-1 所示的五个工序组成。

在同一工序内所完成的工作必须是连续的，例如，磨图 1-2-1 所示零件 ϕ 30h6、ϕ 28h6 的圆柱面时，如果粗磨之后，把工件从磨床上卸下来，到高频淬火机上作表面淬火处理，然后再拿到磨床上进行精磨，即使所用磨床还是同一台磨床，粗磨工作和精磨工作都被分别看作是一个独立的工序，如表 1-2-1 所示。粗磨工作和精磨工作不是连续完成的。如果粗磨之后不进行热处理，也不把工件从磨床上卸下来，而是紧接着就做精磨加工，那么，粗磨和精磨就被看作是一个工序。

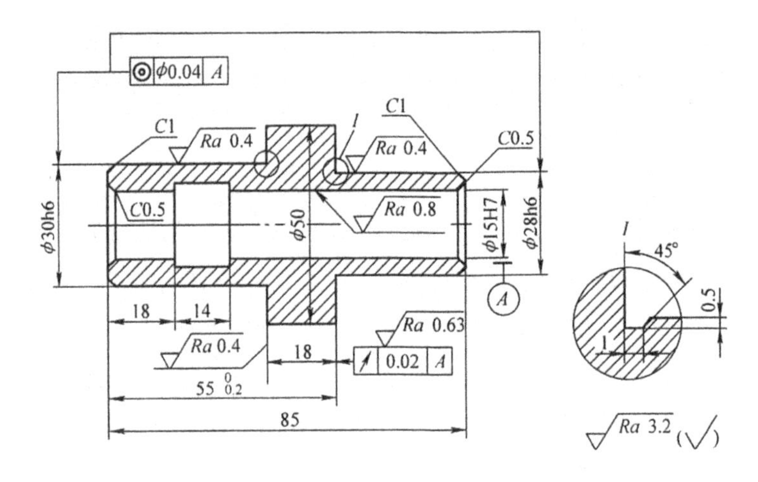

图 1-2-1　零件图

表 1-2-1　工艺过程

工序号	工序名称	工作地
1	车外圆、端面并加工	转塔车床
2	粗磨外圆及端面	外圆磨床
3	热处理	高频淬火机
4	精磨外圆及端面	外圆磨床
5	钳修	钳工台

工序是工艺过程的基本组成部分，工序是制订生产计划和进行成本核算的基本单元。

2. 安装

在同一工序中，工件在工作位置可能只装夹一次，也可能要装夹几次。安装是工件经一次装夹后所完成的那一部分工艺过程。如表 1-2-1 所列工艺过程的第 1 道工序，一般都要进行两次装夹，才能把工件上所有的内外表面加工出来。

从减小装夹误差及减少装夹工件所花费的时间考虑，应尽量减少安装次数。

3. 工位

在同一工序中，有时为了减少由于多次装夹而带来的误差及时间损失，往往采用转位工作台或转位夹具来改变工件相对于机床（或刀具）的位置关系。工位是在工件的一次安装中，工件相对于机床（或刀具）每占据一个确切位置所完成的那一部分工艺过程。图 1-2-2 就是表 1-2-1 所列工艺过程中第 1 道工序的第二次安装的加工示意图。它利用转塔车床的转塔刀架、前后方刀架，依次对工件进行粗车外圆、钻中心孔、钻孔、挖槽、倒内孔角、扩孔、精车外圆、铰孔、车端面、倒角等工作。此安装由 9 个工位组成。

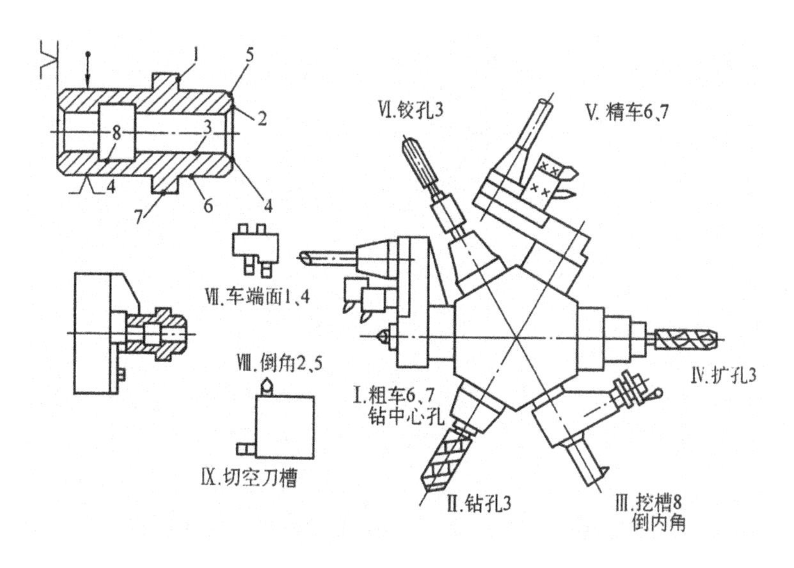

图 1-2-2 多工位加工

4. 工步

一个工序(或一次安装,或一个工位)中可能需要加工若干个表面,也可能只加工一个表面,但却要用若干把不同的刀具轮流加工,或只用一把刀具,但却要在加工表面上切多次,而每次切削所选用的切削用量不完全相同。工步是在加工表面、切削刀具和切削用量(仅指机床主轴转速和进给量)都不变的情况下所完成的那一部分工艺过程。上述三个要素中(指加工表面、切削刀具和切削用量),只要有一个要素改变了,就不能认为是同一个工步。

为了提高生产效率,机械加工中有时用几把刀具同时加工几个表面,这也被看作是一个工步,称为复合工步。图 1-2-2 中工位 Ⅰ、Ⅴ、Ⅶ 的加工情况都是复合工步的加工实例。

为简化工艺文件,工艺上把在同一工件上依次钻若干相同直径的孔看作是一个工步。例如,在尼龙喷丝头上钻几百个直径相同的小孔,如果照套工步的定义,势必认为这个钻孔工序包含有几百个工步,在工艺文件工步内容一栏中就要写上数百个相同的工步名称,这是极为烦琐的。从简化工艺文件考虑,可以把它们看作是一个工步。此种概念在生产中沿用至今,已经成为一种习惯。

5. 走刀

在一个工步中,如果要切掉的金属层很厚,可分为几次切削。每切削一次,就称为一次走刀。图 1-2-3 所示表面分两次切削就是两次走刀。

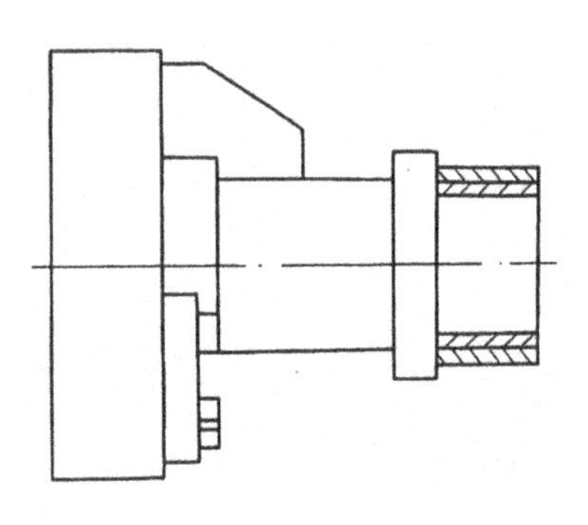

图 1-2-3 走刀示例

综上分析可知，工艺过程的组成是很复杂的。工艺过程由许多工序组成，一个工序可能有几个安装，一个安装可能有几个工位，一个工位可能有几个工步，如此等等。

第三节 生产类型及其工艺特征

社会对于机械产品的需求是多种多样的，有些产品结构复杂，有些简单；有些产品技术要求高，比较精密，有些就不那么精密；有些产品社会需求量大，有些则需求量小。根据加工零件的年生产纲领和零件本身的特性（轻重、大小、结构复杂程度、精密程度等），可以参照表 1-3-1、表 1-3-2 所列数据，将零件的生产类型划分为单件生产、成批生产和大量生产三种。产品种类很多，同一种产品的数量不多，生产很少重复，此种生产称为单件生产。产品的品种较少，数量很大，每台设备经常重复地进行某一工件的某一工序的生产，此种生产称为大量生产。成批地制造相同零件的生产，称为成批生产。每批制造的相同零件的数量，称为批量。批量可根据零件的年产量及一年中的生产批数计算确定。一年中的生产批数，需根据零件的特征、流动资金的周转速度、仓库容量等具体情况确定。按照批量多少和被加工零件自身的特性，成批生产又可进一步划分为小批生产、中批生产和大批生产。小批生产接近单件生产，大批生产接近大量生产，中批生产介于单件生产和大量生产之间。

表 1-3-1 加工零件的生产类型

生产类型		同种零件的年生产纲领/件・年$^{-1}$		
		重型零件	中型零件	轻型零件
单件生产		<5	<20	<100
成批生产	小批	5～100	20～200	100～500
	中批	100～300	200～500	500～5 000
	大批	300～1 000	500～5 000	5 000～50 000
大量生产		>1 000	>5 000	>50 000

表 1-3-2 中的重型零件、中型零件、轻型零件，可参考表 1-3-1 所列数据确定。

表 1-3-2 不同机械产品各种类型零件的质量范围

机械产品类别	加工零件的质量/kg		
	重型零件	中型零件	轻型零件
电子工业机械	＞30	4～30	＜4
机床	＞50	15～50	＜15
重型机械	＞2 000	100～2 000	＜100

加工零件的年生产纲领 N 可按下式计算

$$N=Qn(1+a)(1+b)$$

式中：Q ——产品的年产量，台/年；

n ——每台产品中该零件的数量，件/台；

a ——备品率，%；

b ——废品率，%。

各种生产类型的工艺特征详见表 1-3-3。

表 1-3-3 各种生产类型的工艺特征

名称	大量生产	成批生产	单件生产
生产对象	品种较少，数量很大	品种较多，数量较多	品种很多，数量少
零件互换性	具有广泛的互换性，某些高精度配合件用分组选择法装配，不允许用钳工修配	大部分零件具有互换性，同时还保留某些钳工修配工作	广泛采用钳工修配；毛坯制造
毛坯制造	广泛采用金属模机器造型、模锻等；毛坯精度高，加工余量小	部分采用金属模造型、模锻等，部分采用木模手工造型、自由锻造；毛坯精度中等	广泛采用木模手工造型、自由锻造；毛坯精度低，加工余量大
机床设备及其布置	采用高效专用机床、组合机床、可换主轴箱（刀架）机床、可重组机床；采用流水线或自动线进行生产	部分采用通用机床，部分采用数控机床、加工中心、柔性制造单元、柔性制造系统；机床按零件类别分工段排列	广泛采用通用机床，重要零件采用数控机床或加工中心，机床按机群布置
获得规定加工精度的方法	在调整好的机床上加工	一般是在调整好的机床上加工，有时也用试切法	试切法

续表

名称	大量生产	成批生产	单件生产
装夹方法	高效专用夹具装夹	夹具装夹	通用夹具装夹，找正装夹
工艺装备	广泛采用高效率夹具、量具或自动检测装置，高效复合刀具	广泛采用夹具、通用刀具、万能量具，部分采用专用刀具、专用量具	广泛采用通用夹具、量具和刀具
对工人要求	调整工技术水平要求高，操作工技术水平要求不高	对工人技术水平要求较高	对工人技术水平要求高
工艺文件	工艺过程卡片，工序卡片，检验卡片	一般有工艺过程卡片，重要工序有工序卡片	只有工艺过程卡片

由表1-3-3可知，不同的生产类型具有不同的工艺特征。在制订零件机械加工工艺规程时，必须首先确定生产类型，生产类型确定之后，工艺过程的总体轮廓就可勾画出来。

在同一个工厂中，可能同时存在几种不同生产类型的生产，例如，长春第一汽车集团公司是一个大量生产性质的企业，但是它的工具分厂却是成批生产性质的分厂。即使是在同一个分厂中，也可能同时存在着不同生产类型的生产，例如，长春第一汽车集团公司的发动机分厂是大量生产性质的分厂，可是它的杂件车间却是成批生产性质的车间。判断一个工厂（或一个车间）的生产类型应根据该厂（或车间）的主要工艺过程的性质来确定。

一般说，生产同样一个产品，大量生产要比成批生产、单件生产的生产效率高，成本低，性能稳定，质量可靠。但是社会对不同机械产品的需求量有多有少，有没有可能对那些社会需求量不多的产品按照规模生产的方式组织生产呢？可能性是有的，出路在于产品结构的标准化、系列化，如果产品结构的标准化、系列化系数能达到70%～80%，即使在各类产品生产数量不大的条件下也能组织区域性的（例如东北地区、华东地区等）、专业化的大批量生产，可以取得很高的经济效益。此外，推行成组技术，组织成组加工，也可使在大批量生产中被广泛采用的高效率加工方法和设备应用到中小批量生产中。

第四节 基 准

用来确定生产对象几何要素间几何关系所依据的那些点、线、面，称为基准。基准可分为设计基准和工艺基准两大类。

一、设计基准

设计图样上标注设计尺寸所依据的基准，称为设计基准。图1-4-1(a)中，A 与 B 互为设计基准；图 1-4-1(b)中，ϕ 40 mm 外圆是 ϕ 60 mm 外圆的设计基准；图 1-4-1(c)中，平面 1 是平面 2 与孔 3 的设计基准，孔 3 是孔 4 和孔 5 的设计基准；图 1-4-1(d)中，内孔 ϕ 30H7 的中心线是内孔 ϕ 30H7、齿轮分度圆 ϕ 48 mm 和顶圆 ϕ 50h8 的设计基准。

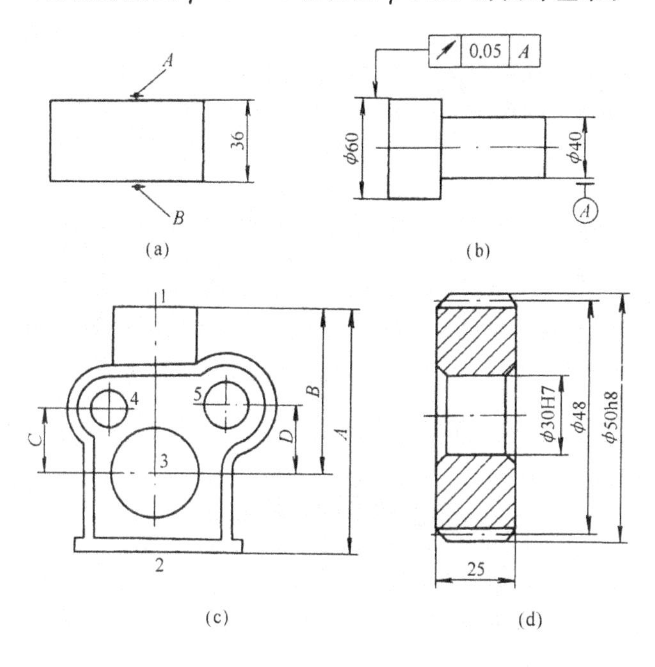

图 1-4-1 设计基准示例

二、工艺基准

工艺过程中所使用的基准，称为工艺基准。按其用途不同，又可分为工序基准、定位基准、测量基准和装配基准。

1. 工序基准

在工序图上用来确定本工序加工表面尺寸、形状和位置所依据的基准，称为工序基准（又称原始基准）。图 1-4-2 是一个工序简图，图中端面 C 是端面 T 的工序基准，端面 T 是端面 A、B 的工序基准，孔中心线为外圆 D 和内孔 d 的工序基准。为减少基准转换误差，应尽量使工序基准和设计基准重合。

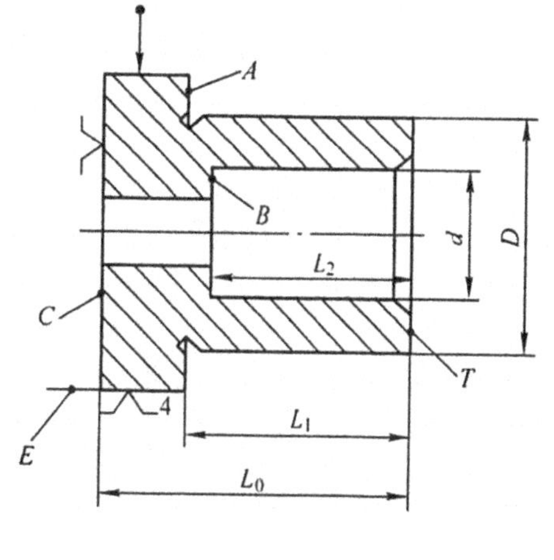

图 1-4-2 工序简图

2. 定位基准

在加工中用作定位的基准，称为定位基准。作为定位基准的点、线、面，在工件上有时不一定具体存在（例如，孔的中心线、轴的中心线、平面的对称中心面等)，而常由某些具体的定位表面来体现，这些定位表面就称为定位基面。例如，在图 1-4-2 中，工件被夹持在三爪自定心卡盘上，车外圆 D 和镗内孔 d，此时被加工尺寸 D 和 d 的设计基准和定位基准皆为中心线，定位基面为外圆面 E。

3. 测量基准

工件在加工中或加工后，测量尺寸和形位误差所依据的基准，称为测量基准。在图 1-4-2中，尺寸 L_1 和 L_2 可用深度卡尺来测量，端面 T 就是端面 A、B 的测量基准。

4. 装配基准

装配时用来确定零件或部件在产品中相对位置所依据的基准，称为装配基准。图 1-4-1(d)所示齿轮的内孔 ϕ 30H7 就是齿轮的装配基准。

上述各种基准应尽可能使之重合。在设计机器零件时，应尽量选用装配基准作为设计基准；在编制零件的加工工艺规程时，应尽量选用设计基准作为工序基准；在加工及测量工件时，应尽量选用工序基准作为定位基准及测量基准，以消除由于基准不重合引起的误差。

思考题与习题

1. 什么是生产过程、工艺过程和工艺规程?
2. 什么是工序、工位、工步和走刀？试举例说明。
3. 什么是安装？什么是装夹？它们有什么区别?
4. 单件生产、成批生产、大量生产各有哪些工艺特征?
5. 试为某车床厂丝杠生产线确定生产类型。生产条件如下：加工零件为普通车床丝杠(长为 1 617 mm，直径为 40 mm，丝杠精度等级为 8 级，材料为 Y40Mn)，车床年产量为 5 000 台，备品率为 5%，废品率为 0.5%。
6. 什么是工件的定位？什么是工件的夹紧？试举例说明。
7. 什么是工件的欠定位？什么是工件的过定位？试举例说明。
8. 试举例说明什么是设计基准、工艺基准、工序基准、定位基准、测量基准和装配基准。

第二章　金属切削过程与控制

第一节　金属切削刀具基础

一、切削加工的基本知识

金属切削加工是利用刀具切除工件毛坯上多余的金属层，从而使工件达到规定的几何形状、加工精度和表面质量的机械加工方法。切削加工必须具备三个条件：刀具与工件之间要有相对运动；刀具具有适当的几何参数，即切削角度等；刀具材料应具有一定的切削性能。

（一）切削运动

在切削加工中，为了切除多余的材料，刀具和工件之间必须有相对运动，即切削运动。切削运动可分为主运动和进给运动。

1. 主运动

使工件与刀具产生相对运动以进行切削的最基本的运动，称为主运动。主运动的速度最高，所消耗的切削功率最大。例如车削时工件的旋转运动（图 2-1-1）、牛头刨床上刨削平面时刀具的直线往复运动都是主运动。在切削运动中，主运动只有一个。它可以由工件完成，也可以由刀具完成；可以是旋转运动，也可以是直线运动。

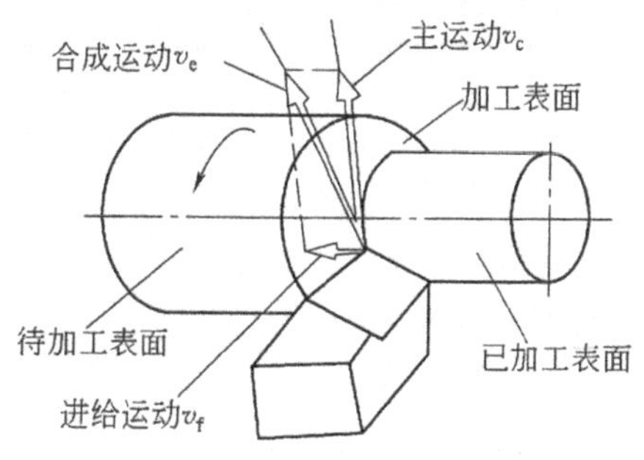

图 2-1-1　外圆车削的切削运动与加工表面

2. 进给运动

不断地把切削层投入切削，以便形成整个工件表面所需的运动，称为进给运动。进给运动一般速度较低，功率的消耗也较少。例如外圆车削时车刀的纵向连续直线运动、平面刨削时工件的间歇直线运动都属于进给运动。进给运动可以是一个或多个，其运动形式可以是直线运动、旋转运动或两者的组合，它可以是连续进行的，也可以是断续进行的。

在大多数切削加工中，主运动和进给运动是同时进行的，二者的合成运动就是实际切削运动。一般，切削运动及其方向用切削运动的速度矢量来表示。普通外圆车削时的切削运动如图 2-1-1 所示，合成运动的切削速度 v_e、主运动速度 v_c 和进给运动速度 v_f 之间的关系为 $\vec{v_e}=\vec{v_c}+\vec{v_f}$。由于在大多数切削加工中进给运动速度比主运动速度小得多，所以可将主运动看成是切削运动，即 $v_e=v_c$。

(二)切削时的工件表面

在切削过程中，工件上通常存在着三个不断变化的表面(图 2-1-1)。

(1)待加工表面。即工件上即将被切除的表面。随着切削的继续，待加工表面逐渐减小直至全部切去。

(2)已加工表面。即工件上已切去切削层而形成的新表面。它随着切削的继续而逐渐扩大。

(3)加工表面。即工件上正在被切削刃切削着的表面。它在切削过程中不断变化，但总介于待加工表面和已加工表面之间，又称过渡表面。

上述定义也适用于其他类型的切削加工。

(三)切削用量

切削速度、进给量和背吃刀量(切削深度)总称为切削用量，又称为切削用量三要素。

1. 切削速度 v_c

切削速度指刀具切削刃上选定点相对于工件的主运动速度。切削刃上各点的切削速度可能不同，计算时常用最大切削速度代表刀具的切削速度。当主运动为旋转运动时，切削速度的计算公式为

$$v_c=\pi dn/1\,000 \tag{2-1}$$

式中：v_c ——切削速度，m/s 或 m/min；

d ——完成主运动的工件或刀具的最大直径，mm；

n ——主运动的转速，r/s 或 r/min。

当主运动为直线往复运动时，其平均速度为

$$v_c=2Ln_r/1\ 000 \tag{2-2}$$

式中：L——往复运动行程长度，mm；

n_r——主运动单位时间的往复次数，str/s 或 str/min。

2. 进给量 f

在主运动每转一转或每完成一个行程时，刀具在进给运动方向上相对于工件的位移量，单位是 mm/r（用于车削、镗削等）或 mm/str（用于刨削、磨削等）。进给量表示了进给运动速度的大小。进给运动的速度还可以用进给运动速度 v_f 或每齿进给量 f_z（用于铣刀、铰刀等多刃刀具，单位是 mm/齿）表示。显而易见

$$v_f=nf=nzf_z \tag{2-3}$$

式中：n——主运动的转速，r/s 或 r/min；

z——刀具的齿数。

3. 背吃刀量（切削深度）a_p

指在主运动方向和进给方向所组成平面的法线方向上测量主切削刃与工件切削表面的接触长度。对于外圆车削，背吃刀量为工件上已加工表面和待加工表面之间的垂直距离，即

$$a_p=(d_w-d_m)/2 \tag{2-4}$$

式中：d_w——工件待加工表面的直径，mm；

d_m——工件已加工表面的直径，mm。

二、刀具的几何参数

切削刀具的种类繁多，形状各异，但其切削部分都具有共同的特征。外圆车刀是最基本、最典型的切削刀具，其他各类刀具则可以看作是车刀的演变和组合。因此，通常以普通外圆车刀为代表来确定刀具切削部分的基本定义。

（一）刀具切削部分的组成

图 2-1-2 所示为外圆车刀，它由刀杆和刀头（切削部分）组成。切削部分直接担负着切削工作，它由下列要素组成：

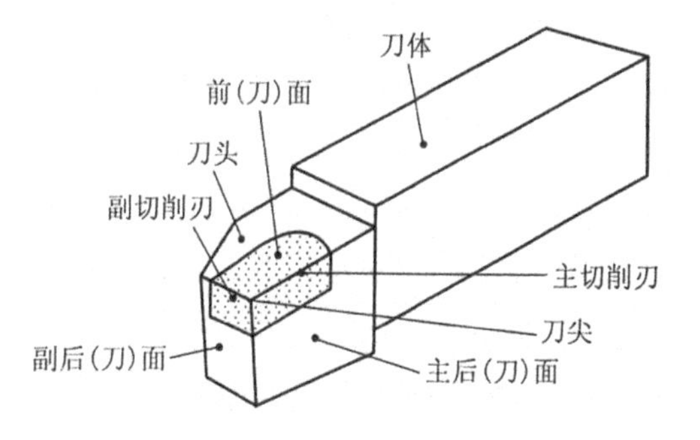

图 2-1-2　车刀切削部分组成要素

（1）前（刀）面 A_γ。直接作用于被切削的金属层，并控制切屑沿其流出的刀面。

（2）主后（刀）面 A_α。与工件过渡表面相对并相互作用的刀面。

（3）副后（刀）面 A'_α。与工件已加工表面相对并相互作用的表面。

(4)主切削刃 S。前(刀)面与主后(刀)面的交线。它承担主要的切削工作。

(5)副切削刃 S'。前(刀)面与副后(刀)面的交线。它配合主切削刃完成切削工作,并最终形成已加工表面。

(6)刀尖。即主切削刃和副切削刃连接处的一段刀刃,它可以是小的直线段或圆弧。

其他各类刀具,如刨刀、钻头、铣刀等,都可看作是前述车刀的演变和组合。如图 2-1-3 所示,刨刀切削部分的形状与车刀相同[图 2-1-3(a)];钻头可看作是两把一正一反并在一起同时车削孔壁的车刀,因而有两个主切削刃、两个副切削刃,还增加了一个横刃[图 2-1-3(b)];铣刀可看作由多把车刀组合而成的复合刀具,其每一个刀齿相当于一把车刀[图 2-1-3(c)]。

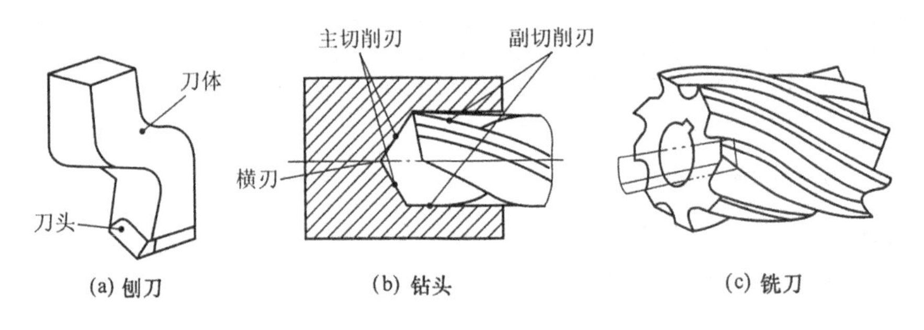

图 2-1-3　刨刀、钻头、铣刀切削部分的形状

(二)刀具角度的参考系

刀具要从工件上切下金属,必须具有一定的切削角度,也正是由于切削角度才决定了刀具切削部分各刀面和刀刃的空间位置。要确定和测量刀具角度,必须引入一个空间坐标参考系。刀具角度参考系通常有两类:一类是刀具标注角度参考系,它是刀具设计、标注、刃磨和测量角度时的基准;另一类是刀具工作角度参考系,它是确定刀具在实际切削运动中的角度的基准。

刀具标注角度参考系是在某些假定条件下建立的。如车削时假定切削刃选定点与工件轴线等高、主运动方向与刀杆底面垂直、进给运动方向与刀杆中心线垂直。构成刀具标注角度参考系的参考平面通常有基面、切削平面、正交平面等,如图 2-1-4 所示。

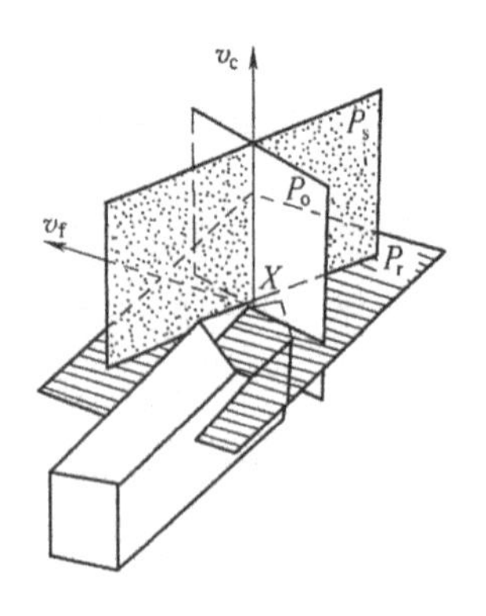

图 2-1-4　车刀正交平面参考系

(1)基面 P_r。通过切削刃上的选定点,并与该点切削速度方向相垂直的平面。

(2)切削平面 P_s。通过切削刃上的选定点,并与工件加工表面相切的平面。

(3)正交平面 P_o。通过切削刃上的选定点,同时垂直于基面和切削平面的平面。正交平面必然垂直于切削刃在基面上的投

影，它又称为主剖面。

基面、切削平面和正交平面共同组成刀具标注角度的正交平面参考系。常用的刀具标注角度的参考系还有法平面参考系、假定工作平面参考系和背平面参考系。

（三）刀具的标注角度

刀具标注角度的内容包括两个方面：一是确定切削刃位置的角度；二是确定前（刀）面和后（刀）面位置的角度。

1. 确定车刀主切削刃位置的角度

如图 2-1-5 所示，确定车刀主切削刃位置的角度有两个。

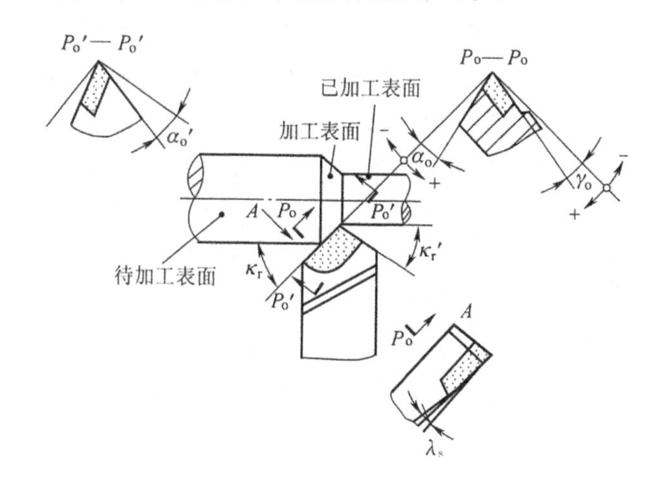

图 2-1-5　外圆车刀正交平面参考系的标注角度

（1）主偏角 κ_r。主切削刃在基面上的投影与进给运动方向的夹角。主偏角一般为正值。

（2）刃倾角 λ_s。在切削平面内测量的主切削刃与基面之间的夹角。当主切削刃呈水平时，$\lambda_s=0$，此时切削刃与切削速度方向垂直，称为直角切削。当刀尖是切削刃上的最低点时，λ_s 为负值；当刀尖是切削刃上的最高点时，λ_s 为正值，如图 2-1-6 所示。$\lambda_s \neq 0$ 时的切削称为斜角切削，此时切削刃与切削速度方向不垂直。

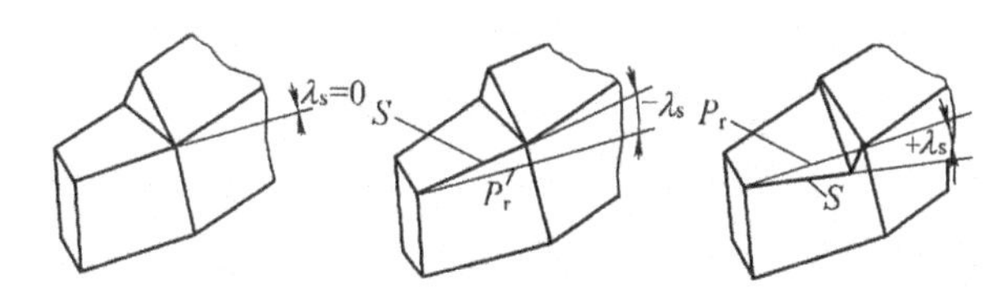

图 2-1-6　刃倾角正负的规定

2. 确定车刀前（刀）面 A_γ 和主后（刀）面 A_α 在正交平面参考系中位置的角度

（1）前角 γ_o。即在正交平面内测量的前（刀）面与基面之间的夹角。前角表示刀具前

（刀）面的倾斜程度，有正、负和零值之分，其符号规定如图 2-1-7 所示。

（2）后角 α_o。即在正交平面内测量的主后（刀）面与切削平面之间的夹角。后角表示刀具主后（刀）面的倾斜程度，一般为正值。

3. 确定副切削刃的角度

对于副切削刃可以用同样的分析方法得到相应的四个角度。通常车刀主、副切削刃在一个平面型前（刀）面上，因此当主切削刃及其前（刀）面已由四个上述基本角度 κ_r、λ_s、γ_o、α_o 确定之后，副切削刃上的副刃倾角 λ'_s 和副前角 γ'_o 也随之确定，故在刀具工作图上只需标注副切削刃上的下列两个角度即可。

（1）副偏角 κ'_r。即在基面内测量的副切削刃在基面上的投影与进给运动反方向的夹角。副偏角一般为正值。

（2）副后角 α'_o。即在副切削刃选定点的正交平面内测量的副后（刀）面与副切削平面之间的夹角。副切削平面是过该选定点并包含切削速度矢量的平面。

通常，普通外圆车刀仅需要标注 γ_o、α_o，κ_r、κ'_r、λ_s 五个基本角度。需要说明的是，图 2-1-5、图 2-1-6 的标注角度是在刀尖与工件回转轴线等高、刀杆纵向轴线垂直于进给方向并且不考虑进给运动的影响等条件下描述的。

4. 麻花钻切削部分的组成要素

麻花钻相当于两把车刀组合。麻花钻切削部分的组成要素如图 2-1-7 所示。

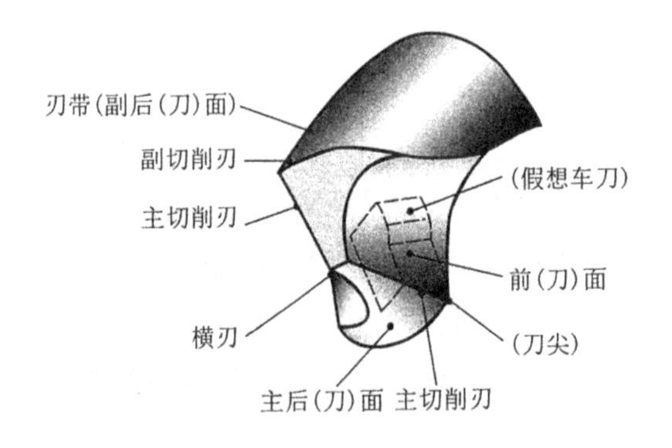

图 2-1-7　麻花钻的切削部分

图 2-1-8 给出了麻花钻的主要几何参数，有螺旋角 β、前角 γ_o、后角 α_f、顶角 2φ 等。

（1）螺旋角 β。螺旋角指钻头棱边的切线与轴线的夹角。β 越大，钻头越锋利，但强度越低。标准麻花钻的螺旋角一般为 18°～30°。直径小的取小值，反之取大值。麻花钻的螺旋角 $\beta=\kappa'_r$（麻花钻副偏角）。

（2）前角 γ。麻花钻主切削刃上某点的前角在 $O-O$ 截面中测量（图 2-1-8）。主切削刃各点的前角是变化的。由钻头外缘向中心，前角逐渐减小，近中心处为零，甚至是负值。横刃上的前角为－60°～－50°。

(3)后角 α_f。规定麻花钻的后角在与钻头同轴的圆柱面内测量(图 2-1-8 所示 $F-F$ 截面)。主切削刃上各点的后角也是变化的。外缘处的后角为 8°～14°,靠近横刃处为20°～25°。

(4)顶角 2φ。顶角是两条主切削刃在空间形成的交角,其作用相当于主偏角。标准麻花钻的顶角为 118°+2°。

此外,还有横刃长度 b_φ、横刃斜角 φ 等。

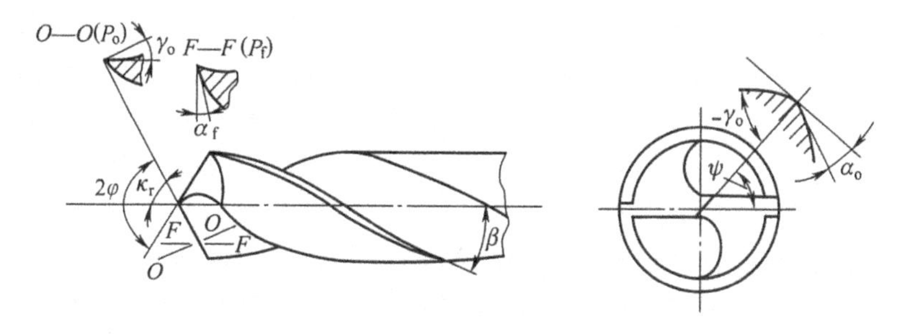

图 2-1-8 标准麻花钻的几何角度

图 2-1-9 给出了拉刀刀齿的主要几何参数。拉刀相当于若干把车刀组合,每一排刀齿看成一把车刀。前角 γ_o、后角 α_o 同车刀角度的定义。此外,还有齿升量 f_z[相邻两刀齿(或齿组)的半径或高度之差]、齿距 p(相邻两刀齿之间的轴向距离)、刃带 $b_{\alpha1}$(后角为 0 的棱边)等。

由此可见,其他各类刀具都可以用前述车刀角度的定义去确定它们相应的主要几何参数。

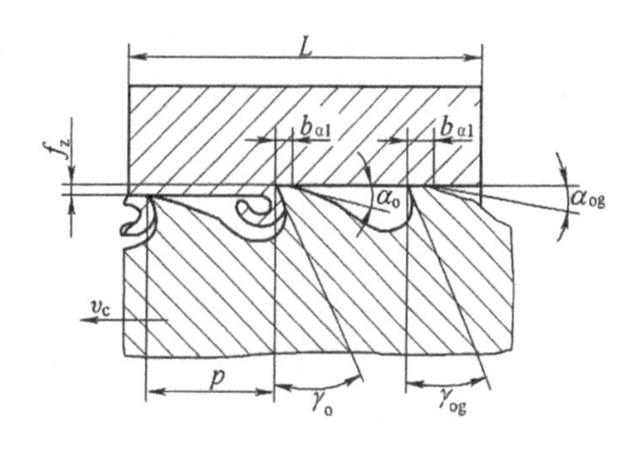

图 2-1-9 拉刀切削部分的几何参数

(四)刀具的工作角度

在实际的切削加工中,由于刀具安装位置和进给运动的影响,上述标注角度会发生一定的变化,角度变化的根本原因是参考平面的位置发生了改变。以切削过程中实际的基面、切削平面和正交平面为参考平面所确定的刀具角度称为刀具的工作角度,又称实际角度。通常,刀具的进给速度很小,在一般安装条件下,刀具的工作角度与标注角度基本相等。但在切断、车螺纹以及加工非圆柱表面等情况下,刀具角度值变化较大时需要计算工作角度。

1. 横向进给运动对工作角度的影响

当切断或车端面时,进给运动是沿横向进行的。如图 2-1-10 所示,工件每转一转,车刀横向移动距离 f,切削刃选定点相对于工件的运动轨迹为阿基米德螺旋线。因此,切削速度由 v_c 变成合成切削速度 v_e,基面 P_r 由水平位置变至工作基面 P_{re},切削平面 P_s 由铅垂位置

变至工作切削平面 P_{se}，从而引起刀具的前角和后角发生变化。

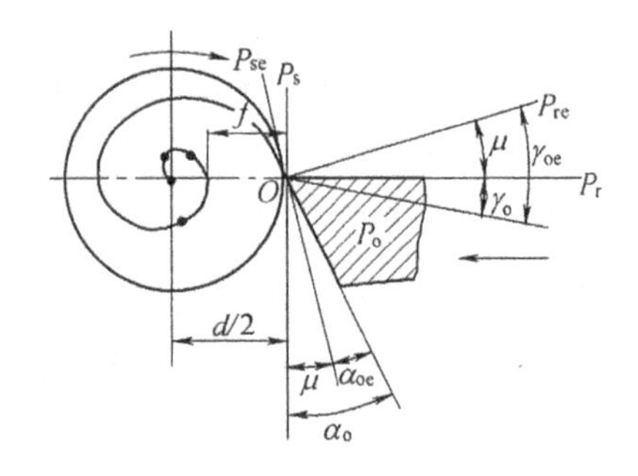

图 2-1-10　横向进给运动对工作角度的影响

$$\gamma_{oe}=\gamma_o+\mu \tag{2-5}$$

$$\alpha_{oe}=\alpha_o-\mu \tag{2-6}$$

$$\mu=\arctan\frac{f}{\pi d} \tag{2-7}$$

式中：γ_{oe}、α_{oe}——工作前角和工作后角。

由式(2-7)可知，进给量 f 增大，则 μ 值增大；瞬时直径 d 减小，μ 值也增大。因此，车削至接近工件中心时，d 值很小，μ 值急剧增大，工作后角 α_{oe} 将变为负值，致使工件最终被挤断。横向切削不宜选用过大的进给量，并应适当加大刀具的标注后角。

2. 纵向进给运动对工作角度的影响

图 2-1-11 所示为车削右螺纹的情况，假定车刀 $\lambda_s=0$，如不考虑进给运动，则基面 P_r 平行于刀杆底面，切削平面 P_s 垂直于刀杆底面，正交平面中的前角和后角为 γ_o 和 α_o，在进给平面(平行于进给方向并垂直于基面的平面)中的前角和后角为 γ_f 和 α_f。若考虑进给运动，则加工表面为一螺旋面，这时切削平面变为切于该螺旋面的平面 P_{se}。基面 P_{re}垂直于合成切削速度矢量，它们分别相对于 P_s 和 P_r 在空间偏转同样的角度，这个角度在进给平面中为 μ_f，在正交平面中为 μ，从而引起刀具前角和后角的变化。在上述进给平面内刀具的工作角度为

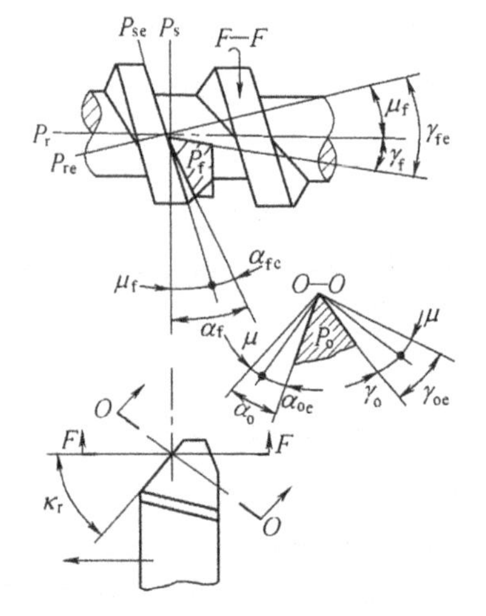

图 2-1-11　纵向进给运动对工作角度的影响

$$\gamma_{fe}=\gamma_f+\mu_f \tag{2-8}$$

$$\alpha_{fe}=\alpha_f-\mu_r \tag{2-9}$$

$$\tan\mu_f=\frac{f}{\pi d_w} \tag{2-10}$$

式中：f ——被切螺纹的导程或进给量，mm/r；

d_w ——工件直径，mm。

在正交平面内，刀具的工作前角、工作后角为

$$\gamma_{oe}=\gamma_o+\mu \tag{2-11}$$

$$\alpha_{oe}=\alpha_o-\mu \tag{2-12}$$

$$\tan\mu=\tan\mu_f\sin\kappa_r=\frac{f\sin\kappa_r}{\pi d_w} \tag{2-13}$$

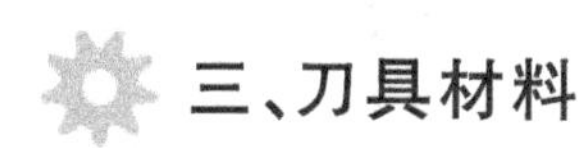

三、刀具材料

常用刀具材料有碳素工具钢、合金工具钢、高速钢、硬质合金、陶瓷、金刚石、立方氮化硼等。目前，刀具材料中用得最多的是高速钢和硬质合金。

1. 高速钢

高速钢是含有较多钨、钼、铬、钒等合金元素的高合金工具钢。高速钢具有较高的硬度和耐热性，在切削温度达550～600℃时仍能进行切削。与碳素工具钢和合金工具钢相比，高速钢能提高切削速度1～3倍，提高刀具使用寿命10～40倍，甚至更多。高速钢具有较高的强度和韧度，抗弯强度为一般硬质合金的2～3倍，抗冲击振动能力强。

高速钢的工艺性能较好，能锻造，容易磨出锋利的刀刃，适宜制造各类切削刀具，尤其在复杂刀具（钻头、丝锥、成形刀具、拉刀、齿轮刀具等）的制造中，高速钢占有重要的地位。

高速钢按切削性能分，有通用型高速钢和高性能高速钢；按制造工艺方法不同，可分为熔炼高速钢和粉末冶金高速钢。常用的几种高速钢的力学性能和应用范围见表2-1-1。

表2-1-1　常用高速钢的力学性能和应用范围

种类	牌号	常温硬度/HRC	抗弯强度/GPa	冲击韧性/$MJ\cdot m^{-2}$	高温硬度/HRC(600℃)	主要性能和应用范围
通用型高速钢	W18Cr4V (W18)	63～66	3.0～3.4	0.18～0.32	48.5	综合性能和耐磨性好，适于制造精加工刀具和复杂刀具，如钻头、成形车刀、拉刀、齿轮刀具等
	W6Mo5Cr4V2	63～66	3.5～4.0	0.30～0.40	47～48	强度和韧性高于W18，耐磨性稍差，热塑性好，适于制造热成形刀具及承受冲击的刀具
	W9Mo3Cr4V	65～66.5	4～4.5	0.343～0.392		高温热塑性好，而且淬火过热、脱碳敏感性小，有良好的切削性能

续表

种类	牌号	常温硬度/HRC	抗弯强度/GPa	冲击韧性/MJ·m⁻²	高温硬度/HRC(600℃)	主要性能和应用范围
高性能高速钢	9W18Cr4V(9W18)	66～68	3.0～3.4	0.17～0.22	51	属高碳高速钢，常温和高温硬度有所提高，适用于加工普通钢材和铸铁、制造耐磨性要求较高的刀具
	W6Mo5Cr4V3(M3)	65～67	≈3.136	≈0.245	51.7	属高钒高速钢，耐磨性很好，适合切削对刀具磨损较大的材料，如纤维、硬橡胶以及不锈钢、高强度钢和高温合金等
	W2Mo9Cr4VCo8(M42)	67～69	2.7～3.8	0.23～0.30	55	硬度高，耐磨性好，用于切削高强度钢、高温合金等难加工材料，适于制造复杂刀具等，但价格较贵
	W6Mo5Cr4V2Co8(M36)	66～68	≈2.92	≈0.294	54	常温硬度和耐磨性都很好，高温硬度接近M42钢，适用于加工耐热不锈钢、高强度钢、高温合金等
	W6Mo5Cr4V2A1(501)	67～69	2.9～3.9	0.23～0.30	55	切削性能相当于M42，耐磨性稍差，用于切削难加工材料，适于制造复杂刀具等，价格较低
	W10Mo4Cr4V3A1(5F－6)	67～69	3.1～3.5	0.20～0.28	54	属高铝超硬高速钢，切削性能相当于M42，宜于制造铣刀具、钻头、拉刀、齿轮刀具等，用于加工合金钢、不锈钢、高强度钢和高温合金

2. 硬质合金

硬质合金是用高硬度、高熔点的金属碳化物（如WC、TiC、TaC、NbC等）粉末与金属黏结剂（如Co、Ni、Mo等）经高压成形后，在高温下烧结而成的粉末冶金材料。其硬度为89～93 HRA，能耐850～1 000℃的高温，具有良好的耐磨性。允许使用的切削速度可达100～300 m/min，可加工包括淬硬钢在内的多种材料，因此获得了广泛应用。

ISO标准将切削用硬质合金分为P、K、M三类。P类主要用于加工长切屑的黑色金属，相当于我国的YT类；K类主要用于加工短切屑的黑色金属、有色金属和非金属，相当于我国的YG类；M类主要用于加工长或短切屑的黑色金属和有色金属，相当于我国的YW类。现代90%～95%的被加工材料可用P和K类硬质合金加工，其余5%～10%可用M类硬质合金加工。

(1)钨钴类(YG类)硬质合金。这类合金由碳化钨和钴组成，常用的牌号有YG3、YG6、YG8等。其硬度为89～91.5 HRA，耐热度为800～900℃，抗弯强度和冲击韧度较好，不易崩刃，适用于加工铸铁类的短切屑黑色金属和有色金属。

由于YG类合金的耐热性较差，因此不宜用于普通钢料的高速切削。但它的韧性较好，导热系数大，因而也适用于加工高温合金、不锈钢等难加工材料。

(2)钨钛钴类(YT类)硬质合金。这类合金由碳化钨、碳化钛和钴组成，常用的牌号有YT5、YT15、YT30等。由于加入了碳化钛而增加了该类合金的硬度、耐热性、抗黏接性和抗氧化能力。但抗弯强度和冲击韧度较差，故主要用于加工长切屑的黑色金属(如碳钢、合金钢)等塑性材料。

(3)钨钛钽(铌)钴类(YW类)硬质合金。它是在普通硬质合金中加入了碳化钽或碳化铌，从而提高了硬质合金的韧性和耐热性.使其具有较好的综合切削性能。这类合金既可用于高温合金、不锈钢等难加工材料的加工，也适用于普通钢料、铸铁和有色金属等的加工，因此被称为通用型硬质合金。

在硬质合金中，如果碳化物所占比例越大，则硬质合金的硬度越高，耐磨性越好；反之，若钴、镍等金属黏结剂的含量增多，则硬质合金的硬度降低，而抗弯强度和冲击韧度有所提高。这是由于碳化物的硬度和熔点比黏结剂高得多的缘故。硬质合金的性能还与其晶粒大小有关。当黏结剂的含量一定时，碳化物的晶粒越细，则硬质合金的硬度越高，而抗弯强度和冲击韧度也有所提高。超细晶粒硬质合金的抗弯强度可达2.0 GPa。

为了提高高速钢刀具、硬质合金刀具的耐磨性和使用寿命，近年来在刀具制造中广泛采用了涂层技术。涂层一般采用CVD(化学气相沉积)法、PVD(物理气相沉积)法。CVD法的沉积温度约1 000℃，适用于硬质合金刀具；PVD法的沉积温度约500℃，适用于高速钢刀具。涂层可以为单层、多层和复合涂层，如TiC内层、TiN外层的复合涂层，TiC—Al_2O_3或Al_2O_3—TiC的复合涂层。

第二节　金属切削过程与切屑类型

一、切屑形成过程及变形区的划分

大量的试验和理论分析证明，切削塑性金属时切屑的形成过程就是切削层金属产生变形的过程。根据切削试验时切削层的金属变形情况，可绘制出如图2-2-1所示的金属切削过程中的滑移线和流线示意图。流线表示被切削金属的某一点在切削过程中流动的轨迹。由图可见，金属的切削变形可大致划分为三个变形区。

1. 第一变形区

从 OA 线开始发生塑性变形，到 OM 线晶粒的剪切滑移基本完成。这一区域(Ⅰ)称为第一变形区。

2. 第二变形区

切屑沿前(刀)面排出时进一步受到前(刀)面的挤压和摩擦，使靠近前(刀)面处的金属纤维化，其方向基本上与前(刀)面平行。这一部分(Ⅱ)称为第二变形区。

3. 第三变形区

已加工表面受到切削刃钝圆部分与后(刀)面的挤压和摩擦，产生变形与回弹，造成纤维化与加工硬化。这一部分(Ⅲ)的晶格变形较密集，称为第三变形区。

这三个变形区汇集在切削刃附近，此处的应力比较集中而且复杂，切削层金属在此处与工件本体分离，大部分变成切屑，很小的一部分留在已加工表面上。

第一变形区内金属的变形如图 2-2-2 所示。当切削层中金属由某点 P 向切削刃逼近，到达点 1 的位置时，其切应力达到材料的屈服强度 τ_s。点 1 在向前移动的同时，也沿 OA 滑移，其合成运动将使点 1 流动到点 2，$2-2'$ 就是它的滑移量。随着滑移的产生，切应力将逐渐增加，也就是当 P 点向 1、2、3、…各点流动时，它的切应力不断增加。直到到达点 4 位置，其流动方向与前(刀)面平行，不再沿 OM 线滑移。所以 OM 线叫终滑移线，OA 线叫始滑移线。在 OA 到 OM 之间的整个第一变形区内，其变形的主要特征就是沿滑移线的剪切变形，以及随之产生的加工硬化。

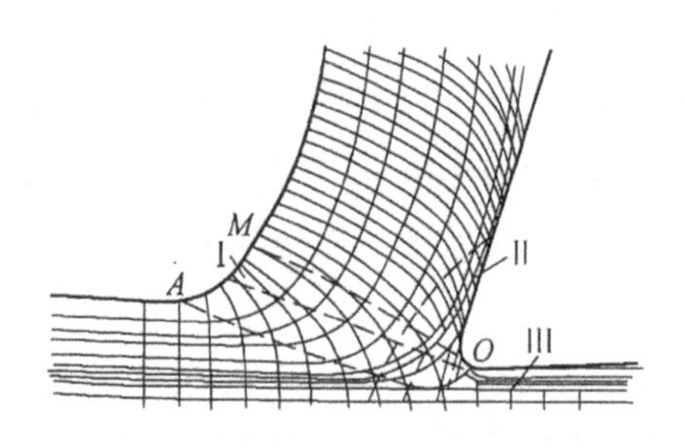

图 2-2-1 金属切削过程中滑移线和流线示意图

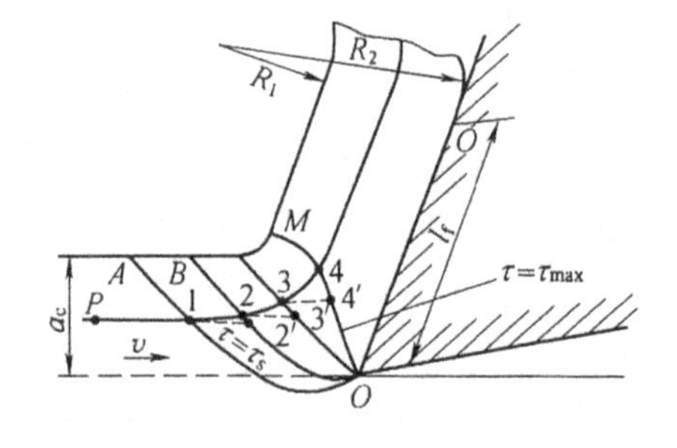

图 2-2-2 第一变形区金属的滑移

在一般的切削速度范围内，第一变形区的宽度为 0.02～0.2 mm。切削速度越高，变形区越窄，因此可以把第一变形区看作一个剪切面。剪切面与切削速度方向之间的夹角称为剪切角，以 φ 表示。

二、变形程度的表示方法

1. 剪切角 φ

试验证明，剪切角 φ 的大小与切削力的大小有直接关系。对于同一工件材料，用同样的

刀具，切削同样大小的切削层，当切削速度较大时，φ 角较大，剪切面积变小，即变形程度减小，切削比较省力，所以可以用剪切角 φ 作为衡量切削过程变形程度的参数。根据材料力学平面应力状态理论，结合直角自由切削状态下作用力的分析，剪切角 φ 的大小用下式表示：

$$\varphi=\pi/4-\beta+\gamma_0 \tag{2-14}$$

式中：β ——刀、屑间摩擦角；

γ_0 ——刀具前角。

2. 相对滑移 ε

切削过程中金属变形的主要形式是剪切滑移变形，且主要集中于第一变形区，其变形量可用相对滑移 ε 来表示。如图 2-2-3 所示，当平行四边形 $OHNM$ 发生剪切滑移后，变为 $OGPM$。相对滑移 ε 为滑移距离 Δs 与单元厚度 Δy 之比，可用来表示切削变形程度。根据图 2-2-3 中的几何关系有

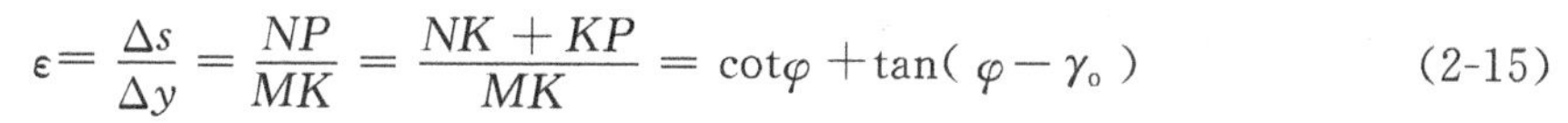

$$\varepsilon=\frac{\Delta s}{\Delta y}=\frac{NP}{MK}=\frac{NK+KP}{MK}=\cot\varphi+\tan(\varphi-\gamma_o) \tag{2-15}$$

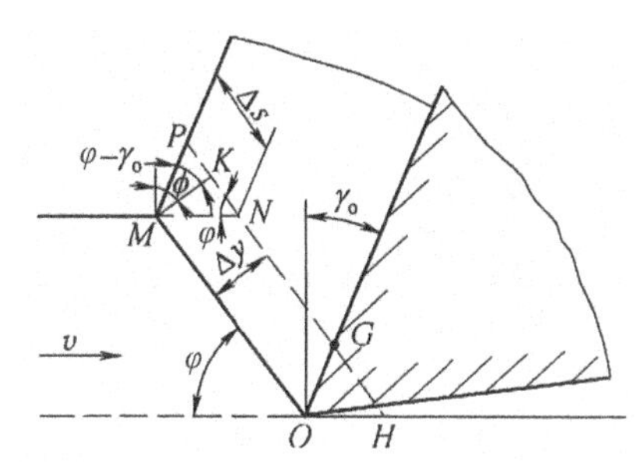

图 2-2-3　剪切变形示意图

3. 变形系数 Λ_h

切削实践表明，刀具切下的切屑厚度 a_{ch} 通常都要大于切削层厚度 a_c，而切屑长度 l_{ch} 却小于切削层长度 l_c，如图 2-2-4 所示。切屑厚度 a_{ch} 与切削层厚度 a_c 之比称为厚度变形系数以 Λ_{ha}（国家标准称为切屑厚度压缩比，用 Λ_h 表示），而切削层长度 l_c 与切屑长度 l_{ch} 之比称为长度变形系数 Λ_{hl}，即

$$\Lambda_{ha}=\frac{a_{ch}}{a_c};\Lambda_{hl}=\frac{l_c}{l_{ch}} \tag{2-16}$$

由于切削层的宽度与切屑平均宽度差异很小，根据体积不变原理，有

$$\Lambda_{ha}=\Lambda_{hl}=\Lambda_h \tag{2-17}$$

变形系数 Λ_h 是大于 1 的数，直观地反映了切屑的变形程度，并且容易测量，在生产中应用较广。参见图 2-2-4，经过简单的几何计算，可得到 Λ_h 与剪切角 φ 的关系

$$\Lambda_h=\frac{a_{ch}}{a_c};=\frac{\cos(\varphi-\gamma_o)}{\sin\varphi} \tag{2-18}$$

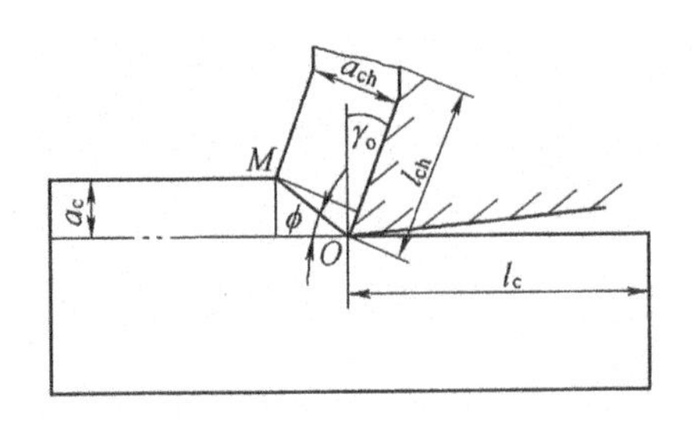

图 2-2-4　变形系数 Λ_h 的确定

三、切屑的类型及控制

由于工件材料、刀具角度和切削用量的不同，切削变形情况也就不同，因而产生的切屑种类也就多种多样。归纳起来可分为四种类型，图 2-2-5(a)、(b)、(c)为切削塑性材料的切屑，图 2-2-5(d)为切削脆性材料的切屑。

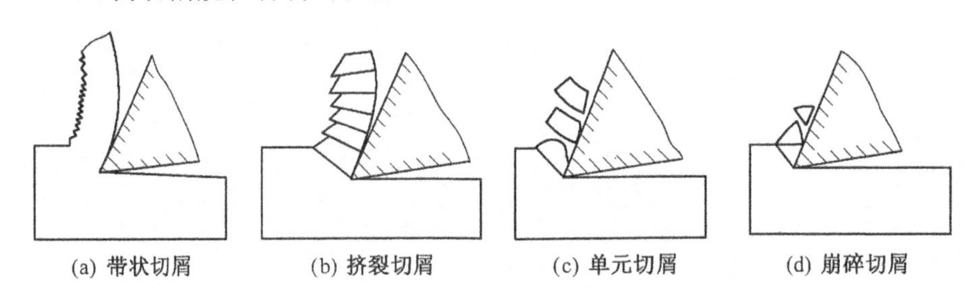

图 2-2-5　切屑类型

1. 带状切屑

这是极为常见的一种切屑。它的内表面光滑，外表面毛茸。如果用显微镜观察，在外表面上可看到剪切面的条纹，但每个单元很薄，肉眼看来大体上是平整的。加工塑性金属材料时，若切削厚度较小，切削速度较大，刀具前角较大，一般常得到这类切屑。形成带状切屑的过程较平稳，切削力波动较小，已加工表面粗糙度值较小，但一般应采取断屑措施。

2. 挤裂切屑

这类切屑与带状切屑不同之处在于外表面呈锯齿形，内表面有时有裂纹。这类切屑之所以呈锯齿形，是由于它的第一变形区较宽，在剪切滑移过程中滑移量较大。由滑移变形所产生的加工硬化使剪切力增加，在局部地方达到材料的断裂强度。这种切屑大多在切削速度较小、切削厚度较大、刀具前角较小时产生。

3. 单元切屑

如果在挤裂切屑的剪切面上，裂纹扩展到整个面上，则整个单元被切离，形成了大致为梯形的单元切屑。

以上三种切屑中，带状切屑的切削过程最平稳，单元切屑的切削力波动最大。在生产中

最常见的是带状切屑，有时得到挤裂切屑，单元切屑则很少见。若改变切削条件，如进一步减小刀具前角，降低切削速度或加大切削厚度，就可以得到单元切屑；反之，则可以得到带状切屑。这说明切屑的形态是可以随切削条件而转化的，掌握了其变化规律，就可以控制切屑的变形、形态和尺寸，以达到卷屑和断屑的目的。

4. 崩碎切屑

这是加工脆性材料时形成的切屑。这种切屑的形状是不规则的，加工表面凸凹不平。从切削过程来看，切屑在破裂前变形很小，这和塑性材料的切屑形成机理不同，它的脆断主要是由于材料所受应力超过了它的抗拉强度。加工脆硬材料，特别是切削厚度较大时常形成这种切屑。由于形成崩碎切屑的过程很不平稳，切削力又集中在切削刃附近，刀刃容易损坏，且已加工表面粗糙，因此在生产中应尽量避免。其方法是减小切削厚度，适当增大刀具前角，这可使切屑成针状或片状；同时适当提高切削速度，以增加工件材料的塑性。

第三节　切削力

一、切削力的来源及力的分解

切削力的来源有两个方面，如图 2-3-1 所示，一是被加工材料的弹性、塑性变形所产生的抗力；二是刀具与切屑、工件表面间的摩擦力。上述各力的总和形成了作用在刀具上的合力 F，它的大小和方向是变化的。为了便于测量和应用，F 可分解为三个相互垂直的分力，如图 2-3-2所示。

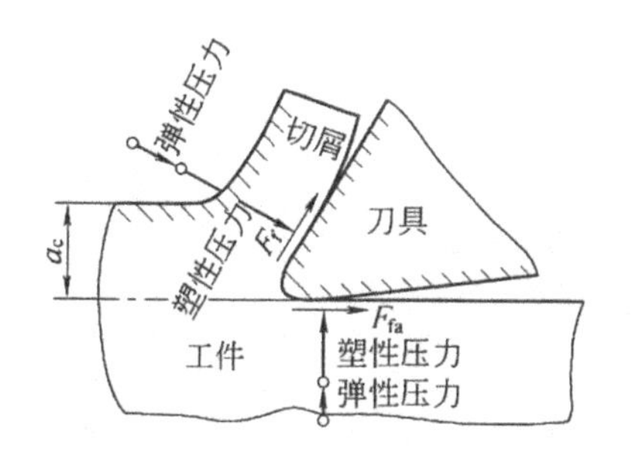

图 2-3-1　切削力的来源

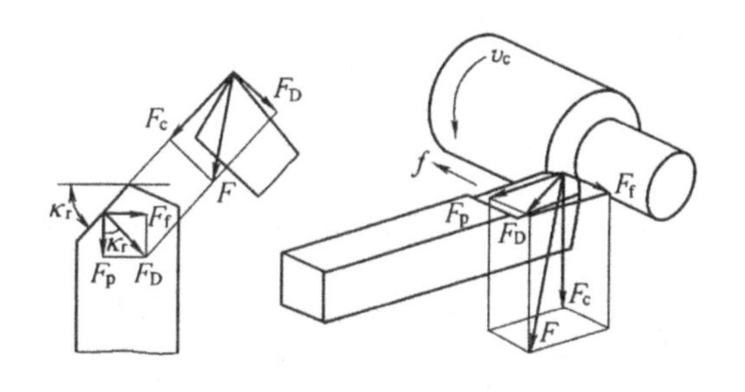

图 2-3-2　切削合力和分力

F_c——主切削力或切向力。它切于切削表面并与基面垂直（与切削速度方向一致）。一般情况下 F_c 在三个分力中最大，是计算刀具强度、确定机床功率、设计机床零件等的主要依据。

F_f——进给力或走刀力。它处于基面内并与进给方向平行。F_f 是计算进给功率、设计进给机构所必需的。

F_p——背向力或切深抗力、吃刀力。它处于基面内并与进给方向相垂直。F_p虽不做功，但能使工件变形或造成振动，对加工精度和已加工表面质量影响较大，用于计算工件挠度和刀具、机床零件的强度等。

由图 2-3-2 知，合力 F 先分解为 F_c 和 F_D，F_D再分解为 F_f 和 F_p，因此

$$F=\sqrt{F_c^2+F_d^2}=\sqrt{F_c^2+F_f^2+F_p^2} \tag{2-19}$$

如果不考虑副刀刃的作用及其他造成切屑流向改变因素的影响，合力 F 就在刀具的主剖面内，由图 2-3-2 又知

$$F_f=F_D\sin\kappa_r;\quad F_p=F_D\cos\kappa_r \tag{2-20}$$

根据试验，当车刀 $\kappa_r=75°$，$\lambda_s=0$，$\gamma_o=15°$时，F_c、F_f 和 F_p之间有以下近似关系：

$$F_f=(0.35\sim0.5)F_e;\quad F_p=(0.35\sim0.5)F_c$$

由此可得

$$F=(1.12\sim1.22)F_c$$

随车刀材料、几何参数、切削用量、工件材料和刀具磨损情况的不同，F_c、F_f 和 F_p之间的比例可在较大范围内变化。

 二、切削力与切削功率的计算

为了能够从理论上分析和计算切削力，人们进行了大量的试验和研究。但迄今为止所得到的一些理论公式还不能精确地进行切削力的计算。所以，目前实际生产中采用的计算公式都是通过大量的试验和数据处理而得到的经验公式。常用的经验公式可分为指数形式和单位切削力形式两类。

1. 指数形式的经验公式

指数形式的切削力经验公式应用比较广泛，形式如下：

$$F_e=C_{F_c}\,a_p^{x_{F_c}}\,f^{y_{F_c}}\,v_c^{z_{F_c}}\,K_{F_c} \tag{2-21}$$

$$F_f=C_{F_f}\,a_p^{x_{F_f}}\,f^{y_{F_f}}\,v_c^{z_{F_f}}\,K_{F_f} \tag{2-22}$$

$$F_p=C_{F_p}\,a_p^{x_{F_p}}\,f^{y_{F_p}}\,v_c^{z_{F_p}}\,K_{F_p} \tag{2-23}$$

式中：F_c、F_f、F_p——主切削力、进给力和背向力；

C_{F_c}、C_{F_f}、C_{F_p}——取决于工件材料和切削条件的系数；

x_{F_c}、y_{F_c}、z_{F_c}、x_{F_f}、y_{F_f}、z_{F_f}、x_{F_p}、y_{F_p}、z_{F_p}——三个分力公式中 a_p、f 和 v_c 的指数；

K_{F_c}、K_{F_f}、K_{F_p}——当实际加工条件与求得的经验公式的试验条件不符时，各种因素对各切削分力的修正系数。

式中各种系数和指数以及切削条件的修正系数都可以在切削用量手册中查到。

2. 用单位切削力计算切削力

单位切削力指的是单位切削面积上的主切削力，用 k_c 表示：

$$k_c=\frac{F_c}{A_c}=\frac{F_c}{a_c\,a_w}=\frac{F_c}{a_p f} \tag{2-24}$$

各种材料的单位切削力可在有关手册中查到，表 2-3-1 列出了硬质合金外圆车刀切削几种常用材料的单位切削力。根据式(2-24)，可得到切削力 F_c 的计算公式：

$$F_c=k_c A_c K_{F_c}=k_c a_p f K_{F_c} \tag{2-25}$$

式中：K_{F_c} 为切削条件修正系数，可在有关手册中查到。

表 2-3-1　硬质合金外圆车刀切削几种常用材料的单位切削力

<table>
<tr><th colspan="4">工件材料</th><th rowspan="2">单位切削力/
N·mm⁻²/
(kgf·mm⁻²)</th><th colspan="4">试验条件</th></tr>
<tr><th>名称</th><th>牌号</th><th>热处理状态</th><th>硬度HBS</th><th colspan="3">刀具几何参数</th><th>切削用量范围</th></tr>
<tr><td rowspan="4">钢材</td><td rowspan="2">45</td><td>正火或热轧</td><td>187</td><td>1962(200)</td><td rowspan="5">$\gamma_{o1}=15°$
$\kappa_r=75°$
$\lambda_s=0$</td><td rowspan="4">前（刀）面带卷屑槽</td><td>$b_{\gamma1}=0$</td><td rowspan="4">$a_p=1\sim5$ mm
$f=0.1\sim0.5$ mm/r
$v_c=1.5\sim1.75$ m/s
(90～105m/min)</td></tr>
<tr><td>调质</td><td>229</td><td>2305(235)</td><td>$b_{\gamma1}=0.1\sim0.15$ mm, $\gamma_{o1}=-20°$</td></tr>
<tr><td rowspan="2">40Cr</td><td>正火或热轧</td><td>212</td><td>1962(200)</td><td>$b_{\gamma1}=0$</td></tr>
<tr><td>调质</td><td>285</td><td>2305(235)</td><td>$b_{\gamma1}=0.1\sim0.15$ mm, $\gamma_{o1}=-20°$</td></tr>
<tr><td>灰铸铁</td><td>HT200</td><td>退火</td><td>170</td><td>1118(114)</td><td colspan="2">$b_{\gamma1}=0$，平前刀面无卷屑槽</td><td>$a_p=22\sim10$ mm
$f=0.1\sim0.5$ mm/r
$v_c=1.17\sim1.42$m/s
(70～85m/min)</td></tr>
</table>

注　$b_{\gamma1}$ ——前(刀)面负倒棱的宽度。

3. 计算切削功率

切削功率 P_c 是切削过程中各切削分力消耗功率的总和。因 F_p 方向没有位移，故不消耗功率。因此，切削功率 P_c 可按下式计算：

$$P_c=\left(F_c\,v_c+\frac{F_f\,n_w f}{1000}\right) \tag{2-26}$$

式中：F_c ——主切削力，N；

v_c ——切削速度，m/s；

F_f ——进给力，N；

n_w ——工件转速，r/s；

f ——进给量，mm/r。

由于 $F_f \ll F_c$，而 F_f 方向的运动速度又很小，因此 F_f 所消耗的功率相对于 F_c 所消耗的

功率来说一般很小(<2%),可以忽略不计。于是

$$P_c = F_c v_c \times 10^{-3} \tag{2-27}$$

根据切削功率选择机床电动机时,还要考虑机床的传动效率。机床电动机的功率 P_e应满足:

$$P_e \geqslant P_c / \eta_m \tag{2-28}$$

式中,η_m 为机床的传动效率,一般取 0.75～0.85。

 三、切削力的测量

在生产实际中,切削力的大小一般采用由试验结果建立起来的经验公式计算。在需要较为准确地知道某种切削条件下的切削力时,还需进行实际测量。随着测试手段的现代化,切削力的测量方法取得了很大的进展,在很多场合下已经能很精确地测量切削力。切削力的测量成了研究切削力的行之有效的手段。目前常用的切削力测量方法主要有下面两种。

1. 测定机床功率后计算切削力

用功率表测出机床电动机在切削过程中所消耗的功率 P_e后,可由式(2-28)计算出切削功率 P_c:

$$P_c = P_e \eta_m \tag{2-29}$$

在切削速度 v_c 已知的情况下,将 P_c 代入式(2-27)即可求出切削力 F_c。这种方法只能粗略估算切削力的大小,不够精确。当要求精确知道切削力大小时,通常采用测力仪直接测量。

2. 用测力仪测量切削力

测力仪的测量原理是利用切削力作用在测力仪的弹性元件上产生变形,或作用在压电晶体上产生电荷,经过转换后,读出 F_c、F_f、F_p的值。近代先进的测力仪常与微机配套使用,直接处理数据,自动显示力值和建立切削力的经验公式。切削力的计算机辅助测试原理如图 2-3-3 所示。在自动化生产中,还可利用测力传感装置产生的信号优化和监控切削过程。

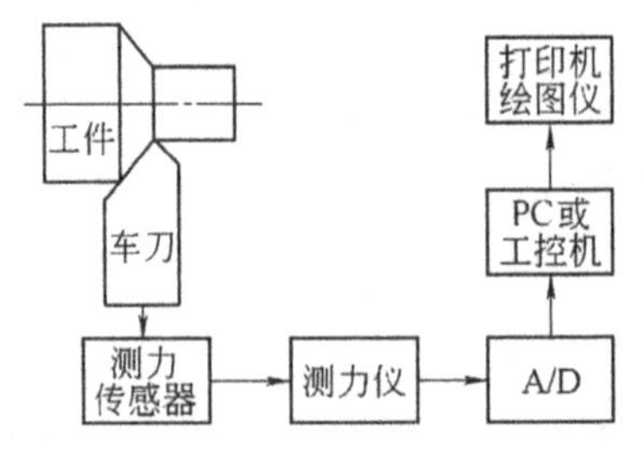

图 2-3-3　切削力的计算机辅助测量

按测力仪的工作原理可分为机械、液压和电气测力仪。目前常用的是电阻应变片式测力仪和压电测力仪。

第四节　切削热与切削温度

一、切削热的产生和传导

被切削的金属在刀具的作用下发生弹性和塑性变形而消耗能量，这是切削热的一个来源。同时，切屑与前(刀)面、工件与后(刀)面之间的摩擦也要消耗能量，这是切削热的又一个来源。因此，切削热产生于三个区域，即剪切面、切屑与前(刀)面接触区、后(刀)面与切削表面接触区，如图 2-4-1 所示，三个发热区与三个变形区相对应。

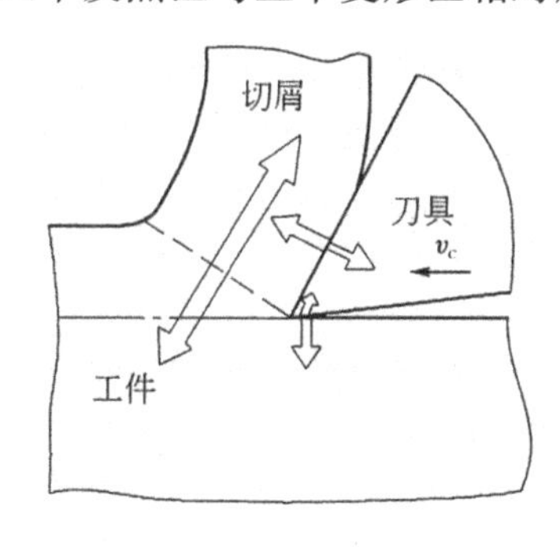

图 2-4-1　切削热的产生与传导

切削过程中所消耗的能量，除一小部分用以增加变形晶格的势能外，98%～99%转换为热能。如果忽略进给运动所消耗的功，并假定主运动所消耗的功全部转化为热能，则单位时间内产生的切削热 q 就等于切削功率 P_c 即

$$q \approx P_c \approx F_c v_c \tag{2-30}$$

式中：q ——单位时间内产生的切削热，W；

F_c ——主切削力，N；

v_c ——切削速度，m/s。

将切削力 F_c 的表达式(条件是用硬质合金车刀车削 $\sigma_b=0.637$ GPa 的结构钢)代入上式后，得

$$q = C_{F_c} a_p f^{0.75} v_c^{-0.15} K_{F_c} v_c = C_{F_c} a_p f^{0.75} v_c^{0.85} K_{F_c} \tag{2-31}$$

由式(2-31)可知，背吃刀量 a_p 增加一倍，切削热 q 也增加一倍；切削速度 v_c 对 q 的影响次之；进给量 f 的影响最小；其他因素对 q 的影响与对 F_c 的影响相似。

切削热由切屑、工件、刀具以及周围的介质传导出去。影响热传导的主要因素是工件和刀具材料的导热系数以及周围介质的状况。

 二、切削温度的分布

在切削变形区内，工件、切屑和刀具上各点的温度分布即为切削温度场，它对研究刀具的磨损规律、工件材料的性能变化和已加工表面的质量都有重要意义。

图 2-4-2 是用红外线胶片法测得的切削钢料时正交平面内的温度场，由此可分析归纳出一些切削温度分布的规律：

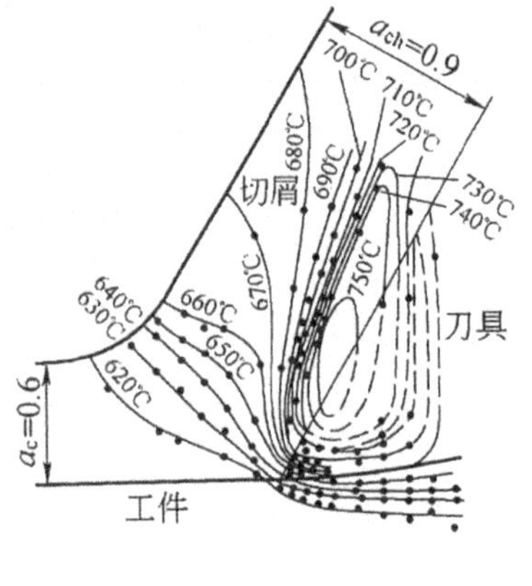

图 2-4-2　二维切削中的温度分布

工件材料：低碳易切削钢

刀具：$\gamma_o=30°$，$\alpha_0=7°$

切削用量：$a_p=0.6$ mm，$v_c=0.38$ m/s

切削条件：干切削，预热 611℃

(1)剪切区内，沿剪切面方向上各点温度几乎相同，而在垂直于剪切面方向上的温度梯度很大。由此可推断在剪切面上各点的应力和应变的变化不大，而且剪切区内的剪切滑移变形很强烈，产生的热量十分集中。

(2)前(刀)面和后(刀)面上的最高温度点都不在刀刃上，而是在离刀刃有一定距离的地方，这是摩擦热沿着刀面不断增加的缘故。在刀面的后一段接触长度上，由于摩擦逐渐减小，热量又在不断传出，所以切削温度逐渐下降。

(3)在靠近前(刀)面的切屑底层上温度梯度很大，离前(刀)面 0.1～0.2 mm，温度就可能下降一半。这说明前(刀)面上的摩擦热集中在切屑底层，对切屑底层金属的剪切强度会有较大影响。因此，切削温度上升会使前(刀)面上的摩擦系数下降。

(4)后(刀)面的接触长度较小，因此工件加工表面上温度的升降是在极短时间内完成的，刀具通过时加工表面受到一次热冲击。

 三、影响切削温度的主要因素

分析各因素对切削温度的影响，主要应从这些因素对单位时间内产生和传出热量的影响入手。如果产生的热量大于传出的热量，则这些因素将使切削温度升高，而有利于切削热传出的因素都会降低切削温度。根据理论分析和试验研究可知，切削温度主要受切削用量、刀具几何参数、工件材料、刀具磨损和切削液的影响，以下对这几个主要因素加以分析。

1. 切削用量的影响

由试验得出的切削温度经验公式如下：

$$\theta = C_\theta \, v_c^{z_\theta} \, f_\theta^{y} \, a_p^{x_\theta} \tag{2-32}$$

式中：θ ——试验测出的前(刀)面接触区平均温度，℃；

C_θ ——与工件、刀具材料和其他切削参数有关的切削温度系数；

z_θ 、y_θ 、x_θ ——v_c、f、a_p的指数。

试验得出，用高速钢和硬质合金刀具切削中碳钢时，切削温度系数 C_θ 及指数 z_θ 、y_θ 、x_θ

见表 2-4-1。

表 2-4-1　切削温度系数及指数

刀具材料	加工方法	C_θ	z_θ		y_θ	x_θ
高速钢	车削 铣削 钻削	140～170 80 150	0.35～0.45		0.2～0.3	0.08～0.1
硬质合金	车削	320	f/mm·r^{-1}		0.15	0.05
			0.1 0.2 0.3	0.41 0.31 0.26		

由表中的数据可以看出，在切削用量三要素中，v_c 的指数最大，f 的次之，a_p的最小。这说明切削速度 v_c 对切削温度 θ 的影响最大，随着切削速度的提高，切削温度迅速上升。进给量对切削温度 θ 的影响比切削速度的小。而背吃刀量 a_p变化时，使产生的切削热和散热面积按相同的比率变化，故 a_p对切削温度的影响很小。

2. 刀具几何参数的影响

前角 γ_o 增大时，切屑变形程度减小，使产生的切削热减少，因而切削温度 θ 下降。但前角大于 20°时，对切削温度的影响减小，这是因为刀具楔角变小而使散热体积减小的缘故。

主偏角 κ_r 减小时，使刀尖角和切削刃工作长度加大，散热条件改善，故切削温度降低。

负倒棱和刀尖圆弧半径对切削温度影响很小。因为随着它们的增大，会使切屑变形程度增大，产生的切削热增加，但同时也使散热条件有所改善，两者趋于平衡，所以使切削温度基本不变。

3. 工件材料的影响

工件材料的强度、硬度、塑性等力学性能越高，切削时所消耗的能量越多，产生的切削热越多，切削温度就越高。而工件材料的热导率越大，通过切屑和工件传出的热量越多，切削温度下降越快。图 2-4-3 是几种工件材料的切削温度随切削速度的变化曲线。

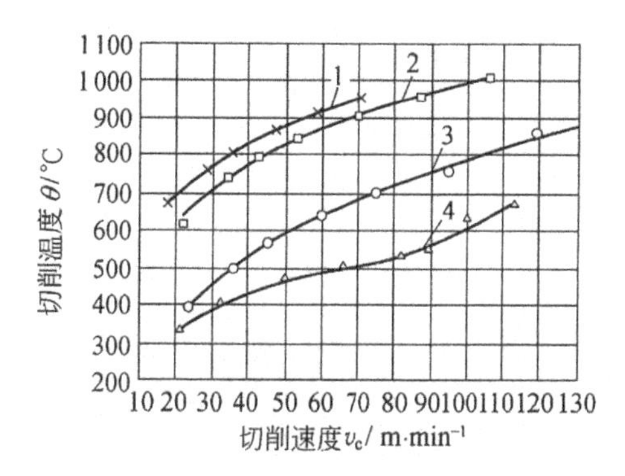

图 2-4-3　不同切削速度下各种材料的切削温度

1—GH131　2—1Cr18Ni9Ti　3—45# 钢　4—HT200

刀具材料：YT15；YG8

刀具角度：$\gamma_o=15°$，$\alpha_o=6°\sim8°$，$\kappa_r=75°$，$\lambda_s=0$，$b_{\gamma1}=0.1$ mm，$\gamma_1=-10°$，$r_\varepsilon=0.2$ mm

切削用量：$a_p=3$ mm，$f=0.1$ mm/r

4. 刀具磨损的影响

刀具后面磨损量增大，切削温度升高。磨损量达到一定值后，对切削温度的影响加剧。切削速度越大，刀具磨损对切削温度的影响越显著。合金钢的强度大，导热系数小，所以切削合金钢时刀具磨损对切削温度的影响就比切削碳素钢时的大。

5. 切削液的影响

使用切削液对降低切削温度、减少刀具磨损和提高已加工表面质量有明显的效果。切削液的热导率、比热容和流量越大，切削温度越低。切削液本身的温度越低，其冷却效果越显著。

第五节　刀具的磨损及使用寿命

 一、刀具的磨损形式

切削时刀具的前(刀)面与切屑、后(刀)面与工件接触，产生剧烈摩擦，同时在接触区内有很高的温度和压力，因此，前、后(刀)面都会发生磨损。

1. 前(刀)面磨损(月牙洼磨损)

切削塑性材料时，如果切削速度和切削厚度较大，则在刀具前(刀)面上会形成月牙洼磨损，如图 2-5-1 所示。月牙洼发生在前(刀)面上切削温度最高的地方，它与切削刃之间有一条小棱边。在磨损过程中，月牙洼的宽度、深度不断增大，当月牙洼扩展到使棱边很窄时，切削刃的强度大为削弱，极易导致崩刃。刀具磨损的测量位置如图 2-5-2 所示。月牙洼磨损量以其最大深度 KT 表示，见图 2-5-2(b)。

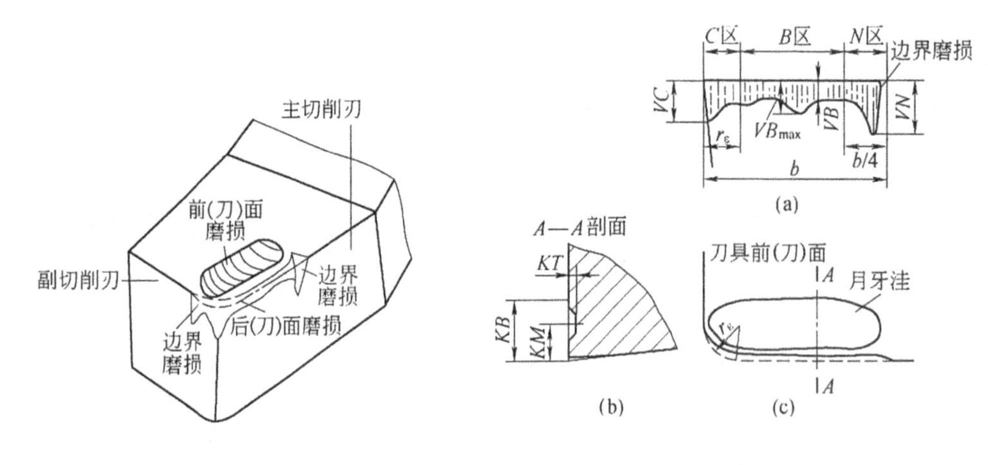

图 2-5-1　刀具的磨损形态

图 2-5-2　刀具磨损的测量位置

2. 后(刀)面磨损

毗邻切削刃的后(刀)面部分与加工表面之间的接触压力很大，相互强烈摩擦，在此处很快被磨出后角为零的小棱面，这就是后(刀)面磨损。加工脆性材料或在切削速度较小、切削

厚度较小的情况下加工塑性材料时，主要发生这种磨损。后(刀)面磨损带往往不均匀，见图 2-5-2(a)。刀尖部分(*C* 区)强度较小，散热条件又差，磨损比较严重，其最大值为 *VC*；主切削刃靠近工件待加工表面处的后(刀)面(*N* 区)上，磨出较深的沟，以 *VN* 表示；在后(刀)面磨损带中间部位(*B* 区)上，磨损比较均匀，其平均磨损带宽度以 *VB* 表示，最大磨损带宽度以 VB_{max} 表示。

3. 边界磨损

切削钢料时，常在主切削刃靠近工件待加工表面处以及副切削刃靠近刀尖处的后(刀)面上磨出较深的沟纹，称为边界磨损。边界磨损主要是由于工件在边界处的加工硬化层、硬质点及刀具在边界处较大的应力梯度和温度梯度所造成的。加工铸、锻件等外皮粗糙的工件时，容易发生边界磨损。

二、刀具磨损过程及磨钝标准

(一)刀具磨损过程

随着切削时间的延长，刀具磨损增加。根据切削试验，可得图 2-5-3 所示的典型刀具磨损曲线。由图可知，刀具磨损过程可分为三个阶段：

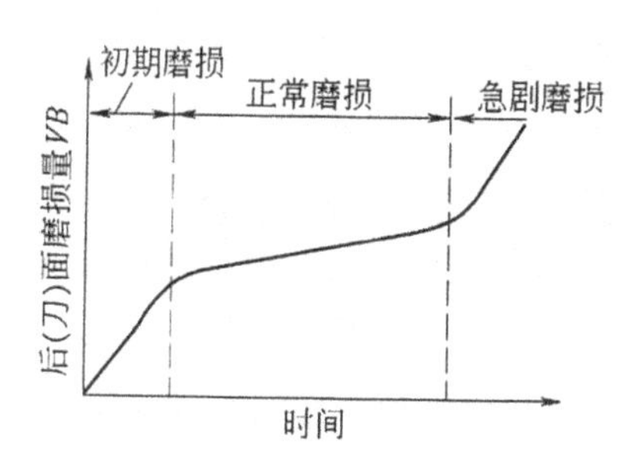

图 2-5-3　典型磨损曲线

1. 初期磨损阶段

因为新刃磨的刀具切削刃较锋利，后(刀)面与加工表面接触面积很小，压应力较大，加之新刃磨的刀具后(刀)面存在微观粗糙不平以及显微裂纹、氧化或脱碳等缺陷，所以这一阶段的磨损很快。一般初期磨损量为 0.05～0.1 mm，其大小与刀面刃磨质量有很大关系，研磨过的刀具初期磨损量较小。

2. 正常磨损阶段

经过初期磨损后，刀具的粗糙表面已经磨平，承压面积增大，压应力减小，从而使磨损速度明显减小，刀具进入正常磨损阶段。这个阶段的磨损比较缓慢均匀，后(刀)面的磨损量随切削时间延长而近似地成比例增加，磨损曲线基本上是一条向上的斜线，其斜率代表刀具的磨损速度。正常切削时，这个阶段时间较长。

3. 急剧磨损阶段

当刀具磨损带增加到一定限度后，加工表面粗糙度值增大，切削力和切削温度迅速升高，刀具磨损速度急剧增加。生产中为了合理使用刀具，保证加工质量，应该在发生急剧磨损之前就及时换刀。

（二）刀具磨钝标准

刀具磨损到一定限度后就不能继续使用，这个磨损限度称为磨钝标准。

在生产实际中，卸下刀具测量磨损量会影响生产的正常进行，所以常常根据切削中发生的一些现象（切屑颜色、加工表面粗糙度、机床声音、振动等）来判断刀具是否已经磨钝。在评定刀具材料切削性能和试验研究时，以刀具表面的磨损量作为衡量刀具的磨钝标准。因为一般刀具的后（刀）面都发生磨损，且测量比较方便，所以国际 ISO 标准统一规定以 1/2 背吃刀量处后（刀）面上测量的磨损带宽度 VB 作为刀具的磨钝标准。自动化生产中的精加工刀具，常以沿工件径向的刀具磨损尺寸作为刀具的磨钝标准，称为径向磨损量 NB。

三、刀具使用寿命及其与切削用量的关系

（一）刀具使用寿命

刃磨后的刀具自开始切削直到磨损量达到磨钝标准为止的切削时间，称为刀具使用寿命（以往称为刀具耐用度），以 T 表示。而刀具从第一次投入使用直到报废为止的总切削时间称为刀具总使用寿命。需要明确，刀具使用寿命和总使用寿命是两个不同的概念。对于重磨刀具，刀具总使用寿命等于其平均使用寿命乘以刃磨次数。对于不重磨刀具，刀具总使用寿命即等于刀具使用寿命。

有时也用达到磨钝标准前的切削路程 l_m 定义刀具使用寿命。l_m 等于切削速度 v_c 和使用寿命 T 的乘积。

（二）刀具使用寿命与切削用量的关系

凡是影响切削温度和刀具磨损的因素，都影响刀具使用寿命。当刀具、工件材料和刀具几何参数选定之后，切削用量是影响刀具使用寿命的主要因素。其中切削速度的影响最明显，一般切削速度增大，刀具使用寿命降低。

1. 切削速度与刀具使用寿命的关系

切削速度与刀具使用寿命的关系是由试验方法求得的。固定其他切削条件，在常用的切削速度范围内，取不同的切削速度 v_{c1}、v_{c2}、v_{c3}、…进行刀具磨损试验，得出一组刀具磨损曲线，如图 2-5-4 所示，根据规定的磨钝标准 VB 求出在各切削速度下对应的使用寿命 T_1、T_2、

T_3、…，经处理后得到如下关系式：

$$v_c T^m = C_0 \tag{2-33}$$

式中：T ——刀具使用寿命，min；

m ——指数，表示 v_c 对 T 的影响程度；

C_0 ——系数，与刀具、工件材料和切削条件有关。

上式为重要的刀具使用寿命方程式，也称为泰勒(F. W. Taylor)公式。把它画在双对数坐标系中基本是一条直线，m 为该直线的斜率；C_0 为直线的纵截距，如图 2-5-5 所示。对于高速钢刀具，一般 $m=0.1\sim0.125$；硬质合金刀具 $m=0.2\sim0.3$；陶瓷刀具 m 值约为 0.4。值越小，则 v_c 对 T 的影响越大，即切削速度稍改变一点，而刀具寿命变化较大；m 值越大，则 v_c 对 T 的影响越小，即刀具材料的切削加工性能较好。图 2-5-5 为几种刀具材料加工同一工件材料时的刀具使用寿命曲线，其中陶瓷刀具寿命曲线的斜率比硬质合金和高速钢的都大，这是因为陶瓷刀具的耐热度很高，所以在非常大的切削速度下仍有较高的使用寿命，但在低速时其刀具使用寿命比硬质合金的还要低。

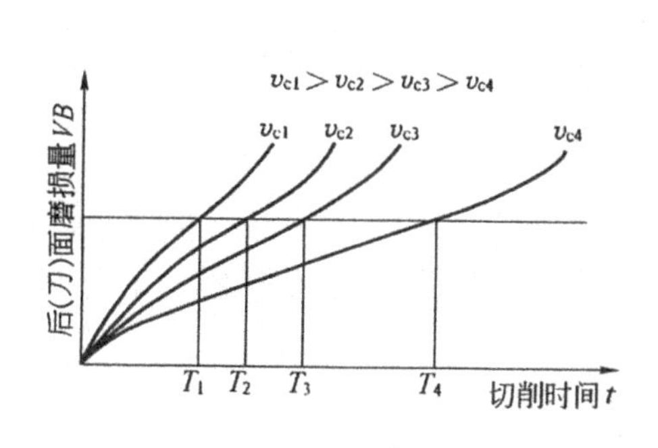

图 2-5-4　各速度下的磨损曲线

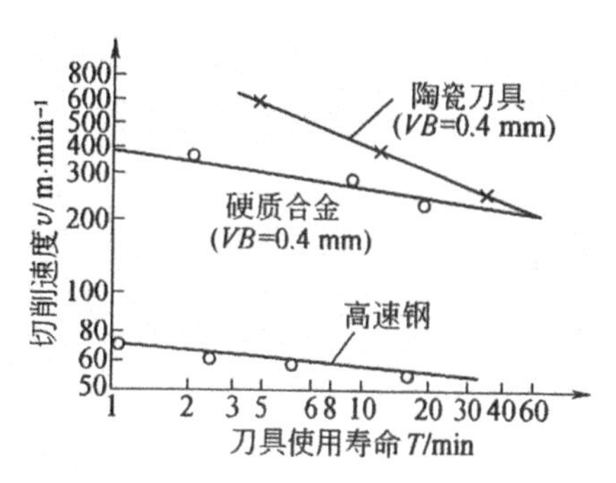

图 2-5-5　几种刀具寿命曲线比较

2. 进给量和背吃刀量与刀具使用寿命的关系

切削时增加进给量和背吃刀量，刀具使用寿命也会降低。经过试验，可得到类似的关系式：

$$\begin{cases} f\,T^n = C_1 \\ a_p\,T^p = C_2 \end{cases} \tag{2-34}$$

综合式(2-33)和式(2-34)可得到切削用量与刀具使用寿命的一般关系式：

$$T=\frac{C_T}{v_c^{\frac{1}{m}} f^{\frac{1}{n}} a_p^{\frac{1}{p}}} \tag{2-35}$$

用 YT15 硬质合金车刀切削 $\sigma_b=0.637$ GPa 的碳钢时，切削用量与刀具使用寿命的关系为

$$T=\frac{C_T}{v_c^5 f^{2.25} a_p^{0.75}} \tag{2-36}$$

切削时，增加进给量 f 和背吃刀量 a_p，刀具寿命也要减小，切削速度 v_c 对刀具寿命影响

最大，进给量 f 次之，背吃刀量 a_p 最小。这与三者对切削温度的影响顺序完全一致。这也反映出切削温度对刀具磨损和刀具寿命有着最重要的影响。

第六节　工件材料的切削加工性

一、材料切削加工性的指标

衡量材料切削加工性的指标很多，一般是指在相同切削条件下加工不同材料时，刀具使用寿命 T 较长，或在一定刀具使用寿命下所允许的切削速度 v_T 较大的材料，其加工性较好；反之，T 较短或 v_T 较小的材料，其加工性较差。

v_T 的含义是：当刀具使用寿命为 T 时，切削某种材料所允许的切削速度。通常取 $T=60$ min，v_T 写作 v_{60}；对于特别难加工的材料，可取 $T=30$ min 或 15min，相应的 v_T 为 v_{30} 或 v_{15}。

一般以正火状态 45#钢（$\sigma_b=0.637$ GPa）的 v_{60} 为基准，写作 $(v_{60})_j$，将其他材料的 v_{60} 与它相比，这个比值 K_r 称为相对加工性，即

$$K_r=v_{60}/(v_{60})_j \tag{2-37}$$

常用工件材料的相对加工性可分为八级，见表 2-6-1。凡 $K_r>1$ 的材料，其加工性比 45#钢好；$K_r<1$ 者，加工性比 45 钢差。v_T 和 K_r 是最常用的切削加工性能衡量指标。

表 2-6-1　材料切削加工性等级

加工等级	名称及种类		相对加工性 K_r	代表性材料
1	很容易切削材料	一般有色金属	>3.0	5-5-5 铜铅合金，9-4 铝铜合金，铝镁合金
2	容易切削材料	易切削钢	2.5～3.0	退火 15Cr，$\sigma_b=0.373$～0.441 GPa 自动机钢，$\sigma_b=0.393$～0.491 GPa
3		较易切削钢	1.6～2.5	正火 30 钢，$\sigma_b=0.441$～0.549 GPa
4	普通材料	一般钢及铸铁	1.0～1.6	45 钢，灰铸铁
5		稍难切削材料	0.65～1.0	2Cr13 调质，$\sigma_b=0.834$ GPa 85 钢，$\sigma_b=0.883$ GPa
6	难切削材料	较难切削材料	0.5～0.65	45Cr 调质，$\sigma_b=1.03$ GPa65Mn 调质，$\sigma_b=0.932$～0.981 GPa
7		难切削材料	0.15～0.5	50CrV 调质，1Cr18Ni9Ti，某些钛合金
8		很难切削材料	<0.15	某些钛合金，铸造镍基高温合金

二、材料的力学性能对切削加工性的影响

材料的力学性能主要指材料的强度、硬度、塑性、韧度和热导率等。一般认为,工件材料的力学性能越高,其切削加工的难度越大。可以根据它们的数值大小来划分加工性等级,如表 2-6-2 所示。

表 2-6-2　工件材料加工性分级表

切削加工性		易切削			较易切削		较难切削			难切削			
等级代号		0	1	2	3	4	5	6	7	8	9	9_a	9_b
硬度	HBS	≤50	>50~100	>100~150	>150~200	>200~250	>250~300	>300~350	>350~400	400~480	>480~635	>635	
	HRC					>14~24.8	>24.8~32.3	>32.2~38.1	>38.1~43	>43~50	>50 >60	>60	
抗拉强度 σ_b/GPa		≤0.196	>0.196~0.441	>0.441~0.588	>0.588~0.784	>0.784~0.98	>0.98~1.176	>1.176~1.372	>1.372~1.568	>1.568~1.764	>1.764~1.96	>1.96~2.45	>2.45
伸长率 δ/%		≤10	>10~15	>15~20	>20~25	>25~30	>30~35	>35~40	>40~45	>45~50	>50~60	>60~100	>100
冲击韧度 a_k/kJ·m^{-2}		≤196	>196~392	>392~588	>588~784	>784~980	>980~1372	>1372~1764	>1764~1962	>1962~2450	>2450~2940	>2940~3920	
热导率 k/W·m^{-1}·K^{-1}		293.08~418.68	<167.47~293.08	<83.47~167.47	<62.80~83.47	<41.87~62.80	<33.5~41.87	<25.12~33.5	<16.75~25.12	<8.37~16.75	<8.37		

材料的强度和硬度越高,切削力就越大,切削温度也越高,所以切削加工性也越差。特别是材料高温硬度的影响尤为显著,此值越高,切削加工性越差。因为刀具与工件材料的硬度比降低,加速了刀具的磨损。这正是某些耐热、高温合金切削加工性差的主要原因。

三、改善材料切削加工性的基本途径

1. 调整材料的化学成分

在不影响材料使用性能的前提下,在钢中添加一些能明显改善切削加工性的元素,如硫、铅等,可获得易切削钢。易切削钢加工时切削力小,易断屑,刀具使用寿命长,已加工表面质量好。在铸铁中适当增加石墨成分,也可改善其切削加工性。

2. 进行适当的热处理

同样化学成分、不同金相组织的材料,切削加工性有较大差异。生产中常对工件材料进行适当的热处理,除得到合乎要求的金相组织和力学性能外,也可改善其切削加工性。低碳钢塑性太高,经正火或冷拔处理,可适当降低塑性,提高硬度,改善切削加工性。高碳钢的硬度较高,且有较多的网状、片状渗碳体组织,通过球化退火可降低硬度,均匀组织,有利于切削加工。热轧中碳钢经正火处理可使其组织与硬度均匀。马氏体不锈钢则需调质到

28HRC左右为宜。硬度过低则塑性大,不易得到光洁的已加工表面,而硬度过高又使刀具磨损加大。铸铁件在切削加工前常进行退火处理,以降低表皮硬度,消除应力,均匀组织,利于切削加工。

第七节　磨削过程与磨削机理

一、磨料与磨具

砂轮是磨削加工的主要工具。它是用结合剂把磨粒黏结起来,经压坯、干燥、焙烧及修整而成的。砂轮的特性主要由磨料、粒度、结合剂、硬度、组织及形状尺寸等因素所决定。

(一)磨料

磨料是制造砂轮的主要材料,直接担负切削工作。磨料应具有高硬度、高耐热性和一定的韧度,在切削过程中受力破碎后仍能形成锋利的形状。常用的磨料有氧化物系、碳化物系和超硬磨料系三类。

1. 氧化物系(刚玉类)

它的主要成分是Al_2O_3,适宜磨削各种钢材。常用的氧化物系磨料有以下几种:

(1)棕刚玉(A)。呈棕褐色,硬度较高,韧性较好,价格低廉,适于磨削碳素钢、合金钢、可锻铸铁和硬青铜等。

(2)白刚玉(WA)。呈白色,比棕刚玉硬度高而韧度稍低,适于磨削淬火钢、高速钢、高碳钢及薄壁零件。

(3)铬刚玉(PA)。呈玫瑰红色,韧度比白刚玉好,硬度较低,磨削后表面粗糙度值小,适于高速钢、不锈钢的磨削及成形磨削、高表面质量磨削等。

2. 碳化物系

它的主要成分是碳化硅、碳化硼。硬度比刚玉类高,磨粒锋利,但韧度较差,适于磨削脆性材料。常用的碳化物系磨料有以下两类:

(1)黑色碳化硅(C)。呈黑色,有光泽,硬度高,韧度低,导热性好,适于磨削铸铁、黄铜、耐火材料及其他非金属材料。

(2)绿色碳化硅(GC)。呈绿色,有光泽,硬度比黑色碳化硅高,导热性好,韧度差,适于磨削硬质合金、玻璃、陶瓷等高硬度材料。

3. 超硬磨料系

主要有以下两类:

(1)人造金刚石(D)。无色透明或淡黄色、黄绿色、黑色,硬度最高,耐热性较差,适于磨

削硬质合金、玻璃、陶瓷、宝石等高硬度材料及有色金属等。

(2)立方氮化硼(CBN)。棕黑色，硬度仅次于金刚石，耐热性好，与铁元素亲和力小，适于磨削高速钢、不锈钢、耐热钢及其他难加工材料。

(二)粒度

粒度是指磨料颗粒的大小，它分为粗磨粒(尺寸＞40 μm)和微粉(尺寸≤40 μm)两类。粗磨粒用筛选法分级，以粗磨粒刚能通过的筛网的网号来表示磨料的粒度，如 60# 磨粒，表示其大小正好能通过每英寸长度上有 60 个孔眼的筛网。粒度号越大，磨料颗粒越小。微粉按其颗粒的实际尺寸分级，如 W20 是指用显微镜测得微粉实际尺寸为 20 μm。

粒度对加工表面的粗糙度和磨削生产率影响较大。一般来说，粗磨用粗粒度 46# ～30#，精磨用细粒度 120# ～60#。当工件材料硬度低、塑性大同时磨削面积大时，为避免堵塞砂轮，应采用粗粒度的砂轮。

(三)结合剂

结合剂的作用是将磨粒黏结在一起，使砂轮具有一定的形状和强度。结合剂的性能对砂轮的强度、抗冲击性、耐热性、耐腐蚀性以及磨削温度和磨削的表面质量都有较大影响。常用的结合剂有：

1. 陶瓷结合剂(V)

它是由黏土、长石、滑石、硼玻璃和硅石等材料配成的，特点是化学性质稳定，耐热，耐蚀，价格低廉，但性脆。除切断砂轮外，大多数砂轮都采用陶瓷结合剂，其线速度一般为35 m/s。

2. 树脂结合剂(B)

其主要成分为酚醛树脂，也可采用环氧树脂。树脂结合剂强度高，弹性好，多用于高速磨削、切断及切槽等砂轮。它的耐蚀、耐热性较差，当磨削温度达 200～300℃时，结合能力大大下降，但自锐性好。

3. 橡胶结合剂(R)

多数采用人造橡胶。橡胶结合剂比树脂结合剂强度更高，弹性更好，具有良好的抛光作用，多用于制作无心磨的导轮和切断、切槽及抛光砂轮。它的耐蚀耐热性差(200℃)，自锐性好，加工表面质量好。

4. 金属结合剂(M)

常用的是青铜结合剂，主要用于制作金刚石砂轮，其特点是强度高，成形性好，有一定韧性，但自锐性差。

(四)硬度

砂轮硬度是指磨粒在磨削力的作用下从砂轮表面脱落的难易程度,也反映了磨粒与结合剂的黏结强度,而与磨料硬度无关。砂轮硬,磨粒不易脱落;砂轮软,磨粒易于脱落。

砂轮的硬度从低到高分为极软(A、B、C、D)、很软(E、F、G)、软(H、J、K)、中级(L、M、N)、硬(P、Q、R、S)、很硬(T)、极硬(Y)等 7 个等级,并细分为 19 小级。

选择砂轮硬度时可参考以下原则:

(1)磨削硬材料时,应选软砂轮,以使磨钝的磨粒及时脱落,新的锋利磨粒参加工作;磨削软材料时,磨粒不易变钝,应选硬砂轮,以使磨粒脱落慢些,充分发挥其作用。

(2)砂轮与工件接触面积大,工件的导热性差时,不易散热,应选软砂轮以避免工件烧伤。

(3)精磨或成形磨时,应选较硬的砂轮,以保持砂轮的廓形精度;粗磨时,应选较软的砂轮,以提高磨削效率。

(4)砂轮粒度号越大时,砂轮硬度应选软些,以避免砂轮堵塞。

(五)组织

砂轮的组织是指砂轮中磨料、结合剂和气孔三者体积的比例关系。磨料在砂轮中所占的体积比例越大,砂轮的组织越紧密,气孔越小;反之,磨料的比例越小,组织越疏松,气孔越大。砂轮的组织分为紧密(0~4)、中等(5~9)和疏松(10~14)三个类别,并细分为 15 级。

(1)紧密组织的砂轮适于重压力下的磨削。在成形磨削和精密磨削时,紧密组织的砂轮能保持砂轮的成形性,并可获得较高的加工表面质量。

(2)中等组织的砂轮适于一般的磨削工作,如淬火钢磨削、刀具刃磨等。

(3)疏松组织的砂轮不易堵塞,适于平面磨、内圆磨等磨削接触面积较大的工序,还可用于磨削热敏性强的材料或薄工件。

(六)砂轮的标记方法

根据不同的用途、磨削方式和磨床类型,砂轮被制成各种形状和尺寸,并已标准化。

一般在砂轮的端面都印有标记,用来表示砂轮的形状、尺寸、磨料、粒度、硬度、组织、结合剂和最高线速度。

砂轮的标记方法示例如下:

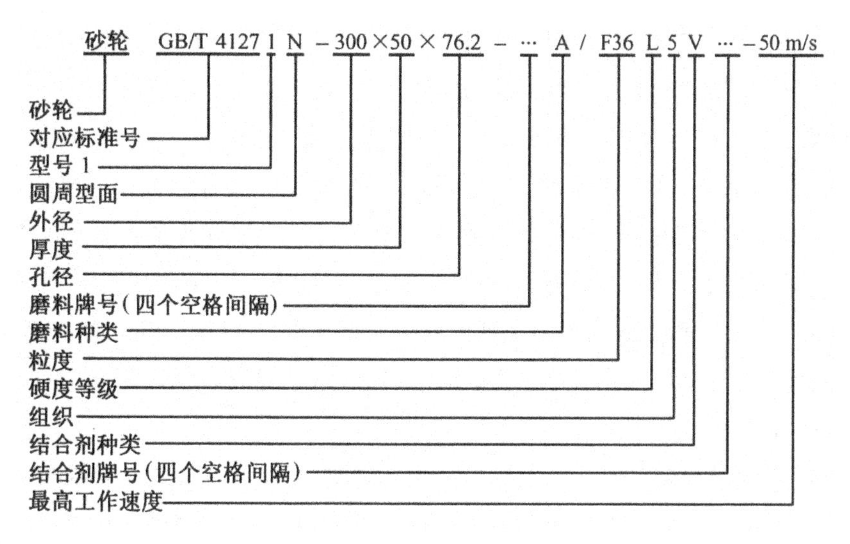

二、磨削过程及切屑形成机理

磨削是利用砂轮表面大量的微小磨粒切削刃完成的切削加工，它与通常的切削加工有很大差异。砂轮表面的磨粒形状、大小是不规则的，大多数呈菱形多面体，顶锥角大多在90°～120°范围内，见图 2-7-1。因此，磨削时磨粒基本上以很大的负前角进行切削。一般磨粒切刃都有一定大小的圆弧，其刃口钝圆半径在几微米到几十微米之间。磨粒磨损后，其负前角和钝圆半径都将增大。而且磨粒切削刃的排列(凹凸、刃距)是随机分布的，磨削厚度又非常薄，因此磨削过程中各个磨粒的切削厚度、切削形态也各不相同。如图 2-7-2 所示，磨削过程可大致分为滑擦、刻划和切削三个阶段。

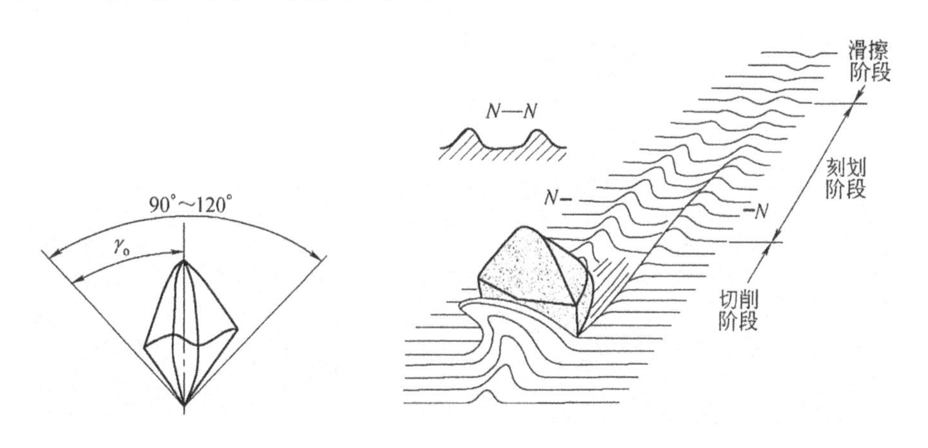

图 2-7-1　磨粒形状

图 2-7-2　磨削过程的三个阶段

1. 滑擦阶段

在磨粒切削刃刚开始与工件表面接触阶段，由于磨粒有很大的负前角和较大的刃口钝圆半径，切削厚度又非常小，磨粒仅在工件表面上滑擦而过，此时工件表层产生弹性变形和热应力。一些更钝更低的磨粒，在磨削过程中不能切入工件也仅在工件表面产生滑擦作用。因为磨削速度很大，这种滑擦会产生很高的温度，引起被磨表面烧伤、裂纹等缺陷。

2. 刻划阶段

磨粒继续前进时，一些磨粒已逐渐能够划进工件，随着切入深度的增大而与工件间的压力逐步增大，使工件表面由弹性变形过渡到塑性变形。部分材料发生滑移而被推向磨粒前方及两侧，出现材料的流动及表面隆起现象。此时工件表面上出现划痕，但磨粒前(刀)面上并没有切屑流出。这一阶段除磨粒与工件间的挤压摩擦外，更主要的是材料内部发生摩擦，磨削热显著增加，工件表层不仅有热应力，而且有因弹塑性变形产生的应力。

3. 切削阶段

当切削厚度、被切材料的切应力和温度达到一定值时，材料明显地滑移而形成切屑并沿磨粒前(刀)面流出。磨粒切下的切屑非常细小，且温度很高，当切屑沿着砂轮切向飞出时，在空气中急剧氧化和燃烧，形成磨削火花。磨屑尺寸虽然细小但形态却是多种多样的，典型的磨屑形态有带状切屑、挤裂切屑、球状切屑及灰烬等。

综上所述，磨削过程是利用砂轮表面上的磨粒对工件表面进行滑擦、刻划及切削的综合作用。这三种作用与磨粒状况、切削厚度、磨削速度及被加工材料的性质等因素有关。

三、磨削力

磨削时单个磨粒切除的材料虽然很少，但因砂轮表面有大量的磨粒同时工作，而且磨粒工作角度很不合理，因此总的磨削力仍相当大。同其他切削加工一样，总磨削力可分解为三个分力：主磨削力(切向磨削力)F_c；切深抗力(径向磨削力)F_p；进给抗力(轴向磨削力)F_f。几种不同类型磨削加工的三向分力如图 2-7-3 所示。

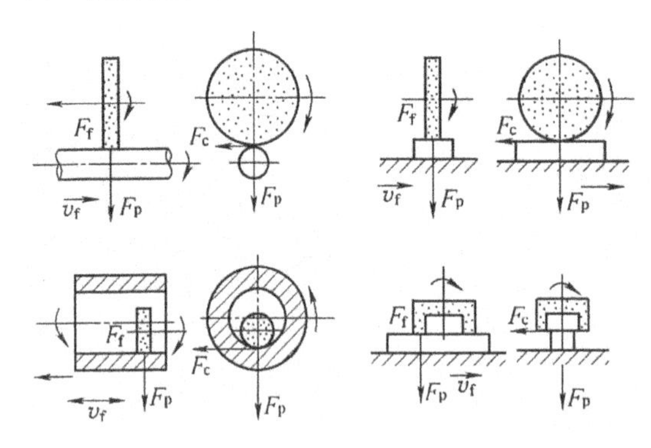

图 2-7-3　三向磨削分力

磨削力的主要特征如下：

1. 单位磨削力很大

由于磨粒几何形状及分布的随机性和几何参数的不合理性，磨削时挤压摩擦很严重，且

切削厚度小，使得单位磨削力很大。根据不同的磨削用量，k_c 值一般在 7～20 kN/mm² 之间，远远高于其他切削加工的单位切削力。

2. 三个分力中切深抗力最大

磨削时三个分力中切深抗力 F_p 最大，其原因同上。在正常磨削条件下，F_p/F_c 的值一般为 2～2.5，而且工件材料的塑性越小，硬度越大时，F_p/F_c 的比值越大。当磨削深度很小或砂轮严重磨损致使磨粒钝圆半径增大时，F_p/F_c 的比值可能加大到 5～10。由于 F_p 与砂轮轴、工件的变形及振动有关，将直接影响加工精度和表面质量，故该力是十分重要的。

3. 磨削力随不同的磨削阶段而变化

由于 F_p 较大，使工艺系统产生弹性变形，这样工件和砂轮就会产生相对位置变化。砂轮移动量与工件半径减小量的关系如图 2-7-4 所示，图中 A 段为砂轮每行均有进给期；B 段为无进给磨削期；ε 为位移量。在开始的几次进给中，实际径向进给量（工件半径减小量）远小于名义进给量（图 2-7-4 中砂轮位移量）。随着进给次数的增加，实际径向进给量逐渐增大，直至变形抗力增大到等于名义的径向磨削力时，实际径向进给量才会等于名义进给量，这个阶段称为初磨阶段。之后，磨削进入稳定阶段，实际径向进给量与名义进给量相等。当余量即将磨完时，停止进给进行光磨，依据工艺系统弹性变形的恢复，磨削至尺寸要求。由上述可知，要提高磨削生产率，应缩短初磨阶段及稳定阶段的时间，即在保证质量的前提下，可适当增加径向进给量；要提高已加工表面质量，在磨削最后则必须保持适当的光磨进给次数。

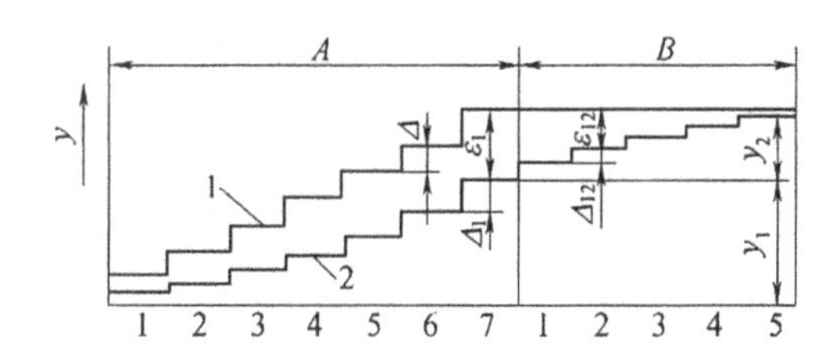

图 2-7-4　砂轮移动量与工件半径减小量的关系

1—砂轮进给量　2—工件半径减小量

第八节　金属切削条件的合理选择

一、刀具几何参数的合理选择

刀具几何参数的选择是否合理，对刀具使用寿命、加工质量、生产效率和加工成本等有着重要影响。刀具几何参数分为两类，一类是刀具几何角度参数，另一类是刀具刃形、刃面、刃区的形式及参数。一把完整刀具的形状和结构，是由一套系统的刀具几何参数所决定的。各参数之间存在着相互依赖、相互制约的作用，因此应综合考虑以便进行合理的选择。

1. 前角的选择

(1)前角的作用规律。

①增大前角，能使刀具锋利，减小切削变形，并减轻刀、屑间的摩擦，从而减小切削力、切削热和功率消耗，减轻刀具磨损，提高刀具使用寿命。增大前角还可以抑制积屑瘤和鳞刺的产生，减轻切削振动，改善加工质量。

②增大前角会使切削刃和刀头强度降低，易造成崩刃使刀具早期失效；还会使刀头的散热面积和容热体积减小，导致切削区温度升高，影响刀具寿命。由于减小了切屑变形，也不利于断屑。

由此可见，增大前角有利有弊，在一定的条件下应存在一个合理的前角值。由图 2-8-1 可知，对于不同的刀具材料，刀具使用寿命随前角的变化趋势为驼峰形。对应最大刀具使用寿命的前角称为合理前角 γ_{opt}，高速钢的合理前角比硬质合金的大。由图 2-8-2 可知，工件材料不同时，同种刀具材料的合理前角也不同，加工塑性材料的合理前角 γ_{opt} 比脆性材料的大。

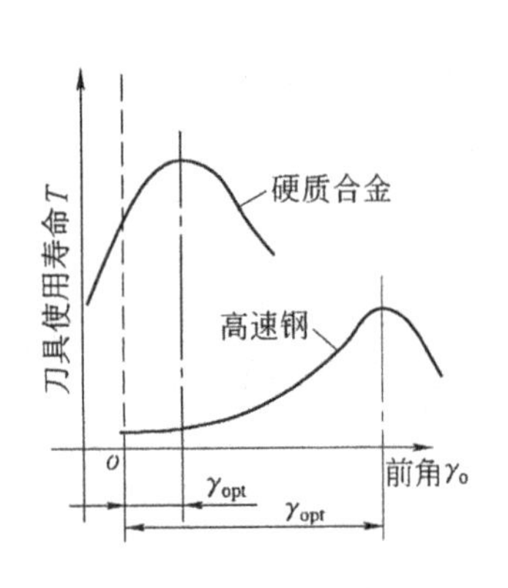

图 2-8-1 前角的合理数值

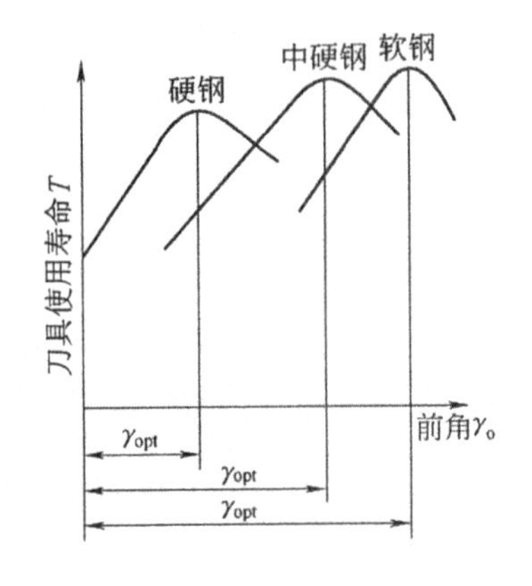

图 2-8-2 加工材料不同时的合理前角

(2)选择合理前角应遵循的原则。

①在刀具材料的抗弯强度和韧度较低或工件材料的强度和硬度较高的条件下，为确保刀具强度，宜选用较小的前角，甚至可采用负前角。此规则同样适用于切削用量较大的粗加工或刀具承受冲击载荷的情况。

②当加工塑性大的材料或工艺系统刚度差易引起切削振动以及机床功率不足时，宜选较大的前角，以减小切削力。

③对于成形刀具或自动化加工中不宜频繁更换的刀具，为保证其工作的稳定性和刀具使用寿命，宜取较小的前角。

2. 后角的选择

(1)后角的作用规律。

①增大后角,可增加切削刃的锋利性,减轻后(刀)面与已加工表面的摩擦,从而降低切削力和切削温度,改善已加工表面质量。但也会使切削刃和刀头强度降低,减小散热面积和容热体积,加速刀具磨损。

②如图 2-8-3 所示,在同样的磨钝标准 VB 条件下,增大后角($\alpha_2 > \alpha_1$),刀具材料的磨损体积增大,有利于提高刀具的使用寿命。但径向磨损量 NB 也随之增大($NB_2 > NB_1$),这会影响工件的尺寸精度。

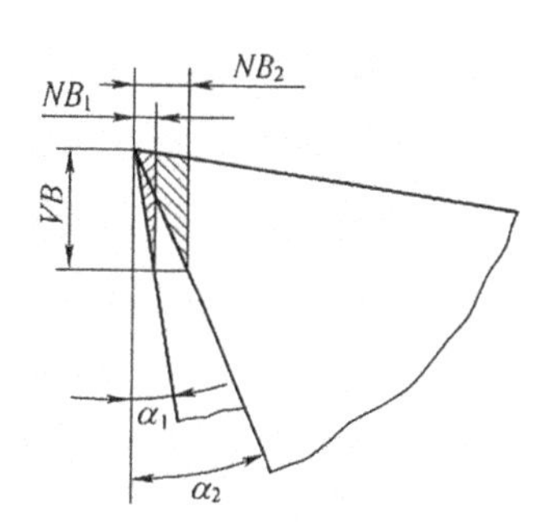

图 2-8-3　后角对刀具磨损的影响

由此可见,在一定条件下刀具后角也存在一个合理值。

(2)选择合理后角应遵循的原则。

①切削厚度较大或断续切削条件下,需要提高刀具强度,应减小后角。但若刀具已采用了较大负前角则不宜减小后角,以保证切削刃具有良好的切入条件。

②工件材料越软,塑性越大,刀具后角应越大。

③以尺寸精度要求为主时,宜减小后角,以减小径向磨损量 NB 值;若以加工表面质量要求为主,则宜加大后角,以减轻刀具与工件间的摩擦。

④工艺系统刚性较差时,易产生振动,应适当减小后角。

3. 主偏角的选择

一般来说,减小主偏角可提高刀具使用寿命。当背吃刀量和进给量不变时,减小主偏角会使切削厚度减小,切削宽度增大,从而使单位长度切削刃所承受的负荷减轻。同时刀尖角增大,刀尖强度提高,散热条件改善,因而刀具使用寿命提高。

但是,减小主偏角会导致背向力增大,加大工件的变形,降低加工精度。同时刀尖与工件的摩擦加剧,容易引起系统振动,使加工表面的粗糙度值加大,也会导致刀具使用寿命下降。

综合上述两方面,合理选择主偏角主要应遵循以下原则。

(1)视系统的刚度而定。若系统刚度好,不易产生变形和振动,则主偏角可取较小值;若系统刚度差(如车细长轴),主偏角宜取较大值,如 90°。

(2)考虑工件形状、切削冲击和切屑控制等方面的要求。如车台阶轴时,取主偏角为 90°;镗盲孔时主偏角应大于 90°。采用较小的主偏角,可使刀具与工件的初始接触处于远离刀尖的地方,改善刀具的切入条件,不易造成刀尖冲击。较小的主偏角易形成长而连续的螺旋屑,不利于断屑,故对于切屑控制严格的自动化加工来说,宜取较大的主偏角。

4. 副偏角的选择

副偏角的主要作用是最终形成已加工表面。副偏角越小,切削刃痕理论残留面积的高度越小，加工表面粗糙度值减小。同时还增强了刀尖强度，改善了散热条件。但副偏角过小，会增加副刃的工作长度，增大副后（刀）面与已加工表面的摩擦，易引起振动，反而增大表面粗糙度值。

副偏角的大小主要根据表面粗糙度的要求和系统刚度选取。一般粗加工取大值，精加工取小值；系统刚度好时取较小值，刚度差时取较大值。对于切断刀、切槽刀等，为了保证刀尖强度，副偏角一般取 1°～2°。

5. 刃倾角的选择

刃倾角的作用可归纳为以下几方面：

（1）影响切削刃的锋利性。当刃倾角 $\lambda_s \leqslant 45°$时，刀具的工作前角和工作后角将随 λ_s 的增大而增大，而切削刃钝圆半径则随之减小，增大了切削刃的锋利性，提高了刀具的切削能力。

（2）影响刀尖强度和散热条件。负的刃倾角可增加刀尖强度，其原因是切入时从切削刃开始，而不是从刀尖开始，如图 2-8-4 所示。进而改善了散热条件，有利于提高刀具使用寿命。

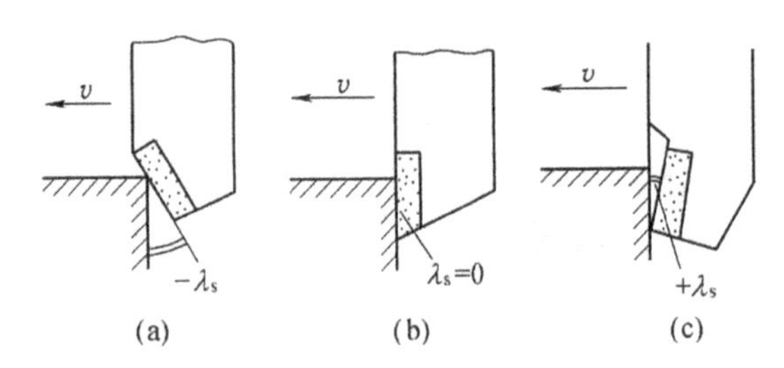

图 2-8-4　刃倾角对刀尖强度的影响（以 $\kappa_r=90°$刨刀为例）

（3）影响切削力的大小和方向。刃倾角对背向力和进给力的影响较大，当负刃倾角绝对值增大时，背向力会显著增大，易导致工件变形和工艺系统振动。

（4）影响切屑流出方向。图 2-8-5 表示刃倾角对切屑流向的影响。当刃倾角为正值时切屑流向待加工表面；刃倾角为负值时切屑流向已加工表面，易划伤工件表面。

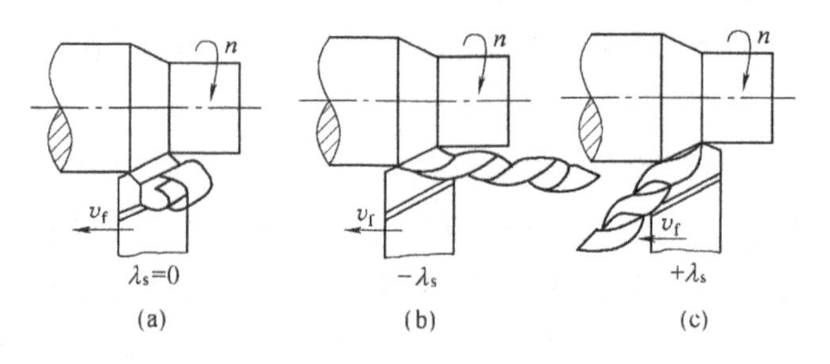

图 2-8-5　刃倾角对排屑方向的影响

在加工一般钢料和铸铁时，无冲击时粗车取 $\lambda_s=-5°\sim0$，精车取 $\lambda_s=0\sim+5°$；有冲击负荷时取 $\lambda_s=-15°\sim-5°$，当冲击特别大时，可取 $\lambda_s=-45°\sim-30°$。加工高强度钢、冷硬钢时，取 $\lambda_s=-30°\sim-20°$。

除了合理地选择上述刀具角度参数外，还应合理选用刀具的刃形、刃区等参数，具体选择可参阅有关资料。

二、切削用量的合理选择

选择合理的切削用量是切削加工中十分重要的环节，在机床、刀具和工件等条件一定的情况下，切削用量的选择具有灵活性和能动性。目前较先进的做法是进行切削用量的优化选择和建立切削数据库。所谓切削用量优化，就是在一定约束条件下选择实现预定目标的最佳切削用量。切削数据库存储了各种加工方法加工各种工程材料的切削数据，并建立其管理系统，用户可以通过网络查询或索取所需要的数据。而一般工厂多采用一些经验数据并附以必要的计算。

（一）切削用量的选择原则

粗加工时毛坯余量大，加工精度和表面粗糙度要求不高，所以切削用量的选择应在保证必要的刀具使用寿命的前提下，以尽可能提高生产率和降低成本为目的。通常生产率以单位时间内的金属切除率表示

$$Z_w\approx1\,000v_c f a_p \tag{2-38}$$

由上式可以看出，金属切除率与切削用量三要素均保持线性关系，即 v_c、f、a_p 中任一参数增大一倍，都可使生产率提高一倍。三要素中 a_p 对刀具使用寿命的影响最小，f 次之，v_c 影响最大。因此在粗加工中选择切削用量时，应首先选择尽可能大的背吃刀量 a_p；其次按工艺系统和技术条件的允许选择较大的进给量 f；最后根据合理的刀具使用寿命，用计算法或查表法确定切削速度 v_c。这样在保证一定刀具使用寿命的前提下，使 v_c、f、a_p 的乘积最大，以获得最高的生产率。

精加工时则主要按表面粗糙度和加工精度要求确定切削用量。

（二）切削用量制订的步骤（以车削为例）

1. 背吃刀量的选择

切削加工一般分为粗加工、半精加工和精加工。粗加工（*Ra* 12.5～50 μm）时，应尽可能一次走刀切除粗加工的全部余量。在中等功率机床上，背吃刀量可达 8～10 mm。半精加工（*Ra* 3.2～6.3 μm）时，背吃刀量可取为 0.5～2 mm。精加工（*Ra* 0.8～1.6 μm）时，背吃刀量取 0.1～0.4 mm。

在加工余量过大或工艺系统刚度不足的情况下，粗加工可分几次走刀。若分两次走刀，应使第一次走刀的背吃刀量占全部余量的2/3～3/4，而第二次走刀的背吃刀量取小些，以使精加工工序具有较高的刀具寿命和加工精度及较小的表面粗糙度值。

切削表层有硬皮的铸、锻件或切削不锈钢等加工硬化严重的材料时，应尽量使背吃刀量超过硬皮或冷硬层的厚度，以避免刀尖过早磨损。

2. 进给量的选择

粗加工时，对工件的表面质量要求不高，但切削力往往很大。此时进给量的大小主要受机床进给机构强度、刀具的强度与刚度、工件的装夹刚度等因素的限制。精加工时，进给量的大小则主要受加工精度和表面粗糙度的限制。

生产实际中常常根据经验或查表法确定进给量。粗加工时根据工件材料、车刀刀杆尺寸、工件直径及已确定的背吃刀量按表2-8-1来选择进给量。在半精加工和精加工时，则按加工表面粗糙度要求，根据工件材料、刀尖圆弧半径、切削速度按表2-8-2来选择进给量。

表2-8-1　硬质合金车刀粗车外圆时进给量的参考值

工件材料	车刀刀杆/mm	工件直径/mm	背吃刀量 a_p/mm				
			≤3	3～5	5～8	8～12	>12
			进给量 f/mm·r^{-1}				
碳素结构钢、合金结构钢及耐热钢	16×25	20	0.3～0.4	—	—	—	—
		40	0.4～0.5	0.3～0.4	—	—	—
		60	0.5～0.7	0.4～0.6	0.3～0.5	—	—
		100	0.6～0.9	0.5～0.7	0.5～0.6	0.4～0.5	—
		400	0.8～1.2	0.7～1.0	0.6～0.8	0.5～0.6	—
	20×30 25×25	20	0.3～0.4	—	—	—	—
		40	0.4～0.5	0.3～0.4	—	—	—
		60	0.6～0.7	0.5～0.7	0.4～0.6	—	—
		100	0.8～1.0	0.7～0.9	0.5～0.7	0.4～0.7	—
		400	1.2～1.4	1.0～1.2	0.8～1.0	0.6～0.9	0.4～0.6
铸铁及铜合金	16×25	40	0.4～0.5	—	—	—	—
		60	0.6～0.8	0.5～0.8	0.4～0.6	—	—
		100	0.8～1.2	0.7～1.0	0.6～0.8	0.5～0.7	—
		400	1.0～1.4	1.0～1.2	0.8～1.0	0.6～0.8	—
	20×30 25×25	40	0.4～0.5	—	—	—	—
		60	0.6～0.9	0.5～0.8	0.4～0.7	—	—
		100	0.9～1.3	0.8～1.2	0.7～1.0	0.5～0.8	—
		400	1.2～1.8	1.2～1.6	1.0～1.3	0.9～1.1	0.7～0.9

表 2-8-2　按表面粗糙度选择进给量的参考值

工件材料	表面粗糙度 Ra/μm	切削速度范围/$m \cdot min^{-1}$	刀尖圆弧半径 r_ε/mm		
			0.5	1.0	2.0
			进给量 f/$mm \cdot r^{-1}$		
碳素结构钢、合金结构钢	5～10	<50 >50	0.30～0.50 0.40～0.55	0.45～0.60 0.55～0.65	0.55～0.70 0.65～0.70
	2.5～5	<50 >50	0.18～0.25 0.25～0.30	0.25～0.30 0.30～0.35	0.30～0.40 0.35～0.50
	1.25～2.5	<50 50～100 >100	0.10 0.11～0.16 0.16～0.20	0.11～0.15 0.16～0.25 0.20～0.25	0.15～0.22 0.25～0.35 0.25～0.35
铸铁青铜及铝合金	5～10 2.5～5 1.25～2.5	不限	0.25～0.40 0.15～0.20 0.10～0.15	0.40～0.50 0.25～0.40 0.15～0.20	0.50～0.60 0.40～0.60 0.20～0.35

3. 切削速度的确定

根据已选定的背吃刀量 a_p、进给量 f 及刀具使用寿命 T，切削速度 v_c 可按下式计算求得

$$v_c = \frac{C_v}{T^m a_p^{x_v} f^{y_v}} \tag{2-39}$$

式中各系数和指数可查阅切削用量手册。图 2-8-6 所示为外圆车削尺寸。

在生产中选择切削速度的一般原则是：

(1)粗车时，a_p 和 f 均较大，故选择较低的 v_c；精车时，a_p 和 f 均较小，故选择较高的 v_c。

(2)工件材料强度、硬度高时，应选较低的 v_c；反之，选较高的 v_c。

(3)刀具材料性能越好，v_c 选得越高，如硬质合金的 v_c 比高速钢刀具要高好几倍。

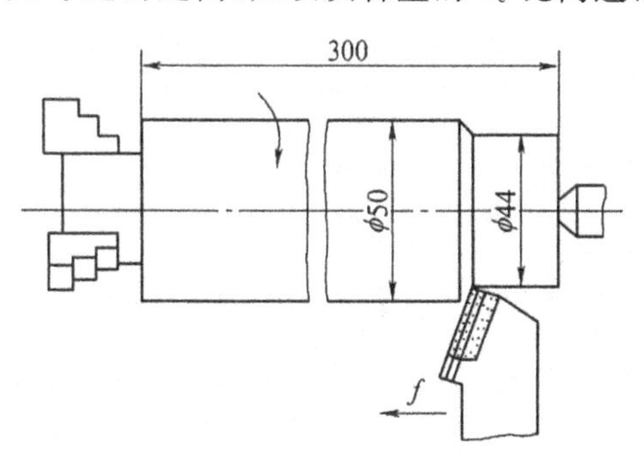

图 2-8-6　外圆车削尺寸图

(4)精加工时应尽量避免积屑瘤和鳞刺产生的区域。

(5)断续切削时,为减小冲击和热应力,宜适当减小切削速度。

(6)在易发生振动的情况下,切削速度应避开自激振动的临界速度。

(7)加工大件、细长件和薄壁件或加工带外皮的工件时,应适当减小切削速度。

切削用量三要素选定之后,还应校核机床功率。

4. 提高切削用量的途径

从切削原理的角度看,提高切削用量的途径主要有以下几个方面:

(1)采用切削性能更好的新型刀具材料。

(2)在保证工件力学性能的前提条件下,改善工件材料的切削加工性。

(3)采用性能优良的新型切削液和高效的冷却润滑方法,改善冷却润滑条件。

(4)改进刀具结构,提高刀具制造质量。

思考题与习题

1. 切削加工由哪些运动组成?它们各有什么作用?

2. 刀具切削部分的组成要素有哪些?

3. 以外圆车削来分析,切削用量三要素各起什么作用?它们与切削厚度和切削宽度各有什么关系?

4. 刀具标注角度正交平面参考系由哪些平面组成?它们是如何定义的?

5. 试绘图表示普通外圆车刀在正交平面参考系下的六个基本角度。

6. 刀具的工作角度与标注角度有什么区别?影响刀具工作角度的主要因素有哪些?试举例说明。

7. 标出题图 2-1 所示端面车刀的 γ_o、α_o、λ_s、κ_r、κ'_r。若刀尖装得高于工件中心 h,切削时 a、b 点的实际前、后角是否相同?以图说明之。

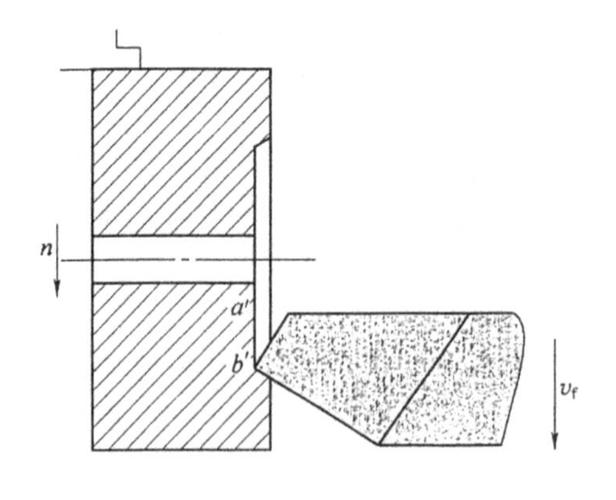

题图 2-1

8. 刀具切削部分的材料必须具备哪些基本性能？

9. 刀具的前角、后角、主偏角、副偏角、刃倾角各有何作用？

10. 什么是逆铣？什么是顺铣？各有什么特点？

11. 常用的车刀有哪几大类？各有什么特点？

12. 常用的孔加工刀具有哪些？它们的应用范围如何？

13. 画图分析端面车刀和镗孔刀的几何角度。

14. 麻花钻的结构有何特点？比较麻花钻、扩孔钻、铰刀在结构上的异同。

15. 铣刀主要有哪些类型？它们的用途如何？

16. 切削合力为什么要分解为三个分力？试说明各分力的作用。

17. 试从工件材料、刀具及切削用量三方面分析各因素对切削力的影响，并用图形将其归纳在一起。

18. 影响切削温度的主要因素有哪些？如何影响？

19. 为什么切削钢件时刀具前（刀）面的温度比后（刀）面的高？而切削灰铸铁等脆性材料时则相反？

20. 刀具磨损有哪些形式？造成刀具磨损的原因主要有哪些？

21. 刀具磨损过程一般可分为几个阶段？各阶段的特点是什么？

22. 何谓刀具使用寿命？它与刀具磨钝标准有何关系？

23. 为什么硬质合金刀具与高速钢刀具相比，所规定的磨钝标准要小些？

24. 刀具破损与磨损的原因有何本质上的区别？

25. 什么是工件材料的切削加工性？影响工件材料切削加工性的主要因素是什么？

第三章　机械制造中的加工方法及装备

第一节　概　述

一、机械制造中的加工方法

机械制造中的加工方法很多，按照工件在加工过程中质量的变化(Δm)，可将加工方法分为材料去除加工($\Delta m<0$)、材料成形加工($\Delta m=0$)和材料累积加工($\Delta m>0$)三种形式。

1. 材料去除加工

材料去除加工是通过在被加工对象上去除一部分材料后才制成一合格零件的。与其他方法相比，其材料利用率较低，但由于该方法的加工精度相对较高、表面质量相对较好，并且有很强的加工适应性，故至今仍然是机械制造中应用最为广泛的加工方法，而且在未来相当长的时期内仍将占有重要地位。

在材料去除加工中，还可按材料去除方式不同分为切削加工和特种加工两种加工方法。切削加工是利用切削刀具从工件上切除多余材料的方法，切削刀具的硬度比工件硬度高得多。常用的切削加工方法有车削、铣削、刨削、拉削、磨削等。特种加工主要是指利用机械能以外的其他能量(如光、电、化学、声、热能等)直接去除材料的加工方法，加工过程中基本上无机械力的作用。常见的特种加工方法有电火花加工、电子束加工、离子束加工、激光加工等。

2. 材料成形加工

材料成形加工是一种在较高温度(或压力)下，使材料在模具中成形的方法，如铸造、锻造、挤压、粉末冶金等，它的主要特点是生产效率较高。由于材料成形方法目前所能达到的加工经济精度还较低，一般常用于制造毛坯，也可用于制造形状复杂但精度和表面粗糙度要求较低的零件。应用"接近最终形状(Near-Net-Shape)成形技术"，例如精密铸造、精密锻造、挤压及粉末冶金等，可用来直接制造精度要求较高的零件(例如IT7)。

3. 材料累积加工

材料累积加工是利用微体积材料逐渐叠加的方式使零件成形的。这类加工方法中包括电镀、化学镀等原子沉积加工，热喷涂、静电喷涂等微粒沉积加工以及快速原型制造等。

二、零件表面形成原理

(一)零件表面的形状及形成方法

1. 零件表面的形状

机器零件的结构形状尽管千差万别，但其轮廓都是由若干几何表面(例如平面，内、外旋转表面等)按一定位置关系构成的。图 3-1-1 所示组成工件轮廓的各种几何表面。

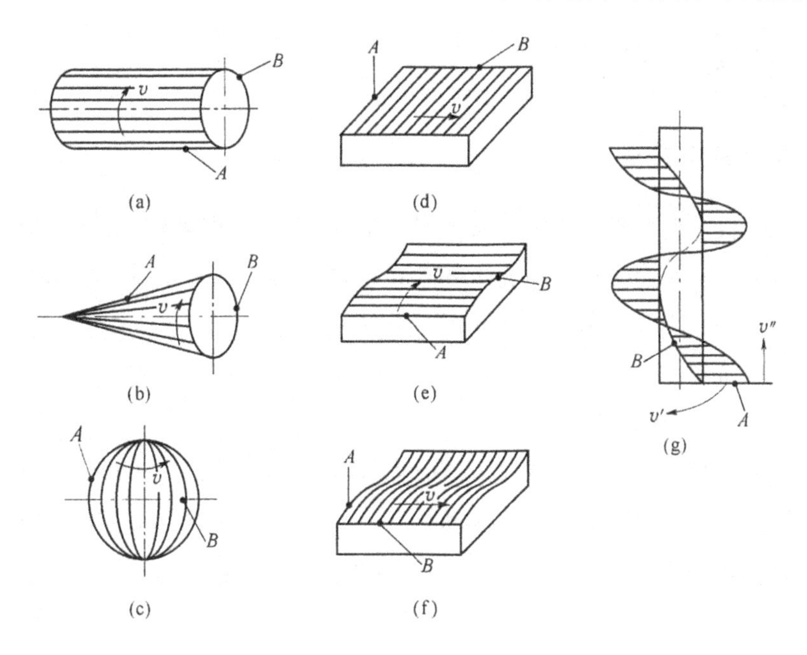

图 3-1-1 组成工件轮廓的各种几何表面

零件表面可以看作是一条线(称为母线)沿另一条线(称为导线)运动的轨迹。母线和导线统称为形成表面的发生线(成形线)。常见的零件表面按其形状可分为四类。

(1)旋转表面。图 3-1-1(a)所示圆柱表面由平行于轴线的母线 A 沿着圆导线 B 转动形成；图 3-1-1(b)所示圆锥表面由不平行于轴线，但与轴线相交的直母线 A 沿圆导线 B 转动形成；图 3-1-1(c)所示球面由圆母线 A 沿圆导线 B 转动形成。

(2)纵向表面。图 3-1-1(d)所示平面由直母线 A 沿直导线 B 移动形成；图 3-1-1(e)所示曲面由直母线 A 沿曲线导线 B 移动形成，也可看成是图 3-1-1(f)所示由母线 A 沿直导线 B 移动形成。

(3)螺旋表面。图 3-1-1(g)所示螺旋面由直母线 A 沿螺旋导线 B 运动(边做旋转运动 v'，边做轴向移动 v'')形成。

(4)复杂曲面。上述三种表面都是由固定形状的母线沿导线移动形成的。复杂曲面则是由形状不断变化的母线沿导线移动形成的，例如螺旋桨的表面、涡轮叶片表面、复杂模具型腔面、飞机和汽车的外形表面等。

2. 零件表面的形成方法

研究零件表面的形成方法，应首先研究表面发生线的形成方法。表面发生线的形成方法可归纳为以下四种：轨迹法；成形法；相切法；展成法。

除了上述表面成形运动之外，为完成工件加工，机床还需有一些辅助运动，以实现加工中的各种辅助动作，例如切入运动、分度运动、操纵和控制运动等。

三、机床基本知识

(一)机床的基本结构

(1)动力源。机床动力源一般采用交流异步电动机、步进电动机、直流或交流伺服电动机及液压驱动装置等，它们为机床执行机构的运动提供动力。机床可以是几个运动共用一个动力源，也可以是一个运动单独使用一个动力源。

(2)运动执行机构。运动执行机构是机床执行运动的部件，如主轴、刀架和工作台等，它们带动工件或刀具旋转或移动。

(3)传动机构。传动机构将机床动力源的运动和动力传给运动执行机构，或将运动由一个执行机构传递到另一个执行机构，以保持两个运动之间的准确传动关系。传动机构还可以改变运动方向、运动速度及运动形式(例如将旋转运动变为直线运动)。

(4)控制系统和伺服系统。控制系统是指数控机床上由计算机及相应的软、硬件构成的控制系统。它对机床运动进行控制，实现各运动之间的准确协调。伺服系统根据控制系统给出的速度和位置指令驱动机床进给运动部件，完成指令规定的动作。

(5)支承系统。支承系统是机床的机械本体，包括床身、立柱及相关机械联接在内的支承结构，属于机床的基础部分。

我们在分析一台机床时，一定要从认识这台机床的基本结构入手。

(二)机床的分类

机床是机械加工系统的主要组成部分。为适应不同的加工对象和加工要求，机床有许多品种和规格。为便于区别、使用和管理，需对机床加以分类并编制型号。

机床的分类方法很多，最基本的是按机床的主要加工方法、所用刀具及其用途进行分

类。根据国家制定的机床型号编制方法，机床共分为11类，即车床、钻床、镗床、磨床、齿轮加工机床、螺纹加工机床、铣床、刨插床、拉床、锯床和其他机床。在每一类机床中，又按工艺范围、布局形式和结构性能等，分为十组，每一组又分为若干系（系列）。

在上述基本分类的基础上，机床还可根据其他特征进一步细分。

同类机床按应用范围（通用性程度）又可分为通用机床、专门化机床和专用机床。通用机床的工艺范围很宽，可以加工一定尺寸范围内的各类零件，完成多种多样的工序，例如卧式车床、摇臂钻床、万能升降台铣床等。专门化机床的工艺范围较窄，只能加工一定尺寸范围内的某一类（或少数几类）零件，完成某一种（或少数几种）特定工序，例如曲轴车床、凸轮轴车床等。专用机床的工艺范围最窄，通常只能完成某一特定零件的特定工序，例如加工机床主轴箱的专用镗床、加工机床导轨的专用导轨磨床等。组合机床也属于专用机床。

同类机床按工作精度又可分为普通精度机床、精密机床和高精度机床。

机床还可按重量、尺寸、自动化程度、主要工作部件（如主轴等）的数目等进行分类。随着机床的不断发展，机床的分类方法将不断变化。

（三）金属切削机床型号的编制

机床型号是机床产品的代号，用以简明地表示机床的类型、性能和结构特点、主要技术参数等。我国执行GB/T 15375—2008《金属切削机床型号编制方法》，机床型号由一组汉语拼音字母和阿拉伯数字按一定规律组合而成。

1. 通用机床的型号编制

（1）型号表示方法。通用机床型号由基本部分和辅助部分组成，中间用“/”隔开，读作“之”。基本部分需统一管理，辅助部分是否纳入型号由企业自定。通用机床型号的表示方法为：

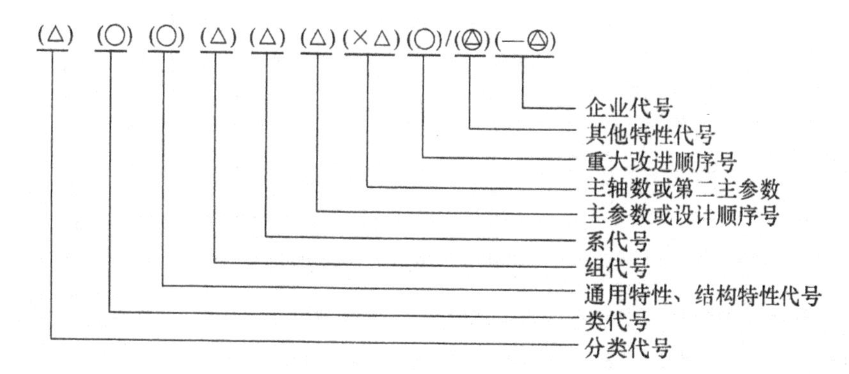

①有“()”的代号或数字，当无内容时，不表示；若有内容则不带括号。

②有“○”符号者，为大写的汉语拼音字母。

③有“△”符号者，为阿拉伯数字。

④有“◎”符号者，为大写的汉语拼音字母或阿拉伯数字，或两者兼有。

(2)机床类、组、系的划分及其代号。机床类别用大写汉语拼音字母表示(表 3-1-1)。需要时，机床类以下还可有若干分类，分类代号用阿拉伯数字表示，放在类别代号之前，作为型号的首位，第一分类代号的数字不用表示。例如，磨床类机床就有 M、2M、3M 三个分类。

表 3-1-1　机床的类别代号

类别	车床	钻床	镗床	磨床			齿轮加工机床	螺纹加工机床	铣床	刨插床	拉床	锯床	其他机床
代号	C	Z	T	M	2M	3M	Y	S	X	B	L	G	Q
读音	车	钻	镗	磨	二磨	三磨	牙	丝	铣	刨	拉	割	其

每类机床按其结构性能及使用范围划分为 10 个组，用数字 0～9 表示。每组机床又分若干个系(系列)。系的划分原则是：凡主参数相同，并按一定公比排列，工件和刀具本身的相对运动特点基本相同，且基本结构及布局也相同的机床，划为同一系。机床的组、系代号分别用一位阿拉伯数字表示，位于类别代号或特性代号之后。

(3)机床的特性代号。当某类型机床除有普通型外，还具有某种通用特性时，则在类代号之后加上通用特性代号(表 3-1-2)。例如“MG”表示高精度磨床。若仅有某种通用特性，而无普通型者，则通用特性不必表示。例如 C1107 型单轴纵切车床，由于这类自动车床没有“非自动型”，所以不必用“Z”表示通用特性。对主参数相同而结构、性能不同的机床，在型号中加结构特性代号予以区分。结构特性代号为汉语拼音字母，位置排在类别代号之后。当型号中有通用特性代号时，排在通用特性代号之后。例如，CA6140 型卧式车床中的“A”就是结构特征代号，表示此型号车床在结构上不同于 C6140 型车床。

表 3-1-2　通用特性代号

通用特性	高精度	精密	自动	半自动	数控	加工中心(自动换刀)	仿形	轻型	加重型	简式或经济型	柔性加工单元	数显	高速
代号	G	M	Z	B	K	H	F	Q	C	J	R	X	S
读音	高	密	自	半	控	换	仿	轻	重	简	柔	显	速

(4)机床主参数和设计顺序号。机床主参数代表机床规格的大小，用折算值(主参数乘以折算系数，如 1/10 等)表示。某些通用机床，当无法用一个主参数表示时，则在型号中用设计顺序号表示，设计顺序号由 1 起始。

(5)主轴数和第二主参数的表示方法。对于多轴车床、多轴钻床等机床，其主轴数以实际值列入型号，置于主参数之后，用“×”分开，读作“乘”。第二主参数一般是指最大模数、最大转矩、最大工件长度、工作台工作面长度等。第二主参数也用折算值表示。

(6)机床的重大改进顺序号。当机床的性能及结构布局有重大改进,并按新产品重新设计、试制和鉴定时,在原机床型号的尾部,加重大改进顺序号,以区别于原机床型号。序号按A、B、C、…等字母的顺序选用。

(7)其他特征代号及其表示方法。其他特征代号置于辅助部分之首,主要用以反映机床的特征。例如,在基本型号机床的基础上,如仅改变机床的部分结构性能,则可在基本型号之后加上1、2、3、…等变型代号。

(8)企业代号及其表示方法。企业代号中包括机床生产厂或机床研究单位代号,置于辅助部分末尾,用"—"号分开,读作"至"。

通用机床型号编制实例:CA6140型卧式车床

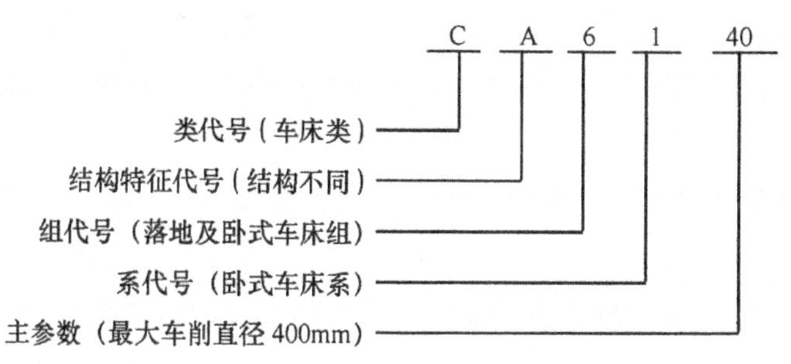

2. 专用机床的型号编制

专用机床型号由设计单位代号和设计顺序号组成。专用机床型号的表示方法为:

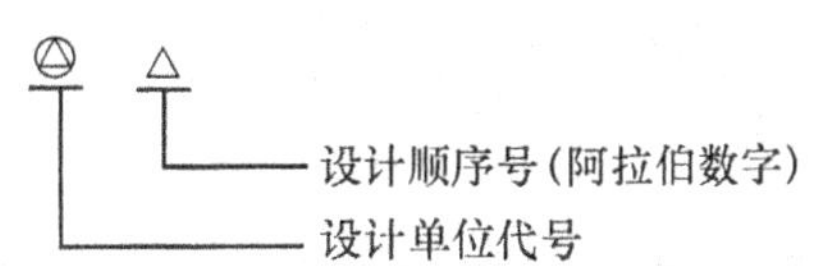

(1)设计单位代号。设计单位代号包括机床生产厂和机床研究单位代号,位于型号之首。

(2)设计顺序号。专用机床的设计顺序号按该单位的设计顺序(由"001"起始)排列,位于设计单位代号之后,并用"—"号隔开,读作"至"。

第二节　外圆表面加工

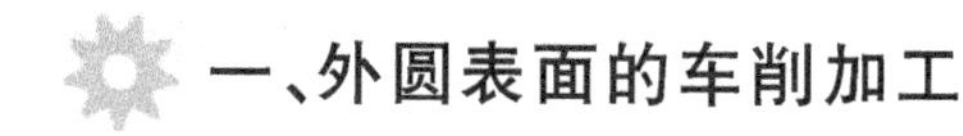

一、外圆表面的车削加工

(一)加工方法

1. 粗车

车削加工是外圆粗加工最经济有效的方法。由于粗车的主要目的是高效地从毛坯上切除多余的金属，因而提高生产率是其主要任务。

粗车通常采用尽可能大的背吃刀量和进给量来提高生产率。为了保证必要的刀具寿命，所选切削速度一般较低。粗车时，车刀应选取较大的主偏角，以减小背向力，防止工件产生变形和振动；选取较小的前角、后角和负值的刃倾角，以增强车刀切削部分的强度。粗车所能达到的加工精度为IT12～IT11，表面粗糙度 Ra 为 50～12.5 μm。

2. 精车

精车的主要任务是保证零件所要求的加工精度和表面质量要求。精车外圆表面一般采用较小的背吃刀量与进给量和较高的切削速度（$v \geqslant 100$ m/min）。在加工大型轴类零件外圆时，常采用宽刃车刀低速精车（$v=2 \sim 12$ m/min）。精车时，车刀应选用较大的前角、后角和正值的刃倾角，以提高加工表面质量。精车可作为较高精度外圆的最终加工或作为精细加工的预加工。精车的加工精度可达IT8～IT6级，表面粗糙度 Ra 可达 1.6～0.8 μm。

3. 细车

细车的特点是背吃刀量 a_p 和进给量 f 取值极小（$a_p=0.03 \sim 0.05$ mm，$f=0.02 \sim 0.2$ mm/r），切削速度高达 150～2 000 m/min。细车一般采用立方氮化硼（CBN）、金刚石等超硬材料刀具进行加工，所用机床也必须是主轴能做高速回转并具有很高刚度的高精度或精密机床。细车的加工精度及表面粗糙度与普通外圆磨削大体相当，加工精度可达IT6～IT5级，表面粗糙度 Ra 可达 0.02～1.25 μm，多用于磨削加工性不好的有色金属工件的精密加工。对于容易堵塞砂轮气孔的铝及铝合金等工件，细车更为有效。在加工大型精密外圆表面时，细车可以代替磨削加工。

（二）提高外圆表面车削生产效率的途径

车削是轴类、套类和盘类零件外圆表面加工的主要工序，也是这些零件加工耗费工时最多的工序。提高外圆表面车削生产效率的途径主要有：

（1）采用高速切削。高速切削是通过提高切削速度来提高加工生产效率的。切削速度的提高除要求车床主轴具有高转速外，主要受刀具材料的限制。硬质合金、立方氮化硼等优质刀具材料的问世，为推广应用高速切削创造了条件。硬质合金车刀的切削速度可达 200～250 m/min，陶瓷车刀可达 500 m/min，而人造金刚石和立方氮化硼车刀切削普通钢时的切削速度可达 600～1 200 m/min。高速切削不但可以提高生产率，而且可以降低加工表面的粗糙度（Ra 达 1.25～0.63 μm）。

（2）采用强力切削。强力切削是通过增大切削面积（$f \times a_p$）来提高生产效率的。其特点是对车刀进行改革，在刀尖处磨出一段副偏角 $\kappa'_r=0$、长度取为 $1.2 \sim 1.5f$ 的修光刃，在进给量 f 提高几倍甚至十几倍的条件下进行切削时，加工表面粗糙度 Ra 仍能达到 5～2.5 μm。强力切削比高速切削的生产效率更高，适用于刚度比较好的轴类零件的粗加工。采用强力切削时，

车床加工系统必须具有足够的刚性及功率。

(3)采用多刀加工方法。多刀加工是通过减少刀架行程长度提高生产效率的。图 3-2-1 列出了几种不同的多刀加工方式。

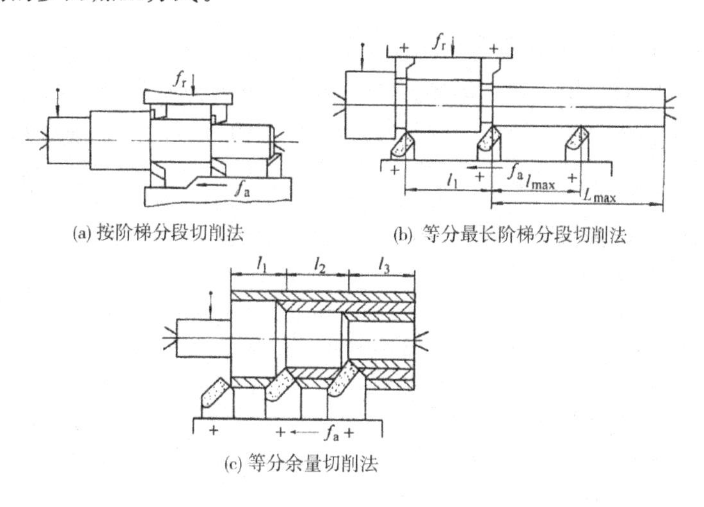

图 3-2-1　多刀加工

(三)车刀的种类和用途

车刀按用途分为外圆车刀、端面车刀、内孔车刀、切断刀、切槽刀等多种形式。常用车刀的种类及其用途如图 3-2-2 所示。外圆车刀用于加工外圆柱面和外圆锥面,它分为直头和弯头两种。弯头车刀通用性较好,可以车削外圆、端面和倒棱。外圆车刀又可分为粗车刀、精车刀和宽刃光刀。精车刀刀尖圆弧半径较大,可减小加工表面粗糙度;宽刃光刀用于低速精车,当外圆车刀的主偏角 $\kappa_r=90°$时,可用于车削阶梯轴、凸肩、端面及刚度较低的细长轴。外圆车刀按在不同进给方向上使用又分为左偏刀和右偏刀。

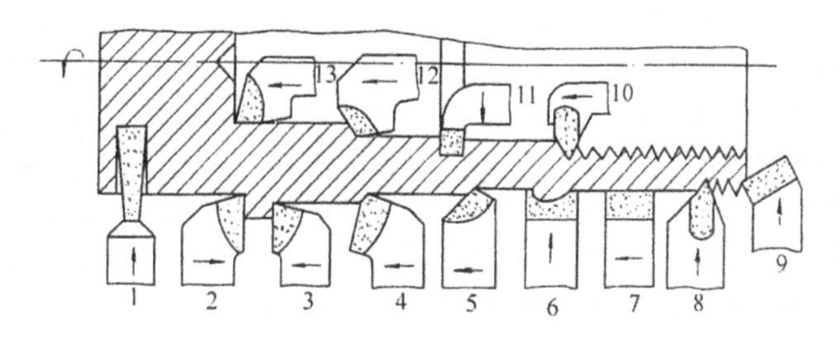

图 3-2-2　常用车刀的种类及其用途

1—切断刀　2—左偏刀　3—右偏刀　4—弯头车刀　5—直头车刀　6—成形车刀　7—宽刃精车刀　8—外螺纹车刀　9—端面车刀　10—内螺纹车刀　11—内槽车刀　12—通孔车刀　13—盲孔车刀

车刀在结构上可分为整体车刀、焊接车刀和机械夹固式车刀。只有高速钢车刀才做成整体车刀,截面为正方形或矩形,使用时可根据不同用途进行刃磨;整体车刀耗用刀具材料较多，一般只作切槽、切断使用。焊接车刀是将硬质合金刀片用焊接的方法固定在普通碳素钢刀体上。它的优点是结构简单、紧凑、刚性好、使用灵活、制造方便，缺点是由于焊接产生的应力会降低硬质合金刀片的使用性能，有的甚至会产生裂纹。机械夹固车刀简称机夹车刀，根据使用情况不同又分为机夹重磨车刀和机夹可转位车刀。机夹重磨车刀[图 3-2-3(a)]是采用普通硬质合金刀片，用机械夹固的方法将其夹持在刀柄上使用的车刀，切削刃用钝后可以重磨，经适当调整后仍可继续使用。机夹可转位车刀[图 3-2-3(b)]是采用机械夹固的方法将可转位刀片(图 3-2-4)固定在刀体上。刀片制成多个切削刃，当一个切削刃用钝后，只需将刀片转位并重新夹固，即可使新的切削刃投入工作。机夹可转位车刀又称为机夹不重磨车刀。

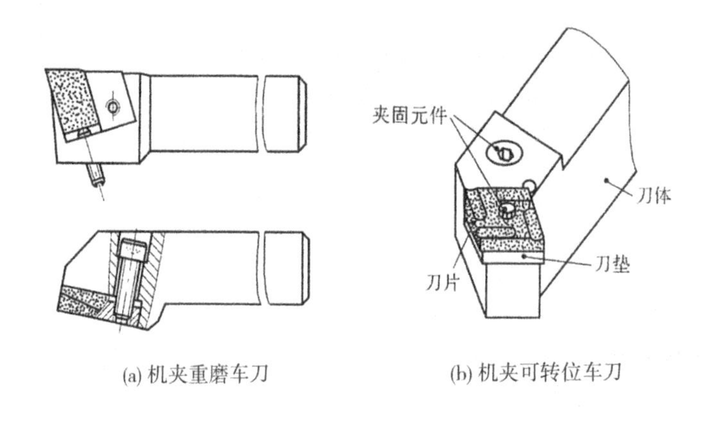

(a) 机夹重磨车刀　　(b) 机夹可转位车刀

图 3-2-3　机械夹固车刀

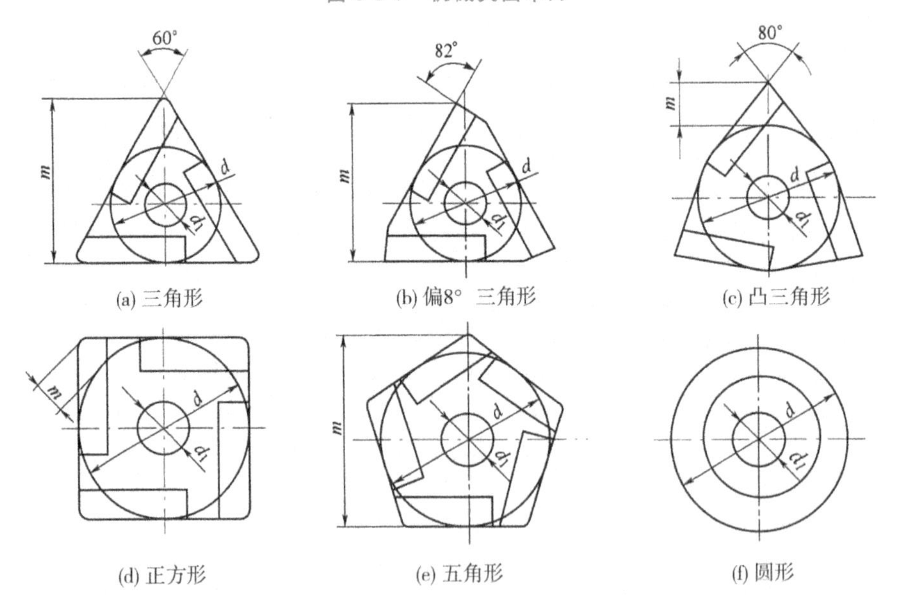

(a) 三角形　　(b) 偏8° 三角形　　(c) 凸三角形

(d) 正方形　　(e) 五角形　　(f) 圆形

图 3-2-4　硬质合金可转位刀片

可转位车刀的刀片夹固机构应满足夹紧可靠、装卸方便、定位精确等要求。图 3-2-5～图 3-2-8 为几种常用的夹固机构。压孔式夹固机构(图 3-2-5)利用沉头螺钉 2 的斜面将刀片

夹紧，它的结构简单，刀头部分小，适用于小型刀具。上压式夹固机构（图 3-2-6）由压板 6 将刀片压紧，适用于不带孔刀片的夹固。杠杆式夹固机构（图 3-2-7）以曲杠 2 上的凸部为支点，向下旋进压紧螺钉 6，可使曲杠 2 摆动，将刀片压紧在刀槽定位面上；刀垫 4 由一个开口圆筒形弹簧套 3 在其孔中定位，松开刀片时，弹簧套 3 的张力可保持刀垫 4 的位置不变，弹簧 7 自动托起曲杠 2 松开刀片，使刀片转位或迅速更换。综合式夹固机构（图 3-2-8）综合采用了两种刀片夹固方式。夹紧刀片时，一方面靠压块 5 上楔面部分的推力作用，使刀片孔紧靠在圆柱销 4 上；另一方面靠压块 5 上楔钩的向下压力，使刀片 3 压紧在刀垫 2 上。这种夹固方式夹紧力大，刀片固定准确可靠，适用于重负荷切削及有冲击负荷的切削。

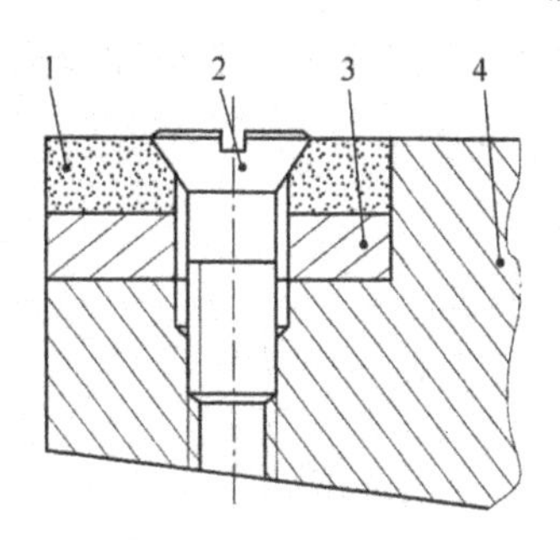

图 3-2-5　压孔式夹固机构

1—刀片　2—沉头螺钉　3—刀垫　4—刀体

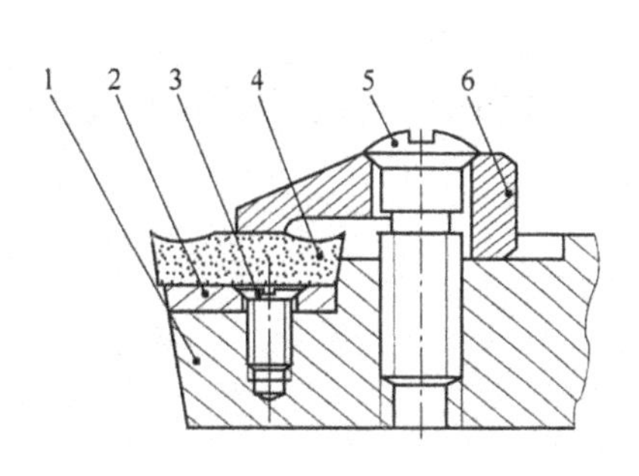

图 3-2-6　上压式夹固机构

1—刀体　2—刀垫　3、5—螺钉　4—刀片　6—压板

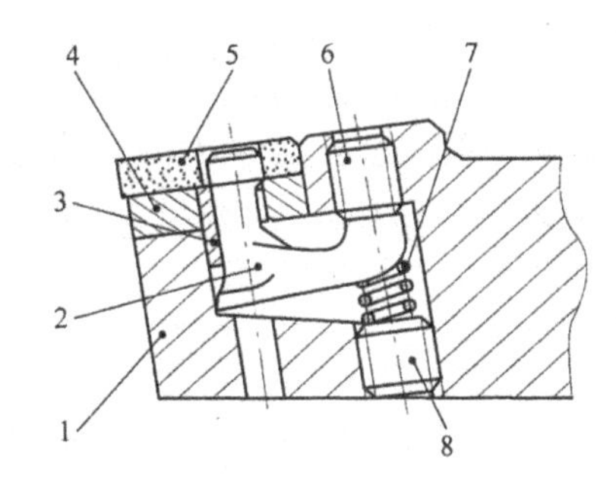

图 3-2-7　杠杆式夹固机构

1—刀体　2—曲杠　3—弹簧套　4—刀垫
5—刀片　6—压紧螺钉　7—弹簧　8—调节螺钉

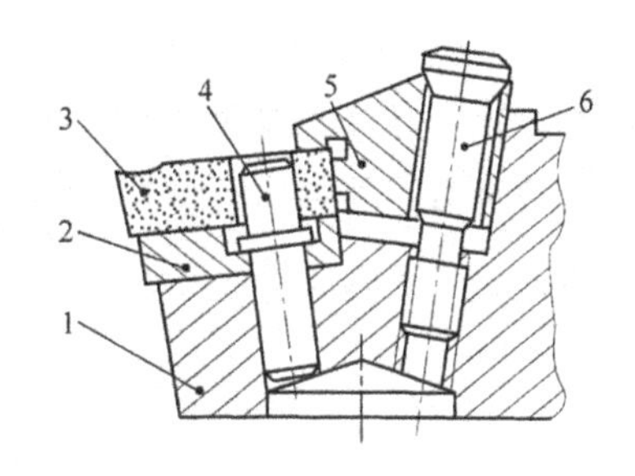

图 3-2-8　综合式夹固机构

1—刀体　2—刀垫　3—刀片　4—圆柱销
5—压块　6—螺钉

二、外圆表面的磨削加工

1. 工件有中心支承的外圆磨削

（1）纵向进给磨削。图 3-2-9 是它的加工示意图。图中，砂轮旋转 n_c 是主运动，工件除了旋转（圆周进给运动 n_w）外，还和工作台一起作纵向往复运动（纵向进给运动 f_a），工件每往复一次（或每单行程），砂轮向工件作横向进给运动 f_r，磨削余量在多次往复行程中磨去。

在磨削的最后阶段，要做几次无横向进给的光磨行程，以消除由于径向磨削力的作用在机床加工系统中产生的弹性变形，直到磨削火花消失为止。

纵向进给磨削外圆时，因磨削深度小，磨削力小、散热条件好，磨削精度较高，表面粗糙度较小；但由于工作行程次数多，生产率较低。它适于在单件小批生产中磨削较长的外圆表面。

(2)横向进给磨削(切入磨削)。图 3-2-10 是它的加工示意图。砂轮旋转 n_c 是主运动，工件作圆周进给运动 n_w，砂轮相对工件作连续或断续的横向进给运动 f_r，直到磨去全部余量。横向进给磨削的生产效率高，但加工精度低，表面粗糙度较大。这是因为横向进给磨削时工件与砂轮接触面积大，磨削力大，发热量多，磨削温度高，工件易发生变形和烧伤。它适于在大批量生产中加工刚性较好的外圆表面，如将砂轮修整成一定形状，还可以磨削成形表面。

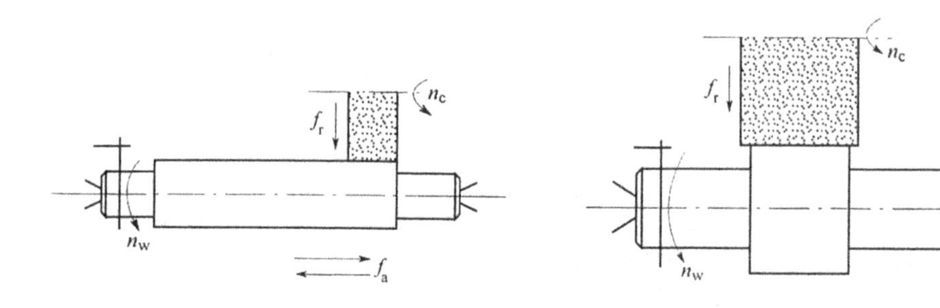

图 3-2-9　纵向进给磨削外圆　　图 3-2-10　横向进给磨削外圆

在图 3-2-11 所示的端面外圆磨床上，倾斜安装的砂轮作斜向进给运动 f，在一次安装中可将工件的端面和外圆同时磨出，生产效率高。此种磨削方法适于在大批量生产中磨削轴颈对相邻轴肩有垂直度要求的轴、套类工件。

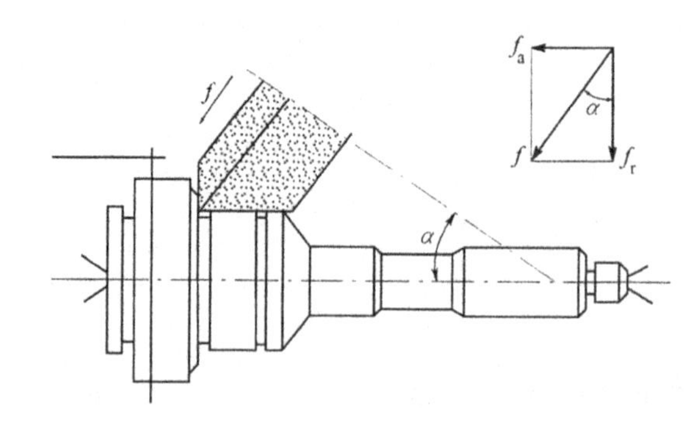

图 3-2-11　同时磨削外圆和端面

2. 工件无中心支承的外圆磨削(无心磨削)

图 3-2-12 是无心外圆磨削的加工原理示意图。磨削时，工件放在砂轮与导轮之间的托板上，不用中心孔支承，故称为无心磨削。导轮是用摩擦因数较大的橡胶结合剂制作的磨粒

较粗的砂轮，其圆周速度一般为砂轮的1/80～1/70(15～50 m/min)，靠摩擦力带动工件旋转。无心磨削时，砂轮和工件的轴线总是水平放置的，而导轮的轴线通常要在垂直平面内倾斜一个角度α(1°～6°)，其目的是使工件获得一定的轴向进给速度v_f。图中v_t是导轮与被磨工件接触点的线速度，v_w是导轮带动工件旋转的分速度，v_f是导轮带动工件沿磨削砂轮轴线做进给运动的分速度。

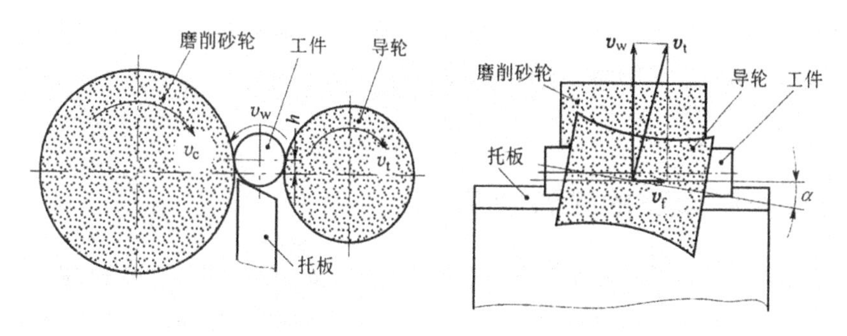

图 3-2-12　无心外圆磨削

无心磨削的生产效率高，容易实现工艺过程的自动化；但所能加工的零件具有一定的局限性，不能磨削带长键槽和平面的圆柱表面，也不能用于磨削同轴度要求较高的阶梯轴外圆表面。

3. 快速点磨

用快速点磨法磨削外圆时，砂轮轴线与工件轴线之间有一个微小倾斜角α(±0.5°)，砂轮与工件以点接触进行磨削，砂轮对工件的磨削加工类似于一个微小的刀尖对工件进行加工。用传统磨削方法磨削外圆时，砂轮与工件为线接触。两种磨削方法的比较如图3-2-13所示。

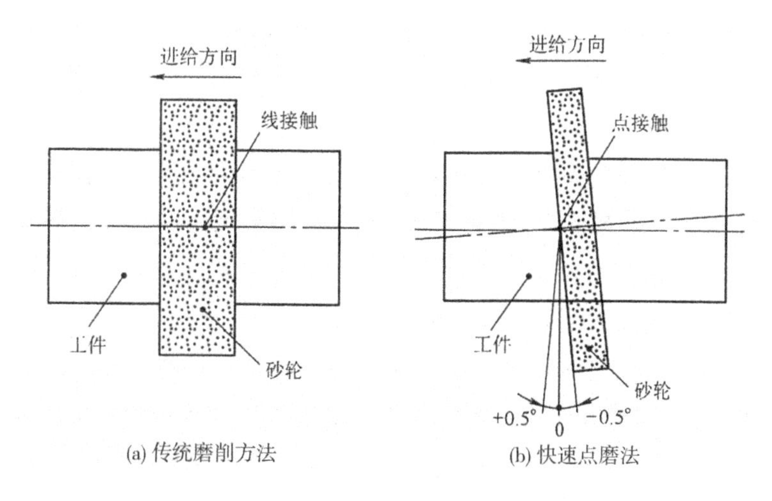

图 3-2-13　快速点磨法与传统磨削方法的比较

为便于控制快速点磨的加工精度，砂轮端面与工件外圆的接触点须与工件轴线等高，砂轮在数控装置的控制下进行精确进给。

快速点磨法采用CBN(立方氮化硼)或金刚石砂轮进行高速磨削，磨削速度高达100～160 m/s。

快速点磨法与传统的磨削方法相比较，砂轮与工件接触面积小，磨削速度高，磨削过程中产生的磨削力小，磨削热少，加工质量好，生产效率高，砂轮寿命长。在汽车制造业中，发动机中的曲轴和凸轮轴、变速器中的齿轮轴和传动轴等均可采用快速点磨工艺进行磨削加工。

 三、外圆表面的光整加工

光整加工是精加工后，从工件表面上不切除或切除极薄金属层，用以提高加工表面的尺寸和形状精度、降低表面粗糙度的加工方法。对于加工精度要求很高(IT6以上)、表面粗糙度要求很小(Ra为0.2 μm以下)的外圆表面，需经光整加工。光整加工的主要任务是减小表面粗糙度，有的光整加工方法还有提高尺寸精度和形状精度的作用，但一般都没有提高位置精度的作用。外圆表面的光整加工方法主要有研磨、超精加工等。

1. 研磨

研磨是在研具与工件之间加入研磨剂对工件表面进行光整加工的方法。研磨时，工件和研具之间的相对运动较复杂，研磨剂中的每一颗磨粒一般都不会在工件表面上重复自己的运动轨迹，具有较强的误差修正能力，能提高加工表面的尺寸精度、形状精度和减小表面粗糙度。

研具材料比工件材料软，部分磨粒能嵌入研具的表层，对工件表面进行微量切削。为使研具磨损均匀和保持形状准确，研具材料的组织应细密、耐磨。最常用的研具材料是硬度为120～160 HBW的铸铁，它适用于加工各种工件材料，而且制造容易，成本低。也有用铜、巴氏合金等材料制造研具的。

研磨剂由磨料、研磨液和表面活性物质等混合而成。磨料主要起切削作用，应具有较高的硬度。常用磨料有刚玉、碳化硅、碳化硼等。研磨液有煤油、汽油、全损耗系统用油、工业甘油等，主要起冷却润滑作用。表面活性物质附着在工件表面，使其生成一层极薄的软化膜，易于切除。常用的表面活性物质有油酸、硬脂酸等。

研磨分手工研磨和机械研磨两种。手工研磨是手持研具进行研磨。研磨外圆时，可将工件装夹在车床卡盘上或顶尖上做低速旋转运动，研具套在工件被加工表面上，用手推动研具做往复运动。机械研磨在研磨机上进行，图3-2-14为在研磨机上研磨外圆的装置简图。在图3-2-14(a)中，上、下两个研磨盘1和2之间有一隔离盘3，工件放在隔离盘的槽中。研磨时上研磨盘固定不动，下研磨盘转动。隔离盘3由偏心轴带动与下研磨盘2同向转动。

研磨时,工件一边滚动,一边在隔离盘槽中轴向移动,磨粒在工件表面上刻划出复杂的磨削痕迹。上研磨盘的位置可轴向调节,使工件获得所要求的研磨压力。工件轴线与隔离盘半径方向偏斜一角度 $\gamma(\gamma=6°\sim15°)$,如图 3-2-14(b)所示,使工件产生轴向移动。

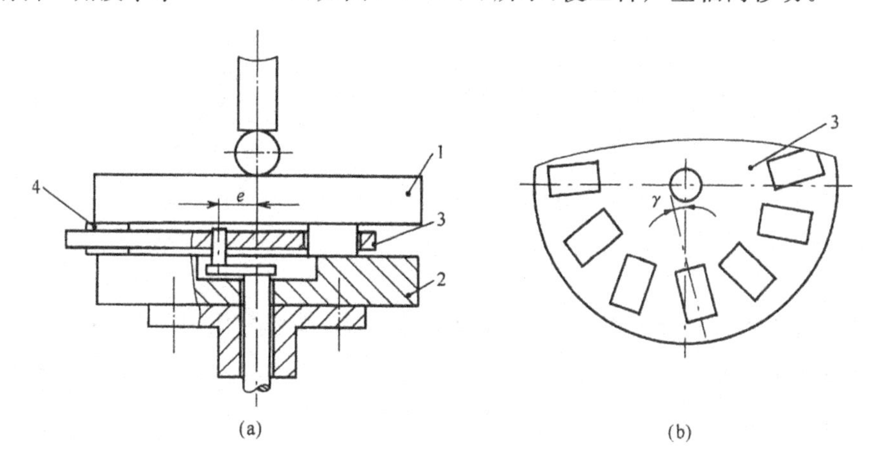

图 3-2-14　机械研磨外圆

1、2—研磨盘　3—工件隔离盘　4—工件

研磨属光整加工,研磨前加工面要进行良好的精加工。研磨余量在直径上一般取为 0.1～0.03 mm。粗研时研磨速度为 40～50 m/min,精研时为 10～15 m/min。

研磨的工艺特点是设备比较简单,成本低,加工质量容易保证,可加工钢、铸铁、硬质合金、光学玻璃、陶瓷等多种材料。如果加工条件控制得好,研磨外圆可获得很高的尺寸精度(IT6～IT4)、极小的表面粗糙度(Ra 为 0.1～0.008 μm)和较高的形状精度(圆度误差为 0.003～0.001 mm)。但研磨不能提高位置精度,生产效率较低。

2. 超精加工

超精加工是用细粒度的磨条或砂带进行微量磨削的一种光整加工方法,其加工原理如图 3-2-15 所示。加工时,工件作低速旋转(0.03～0.33 m/s),磨具以恒定压力(0.05～0.3 MPa)压向工件表面,在磨具相对工件轴向进给的同时,磨具作轴向低频振动(振动频率为 8～30 Hz、振幅为 1～6 mm),对工件表面进行加工。超精加工是在加注大量冷却润滑液条件下进行的。磨具与工件表面接触时,最初仅仅碰到前工序留下的凸峰,这时单位压力大,切削能力强,凸峰很快被磨掉。冷却润滑液的作用主要是冲洗切屑和脱落的磨粒,使切削能正常进行。当被加工表面逐渐呈光滑状态时,磨具与工件表面之间的接触面不断增大,压强不断下降,切削作用减弱。最后,冷却润滑液在工件表面与磨具间形成连续的油膜,切削作用自动停止。超精加工的加工余量很小(一般为 5～8 μm),常用于加工发动机曲轴、轧辊、滚动轴承套圈等。

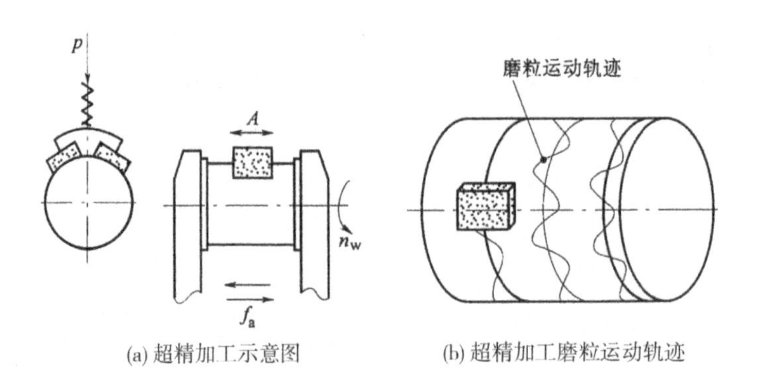

(a) 超精加工示意图　　(b) 超精加工磨粒运动轨迹

图 3-2-15　外圆的超精加工

超精加工的工艺特点是设备简单，自动化程度较高，操作简便，生产效率高。超精加工能减小工件的表面粗糙度（Ra 可达 0.1～0.012 μm），但不能提高尺寸精度和形状位置精度。工件精度由前面工序来保证。

第三节　孔加工

 一、钻孔与扩孔

1. 钻孔

钻孔是在实心材料上加工孔的第一道工序，钻孔直径一般小于 80 mm。钻孔加工有两种方式（图 3-3-1）：一种是钻头旋转，例如在钻床、镗床上钻孔；另一种是工件旋转，例如在车床上钻孔。上述两种钻孔方式产生的误差是不相同的。在钻头旋转的钻孔方式中，由于切削刃不对称和钻头刚性不足而使钻头引偏时，被加工孔的中心线会发生偏斜或不直，但孔径基本不变；而在工件旋转的钻孔方式中则相反，钻头引偏会引起孔径变化，而孔中心线仍然是直的。

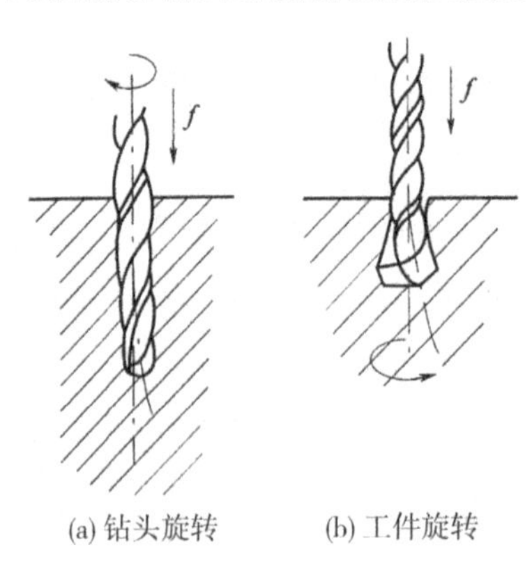

(a) 钻头旋转　　(b) 工件旋转

图 3-3-1　两种钻孔方式

常用的钻孔刀具有麻花钻、中心钻、深孔钻等。其中最常用的是麻花钻，其直径规格为ϕ 0.1～ϕ 80 mm。标准麻花钻的结构如图 3-3-2 所示，柄部是钻头的夹持部分，并用来传递转矩；钻头柄部有直柄与锥柄两种。前者用于小直径钻头，后者用于大直径钻头。颈部供制造时磨削柄部退砂轮用，也是钻头打标记的地方。为制造方便，直柄麻花钻一般不设颈部。工作部分包括切削部分和导向部分。切削部分担负着主要切削工作，钻头有两条主切削刃，两条副切削刃和一条横刃，如图 3-3-3 所示。螺旋槽表面为钻头的前刀面，切削部分顶端的螺旋面为后刀面。刃带为副后刀面。横刃是两主后刀面的交线。呈对称分布的两主切削刃和两副切削刃可视为一正一反安装的两把外圆车刀，如图 3-3-3 中虚线所示。导向部分有两条对称的螺旋槽和刃带。螺旋槽用来形成切削刃和前角，并起排屑和输送切削液的作用。刃带起导向和修光孔壁的作用。刃带有很小的倒锥。由切削部分到柄部每 100 mm 长度上直径减小 0.03～0.12 mm，以减小钻头与孔壁的摩擦。

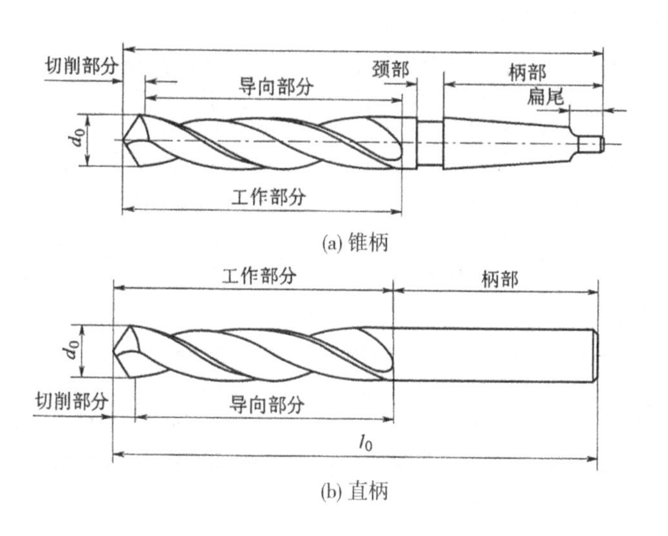

图 3-3-2　标准麻花钻的结构

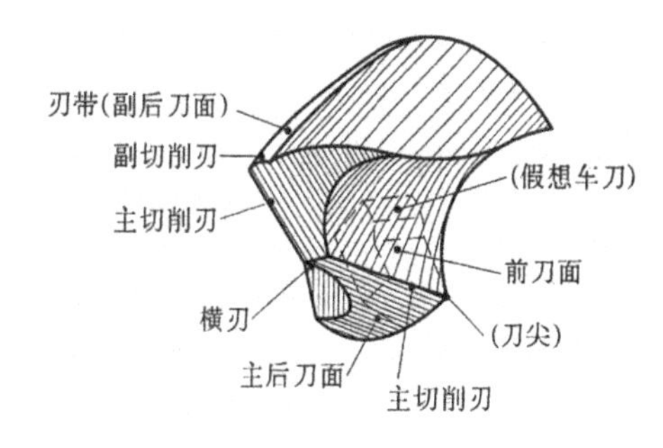

图 3-3-3　麻花钻的切削部分

2. 扩孔

扩孔是用扩孔钻对已经钻出、铸出或锻出的孔做进一步加工(图 3-3-4)，以扩大孔径并提高孔的加工质量。扩孔加工既可以作为精加工孔前的预加工，也可以作为要求不高的孔的最终加工。扩孔钻与麻花钻相似，但刀齿数较多，没有横刃，图 3-3-5 为整体式扩孔钻的结构。

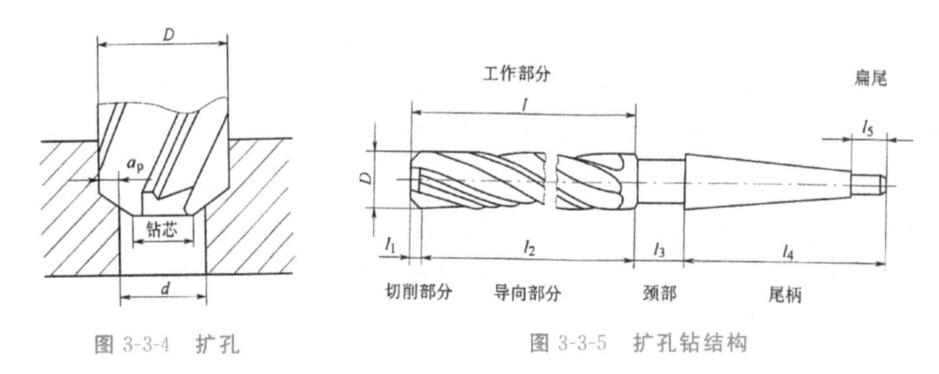

图 3-3-4　扩孔　　　　图 3-3-5　扩孔钻结构

与钻孔相比，扩孔具有下列特点：

(1)扩孔钻齿数多(3～8 个齿)，导向性好，切削比较稳定；

(2)扩孔钻没有横刃，切削条件好；

(3)加工余量较小，容屑槽可以做得浅些，钻芯可以做得粗些，刀体强度和刚性较好。

扩孔加工的精度一般为 IT11～IT10 级，表面粗糙度 Ra 为 12.5～6.3 μm。扩孔常用于加工直径小于 ϕ 100 mm 的孔。在钻直径较大的孔时($D \geqslant 30$ mm)，常先用小钻头(直径为孔径的 0.5～0.7倍)预钻孔，然后再用相应尺寸的扩孔钻扩孔，这样可以提高孔的加工质量和生产效率。

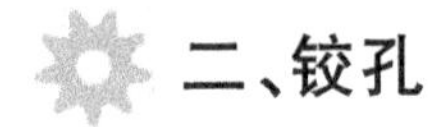

二、铰孔

铰孔是孔的精加工方法之一，在生产中应用很广。对于直径较小的孔，相对于内圆磨削及精镗而言，铰孔是一种较为经济实用的加工方法。

1. 铰刀

铰刀一般分为手用铰刀及机用铰刀两种。手用铰刀柄部为直柄，工作部分较长，导向作用较好。手用铰刀有整体式[图 3-3-6(a)]和外径可调整式[图 3-3-6(b)]两种。机用铰刀有带柄的[图 3-3-6(c)，ϕ 1～ϕ 20 mm 为直柄，ϕ 10～ϕ 32 mm 为锥柄]和套式的[图 3-3-6(d)]两种。铰刀不仅可加工圆形孔，也可用锥度铰刀加工锥孔[图 3-3-6(e)]。

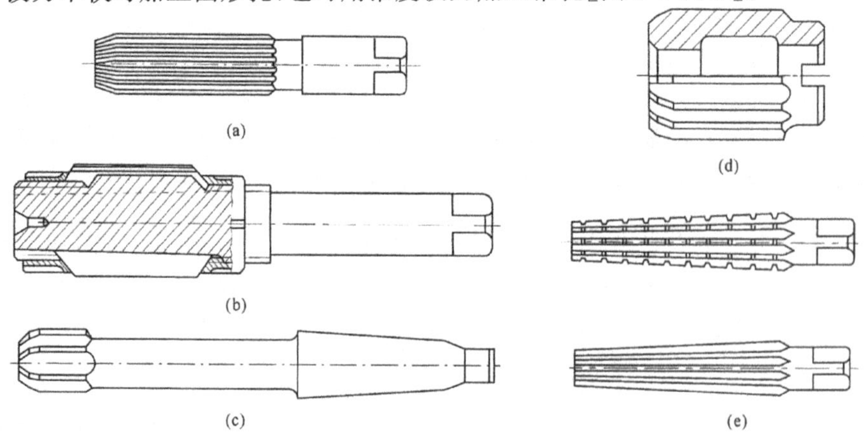

图 3-3-6　铰刀

2. 铰孔工艺及其应用

铰孔余量对铰孔质量的影响很大，余量太大，铰刀的负荷大，切削刃很快被磨钝，不易获得光洁的加工表面，尺寸公差也不易保证；余量太小，不能去掉上道工序留下的刀痕，自然也就没有改善孔加工质量的作用。一般粗铰余量取为 0.15～0.35 mm，精铰余量取为0.05～0.15 mm。

为避免产生积屑瘤，铰孔通常采用较低的切削速度（高速钢铰刀加工钢和铸铁时，v<8 m/min）进行加工。进给量的取值与被加工孔径有关，孔径越大，进给量取值越大。高速钢铰刀加工钢和铸铁时，进给量常取为 0.3～1 mm/r。

铰孔时必须用适当的切削液进行冷却、润滑和清洗，以防止产生积屑瘤并及时清除切屑。

与磨孔和镗孔相比，铰孔生产率高，容易保证孔的精度；但铰孔不能校正孔轴线的位置误差，孔的位置精度应由前面工序保证。铰孔不宜加工阶梯孔和不通孔。

铰孔尺寸精度一般为 IT9～IT7 级，表面粗糙度 Ra 一般为 3.2～0.8 μm。对于中等尺寸、精度要求较高的孔（例如 IT7 级精度孔），钻—扩—铰工艺是生产中常用的典型加工方案。

三、镗孔

镗孔是在预制孔上用切削刀具使之扩大的一种加工方法。镗孔工作既可以在镗床上进行，也可以在车床上进行。

1. 镗孔方式

镗孔有三种不同的加工方式。

（1）工件旋转，刀具做进给运动。在车床上镗孔大都属于这种镗孔方式（图 3-3-7）。它的工艺特点是：加工后孔的轴心线与工件的回转轴线一致，孔的圆度主要取决于机床主轴的回转精度，孔的轴向几何形状误差主要取决于刀具进给方向相对于工件回转轴线的位置精度。这种镗孔方式适于加工与外圆表面有同轴度要求的孔。

（2）刀具旋转，工件做进给运动。图 3-3-8(a)所示为在镗床上镗孔的情况，镗床主轴带动镗刀旋转，工作台带动工件做进给运动。这种镗孔方式镗杆的悬伸长度 L 一定，镗杆变形对孔的轴向形状精度无影响。但工作台进给方向的偏斜会使孔中心线产生位置误差。镗深孔或离主轴端面较远的孔时，为提高镗杆刚度和镗孔质量，镗杆由主轴前端锥孔和镗床后立柱上的尾架孔支承。

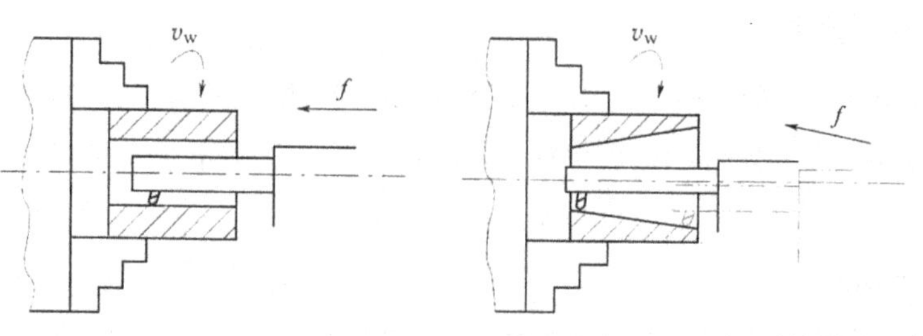

(a) 刀具进给方向与工件回转轴线平行　　(b) 刀具进给方向与工件回转轴线不平行

图 3-3-7　工件旋转、刀具进给的镗孔方式

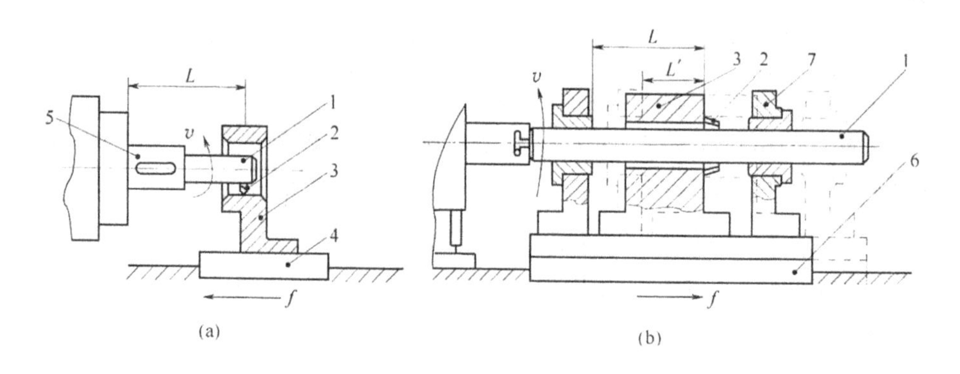

图 3-3-8　刀具旋转、工件进给的镗孔方式

1—镗杆　2—镗刀　3—工件　4—工作台　5—主轴　6—拖板　7—镗模

图 3-3-8(b)为用专用镗模镗孔的情形，镗杆与机床主轴采用浮动连接，镗杆支承在镗模的两个导向套中，刚性较好。当工件随同镗模一起向右进给时，镗刀离左支承套的距离由 L 变为 L'；如果用普通镗刀来镗孔，则镗杆的变形会使工件孔产生纵向形状误差；若改用双刃浮动镗刀镗孔，因两切削刃的背向力可以相互抵消，可以避免产生上述纵向形状误差。在这种镗孔方式中，进给方向相对主轴轴线的平行度误差对所加工孔的位置精度无影响，此项精度由镗模精度直接保证。

(3)刀具既旋转又进给。采用这种镗孔方式(图 3-3-9)镗孔，镗杆的悬伸长度是变化的，镗杆的受力变形也是变化的，靠近主轴箱处的孔径大，远离主轴箱处的孔径小，形成锥孔。此外，镗杆悬伸长度增大，主轴因自重引起的弯曲变形也增大，被加工孔轴线将产生相应的弯曲。这种镗孔方式只适于加工较短的孔。

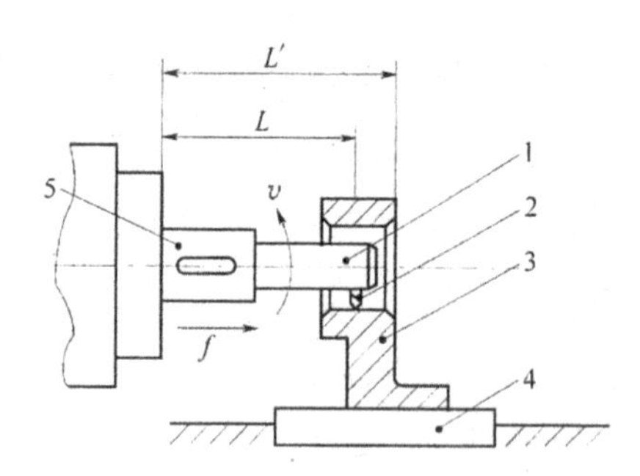

图 3-3-9　刀具既旋转又进给的镗孔方式

2. 镗孔的工艺特点及应用范围

镗孔和钻—扩—铰工艺相比，孔径尺寸不受刀具尺寸的限制，且镗孔具有较强的误差修正能力，可通过多次走刀来修正原孔轴线偏斜误差，而

且能使所镗孔与定位表面保持较高的位置精度。

镗孔和车外圆相比，由于刀杆系统的刚性差、变形大，散热排屑条件不好，工件和刀具的热变形比较大，因此，镗孔的加工质量和生产效率都不如车外圆高。

综上分析可知，镗孔的加工范围广，可加工各种不同尺寸和不同精度等级的孔。对于孔径较大、尺寸和位置精度要求较高的孔和孔系，镗孔几乎是唯一的加工方法。镗孔的加工精度为 IT9～IT7 级，表面粗糙度 Ra 为 3.2～0.8 μm。镗孔可以在镗床、车床、铣床等机床上进行，具有机动灵活的优点，生产中应用十分广泛。在大批量生产中，为提高镗孔效率，常使用镗模。

四、珩磨孔

1. 珩磨原理

珩磨是利用带有磨条（油石）的珩磨头对孔进行光整加工的方法。珩磨时，工件固定不动，珩磨头由机床主轴带动旋转并作往复直线运动。珩磨加工中，磨条以一定压力作用于工件表面，从工件表面上切除一层极薄的材料，其切削轨迹是交叉的网纹（图 3-3-10）。为使砂条磨粒的运动轨迹不重复，珩磨头回转运动的每分钟转数与珩磨头每分钟往复行程数应互成质数。

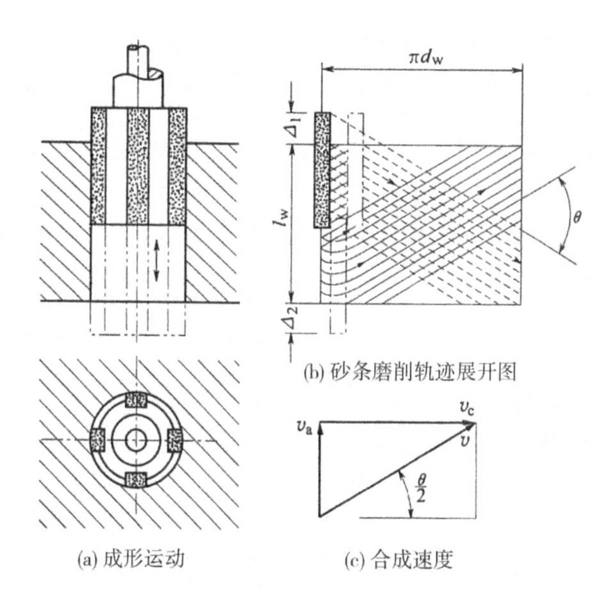

图 3-3-10 珩磨原理

珩磨轨迹的交叉角 θ 与珩磨头的往复速度 v_a 及圆周速度 v_c 有关，由图 3-3-10 知，$\tan(\theta/2)=v_a/v_c$。θ 角的大小影响珩磨的加工质量及效率，一般粗珩时取 $\theta=40°\sim60°$，精珩时取 $\theta=15°\sim45°$。为了便于排出破碎的磨粒和切屑，降低切削温度，提高加工质量，珩磨时应使用充足的切削液。

为使被加工孔壁都能得到均匀的加工，砂条的行程在孔的两端都要超出一段越程量（图 3-3-10中的 Δ_1 和 Δ_2），越程量过小，会造成两端孔径比中间偏小；越程量过大，则使两端孔径偏大；越程量一般取为磨条长度的 30%～50%。为保证珩磨余量均匀，减少机床主轴回转误差对加工精度的影响，珩磨头和机床主轴之间大都采用浮动连接。

2. 珩磨的工艺特点及应用范围

(1)珩磨能获得较高的尺寸精度和形状精度，加工精度为 IT7～IT6 级，孔的圆度和圆柱度误差可控制在 3～5 μm 的范围之内，但珩磨不能提高被加工孔的位置精度。

(2)珩磨能获得较高的表面质量，表面粗糙度 Ra 为 0.2～0.025 μm，表层金属的变质缺陷层深度极微(2.5～25 μm)。

(3)与磨削速度相比，珩磨头的圆周速度虽不高(v_c＝16～60m/min)，但由于砂条与工件的接触面积大，往复速度相对较高(v_a＝8～20m/min)，所以珩磨仍有较高的生产率。

第四节　平面及复杂表面加工

一、概述

平面是箱体类零件、盘类零件的主要表面之一。平面加工的技术要求包括：平面本身的精度（例如直线度、平面度），表面粗糙度，平面相对于其他表面的尺寸精度、位置精度（例如平行度、垂直度等）。

加工平面的方法很多，常用的有铣、刨、车、拉、磨削等方法，其工艺特点与前面在外圆表面及孔加工中的论述基本相同。车平面主要用于加工轴、套、盘等回转体零件的端面。端面直径较大时，一般在立式车床上加工。在车床上加工端面容易保证端面与轴线的垂直度要求。拉平面是一种加工精度高、生产效率高的先进加工方法，适于在大批大量生产中加工质量要求较高、但面积不大的平面。磨平面更适合于做精加工工作，它能加工淬硬工件。

二、铣平面

铣削时，铣刀的旋转运动是主运动。图 3-4-1(a)是在卧式铣床上铣平面的加工示意图，图 3-4-1(b)、(c)是在立式铣床上铣平面的加工示意图。图中 a_p 为背吃刀量（铣削深度），是指平行于铣刀轴线方向测量的切削层尺寸；a_e 是侧吃刀量（铣削宽度），是指垂直于铣刀轴线方向测量的切削层尺寸；v_f 为进给速度，是单位时间内工件与铣刀沿进给方向的相对位移量。

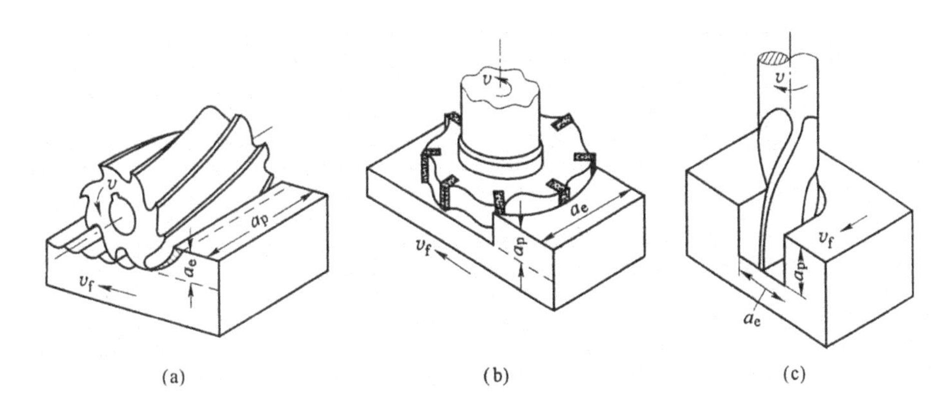

图 3-4-1　铣平面

1. 铣削方式

铣平面有端铣和周铣两种方式。端铣是指用分布在铣刀端面上的刀齿进行铣削的方法;周铣是指用分布在铣刀圆柱面上的刀齿进行铣削的方法。由于端铣的加工质量和生产效率比周铣高,在大批量生产中端铣比周铣用得多。周铣可使用多种形式的铣刀,能铣槽、铣成形表面,并可在同一刀杆上安装几把刀具同时加工几个表面,适用性好,在生产中用得也比较多。

按照铣平面时主运动方向与进给运动方向的相对关系,周铣有顺铣和逆铣之分。工件进给方向与铣刀的旋转方向相反称为逆铣[图 3-4-2(a)];工件进给方向与铣刀的旋转方向相同称为顺铣[图 3-4-2(b)]。顺铣和逆铣各有特点,应根据加工的具体条件合理选择。

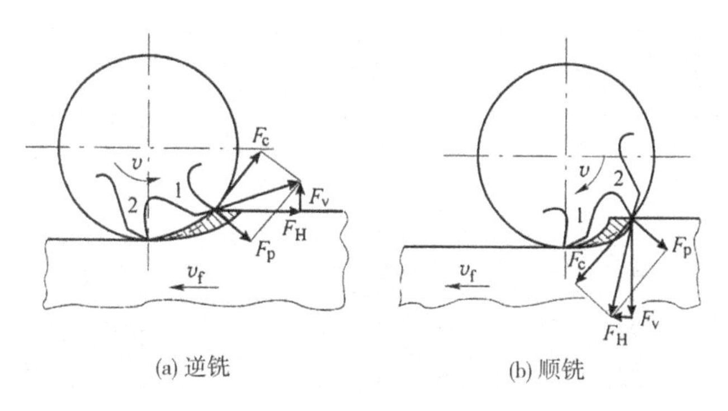

图 3-4-2　顺铣与逆铣

端铣时,铣刀刀齿切入切出工件阶段会受到很大的冲击。在刀齿切入阶段,刀齿完全切入工件的过渡时间越短,刀齿受到的冲击越大。刀齿完全切入工件时间的长短与刀具的切入角 β(图 3-4-3)有关,切入角 β 越小,刀齿全部切入工件的过渡时间越短,刀齿受到的冲击就越大,β 趋于 0 时是最不利的情况。由图 3-4-3 可知,从减小刀齿切入工件时受到的冲击考虑,图 3-4-3(b)所示的不对称铣比图 3-4-3(a)所示的对称铣较为有利。

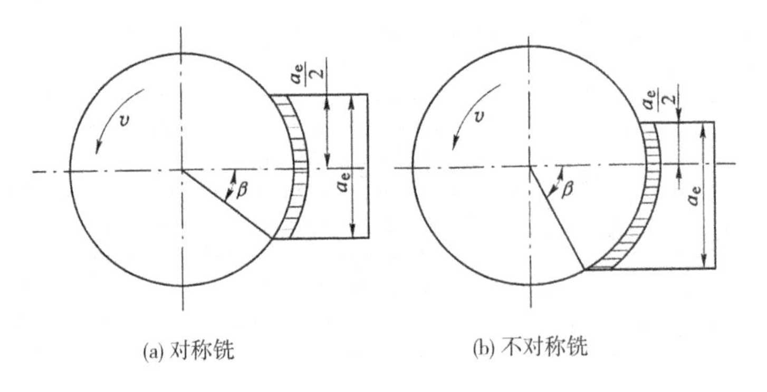

图 3-4-3　对称铣和不对称铣

2. 铣刀

铣刀的种类很多，按用途可分为圆柱形铣刀、面铣刀、三面刃铣刀、立铣刀、键槽铣刀、角度铣刀、成形铣刀等，如图 3-4-4 所示。这里主要介绍圆柱铣刀和面铣刀的结构和几何角度。

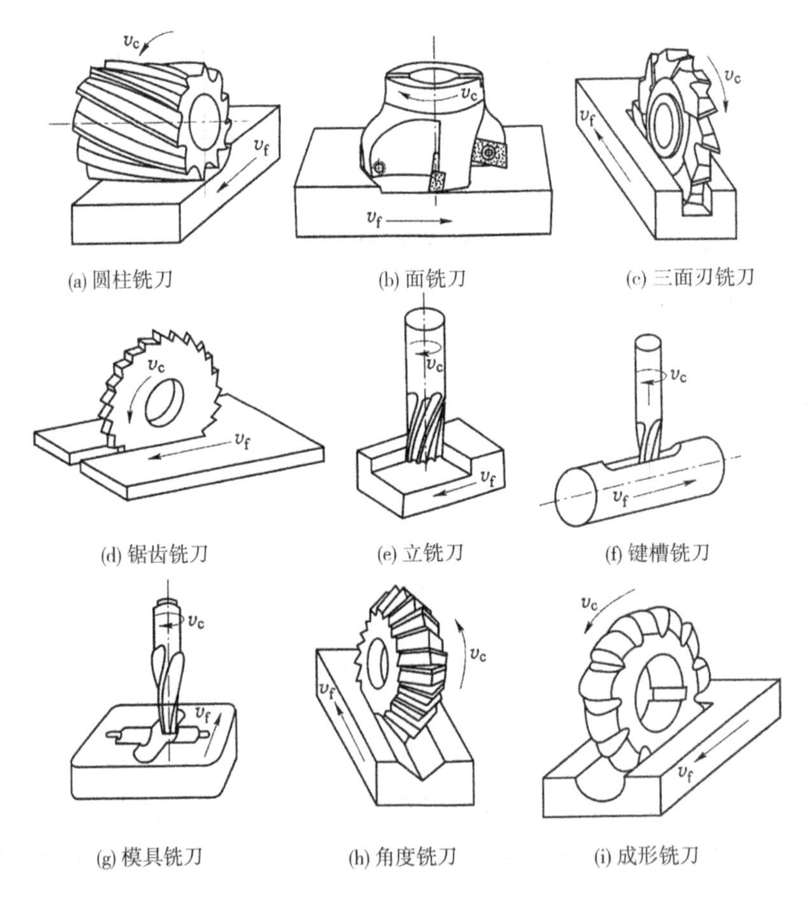

图 3-4-4　铣刀的类型

(1)圆柱铣刀的结构。刀齿排列在刀体圆周上的铣刀称为圆柱形铣刀。它的结构形式分为由高速钢制造的整体圆柱形铣刀[图 3-4-4(a)]和镶焊硬质合金刀片的镶齿圆柱形铣刀(图 3-4-5)。圆柱形铣刀一般采用螺旋刀齿,以提高切削工作的平稳性。

(2)面铣刀的结构。面铣刀的刀齿排列在刀体端面上。硬质合金面铣刀是加工平面的最主要刀具。

焊接夹固式面铣刀的结构如图 3-4-6 所示。硬质合金刀片 1 焊在小刀头 3 上,再用楔块 2 将小刀头 3 固定在刀体 4 的槽中。这种铣刀有两种重磨方式:一种是将小刀头装在刀体内,然后在工具磨床上刃磨(体内刃磨);另一种是事先将小刀头刃磨之后装在刀体上,然后用对刀装置调整各刀齿尺寸使之一致(体外刃磨)。

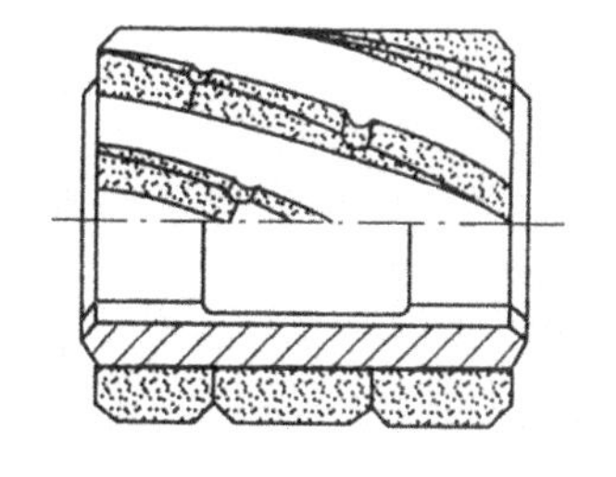

图 3-4-5　镶齿圆柱铣刀

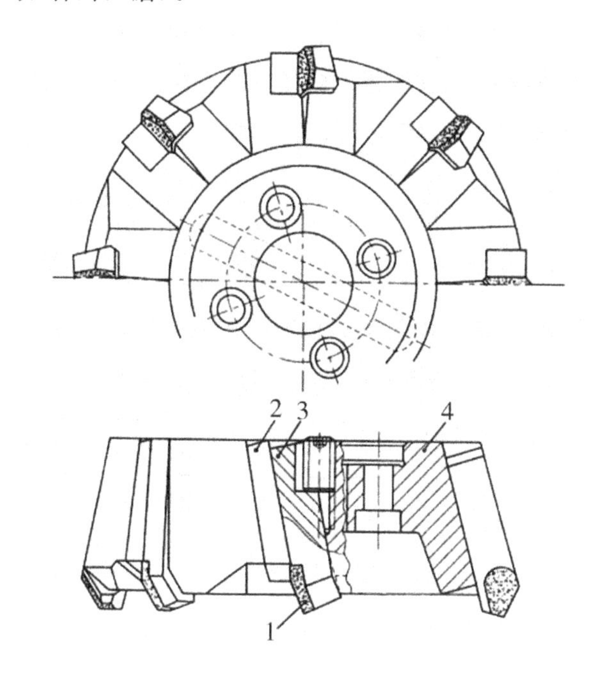

图 3-4-6　焊接夹固式面铣刀的结构

1—硬质合金刀片　2—楔块　3—小刀头　4—刀体

3. 铣削的工艺特点及应用范围

由于铣刀是多刃刀具,刀齿能连续地依次进行切削,没有空程损失,且主运动为回转运动,可实现高速切削,故铣平面的生产效率一般都比刨平面高。其加工质量与刨平面相当,经粗铣—精铣后,尺寸精度可达 IT9～IT7 级,表面粗糙度 Ra 可达 6.3～1.6 μm。

由于铣平面的生产率高,在大批量生产中铣平面已逐渐取代了刨平面。在成批生产中,中小件加工大多采用铣削,大件加工则铣刨兼用,一般都是粗铣、精刨。而在单件小批生产中,特别是在一些重型机器制造厂中,刨平面仍被广泛采用。因为刨平面不能获得足够的切削速度,有色金属材料的平面加工几乎全部都用铣削。

第五节 数控机床与数控加工

一、数控机床的加工原理

1. 数控机床及其坐标系

用数字化信息进行控制的技术称为数字控制技术；装备了数控系统，能应用数字控制技术进行加工的机床称为数控机床。数控机床按用途分为普通数控机床和加工中心两大类。普通数控机床与传统的通用机床品种一样，有数控车床、数控铣床、数控钻床、数控磨床等。它们的工艺范围和普通机床相似，但更适合于加工形状复杂的工件。加工中心是带有刀库和自动换刀机械手，有些还配备托盘交换装置的数控机床。加工中心可在一次装夹后，完成工件的镗、铣、钻、扩、铰及攻螺纹等多种加工。

数控机床的加工原理如图 3-5-1 所示，首先把加工过程所需的几何信息和工艺信息用数字量表示出来，并用规定的代码和格式编制出数控加工程序，然后用适当的方式通过输入装置将加工程序输入数控装置。数控装置对输入信息进行处理与运算后，将结果输入机床的伺服系统，控制并驱动机床运动部件按预定的轨迹和速度运动。输入装置、数控装置、伺服系统及机床本体是数控机床的四个基本组成部分。

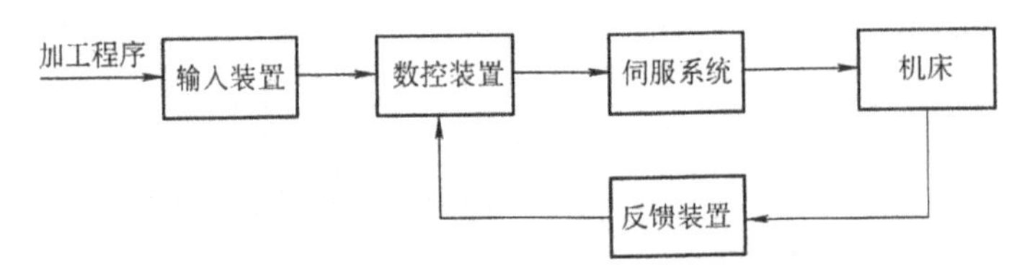

图 3-5-1 数控机床的加工原理框图

在数控机床中，机床直线运动的坐标轴按照 ISO 841—2001 和我国的 JB/T 3051—1999 标准，规定为右手直角笛卡尔坐标系。X、Y、Z 的正方向是使工件尺寸增加的方向，即增大工件和刀具间距离的方向。通常以平行于主轴的坐标为 Z 轴，X 轴平行于工件的主要装夹面且与 Z 轴垂直，Y 轴按右手笛卡尔坐标系确定。三个回转运动的坐标轴 A、B、C 分别表示回转轴线平行于 X、Y、Z 的旋转或摆动运动。其正方向分别用右手螺旋法则判定，如图 3-5-2所示。

上述 X、Y、Z 坐标的正向都是在工件不动、通过移动刀具进行加工的情况下规定的；如果刀具位置不动，通过移动工件进行加工，则以 X'、Y'、Z' 表示，其正向与 X、Y、Z 坐标的正向相反。

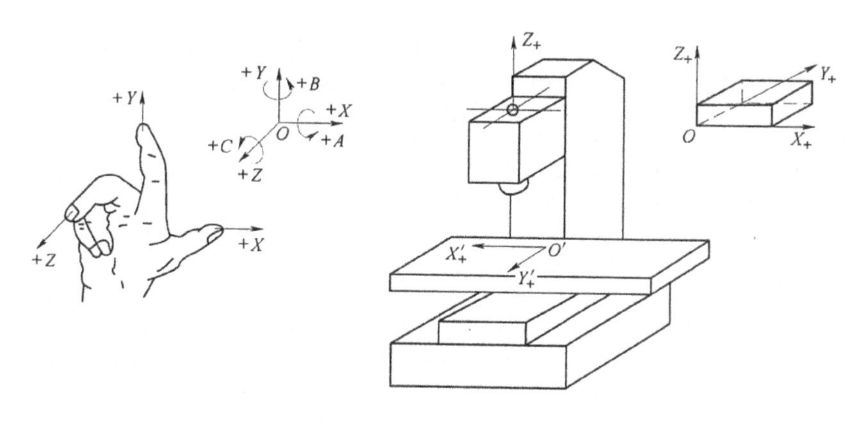

图 3-5-2　数控机床的坐标系

机床数控系统能够控制的运动数目通常称为坐标(轴)数。如一台数控铣床,其 X、Y、Z 三个方向的运动都能进行数字控制,则称为三坐标数控铣床。数控机床在加工过程中不同坐标轴之间可以联动。所谓联动是指机床有关坐标轴各自按一定的速度和轨迹同时运动,它们的合成运动速度及轨迹符合预先规定的加工要求。

2. 数控机床的数控装置

数控机床早期的数控装置使用专用计算机,称为(普通)数控(NC)。随着计算机技术的发展,目前数控装置采用的是通用计算机,称为计算机数控(CNC)。CNC 装置是数控机床的控制中心,由它接收和处理输入信息,并将处理结果通过接口输出,对机床进行控制。

数控机床数控系统的组成如图 3-5-3 所示,图中点画线框内的部分构成 CNC 装置。它由 CPU、存储器(EPROM、RAM)、定时器、中断控制器所构成的微机基本系统及各种输出输入接口所组成。CNC 装置的主要功能为:

(1)功能控制,控制机床冷却液供给、主轴电动机开停、调速以及换刀等功能。

(2)位置控制,控制刀具与工件的相对运动位置或轨迹。

(3)信号处理,对系统运行过程中得到的机床状态信号(如刀具到位信号、工作台超程信号等)进行分析处理,使系统做出相应的反应,如工作台超程保护器报警等。

将计算机应用于机床数控系统是数控机床发展史上一个重要里程碑。高性能的计算机数控系统可同时控制多个轴,并可对刀具磨损、破损和机床加工振动等进行实时监测和处理,还可对机床主轴转速、进给量等加工工艺参数进行实时优化控制。

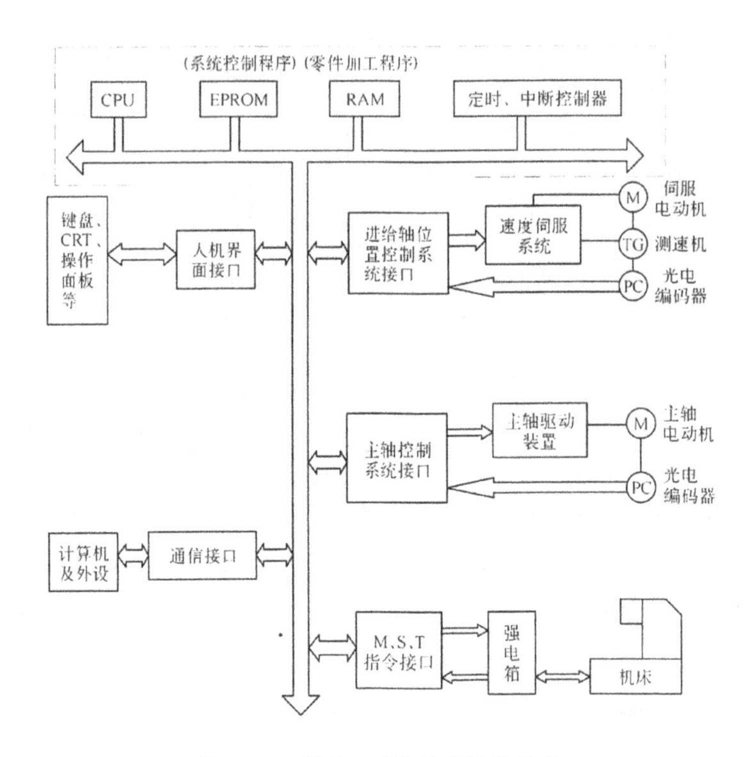

图 3-5-3　数控机床数控系统的组成

3. 数控机床的进给伺服系统

数控机床的进给伺服系统由伺服驱动电路、伺服驱动装置、机械传动机构及执行部件组成。它的作用是接受数控装置发出的进给速度和位移指令信号。

由伺服驱动电路作数模转换和功率放大后，经伺服驱动装置（例如伺服电动机、电液脉冲伺服马达等）和机械传动机构（例如滚珠丝杠等），驱动机床的执行机构（例如工作台、刀架、主轴箱等），以某一确定的速度、方向和位移量，沿机床坐标轴移动，实现加工过程的自动循环。

数控机床的进给伺服系统按位置检测和反馈方式的不同可分为以下两类：

(1)开环伺服系统。开环伺服系统的结构如图 3-5-4 所示，该系统不带反馈检测装置，数控装置发出的指令信号是单向的。这种系统一般用功率步进电动机作伺服驱动装置。当需要在机床某个坐标轴方向运动一个基本长度单位时，数控装置向该轴伺服进给系统输出一个控制脉冲，经伺服驱动电路进行脉冲分配和功率放大后，驱动步进电动机转动一步，通过机械传动机构使机床工作台运动一个基本长度单位。该系统因无位置反馈，所以定位精度不高，一般只能达到 0.02 mm。它的优点是：控制系统结构简单，工作稳定，调试维修方便，价格低廉。开环伺服系统主要用于精度要求不高的小型机床。

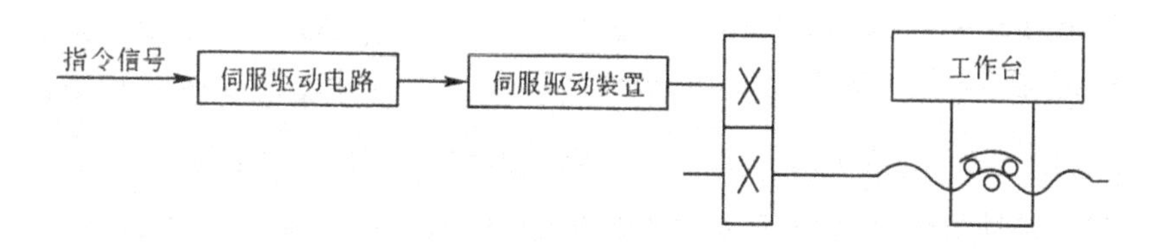

图 3-5-4　开环伺服系统

(2)闭环伺服系统。图 3-5-5 为典型的闭环伺服系统,它由比较器、伺服驱动电路、伺服电动机、位置检测器等组成。该系统将检测到的实际位移反馈到比较器中进行比较,由比较后的差值控制移动部件,进行误差修正,直到位置误差消除为止。采用闭环伺服系统可以消除由于机械传动部件的运动误差给位移精度带来的影响,定位精度一般可达 0.01～0.001 mm。由于直接测量工作台等移动部件位移量的测量装置价格较高,安装及调整都比较复杂且不易保养,故这种全闭环伺服系统只应用于精度要求很高的镗铣加工中心、超精密车床、超精密磨床等。目前大多数数控机床的位移检测反馈信号是从伺服电动机轴或滚珠丝杠上取得的,而不是取自机床终端运动部件,这种闭环系统称为半闭环系统(图 3-5-5 中虚线部分)。半闭环系统中的转角测量(使用脉冲编码器)比较容易实现,但由于后续传动链(由丝杠到机床终端运动部件)误差的影响,其定位精度比闭环系统差。

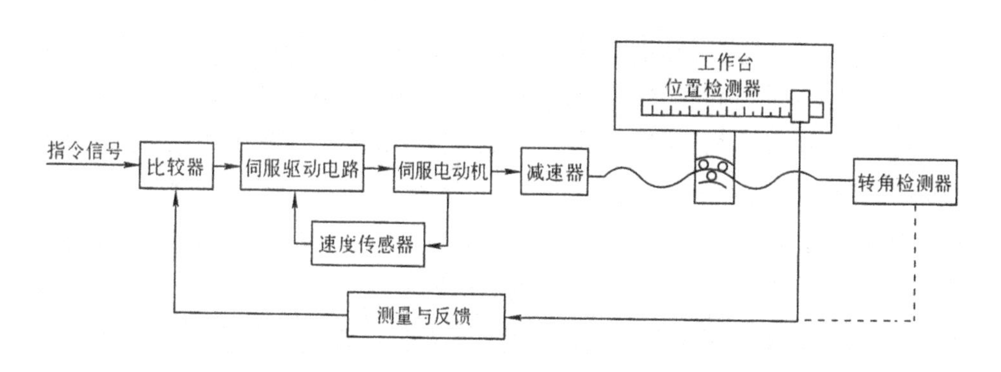

图 3-5-5　闭环伺服系统

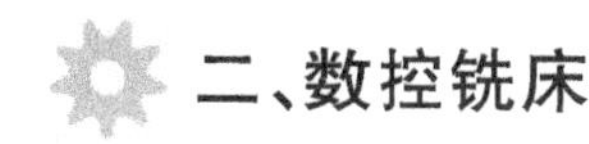

二、数控铣床

1. 主运动系统

数控铣床的主运动系统应比普通铣床有更宽的调速范围,以保证加工时能选用合理的切削速度,能充分发挥机床性能。对于加工中心,为适应各种不同类型刀具和各种材料的切削要求,对主轴的调速范围要求更高,一般在每分钟十几转到几千转,甚至到几万转。

为保证数控机床能在最有利的切削速度下进行加工，数控机床的主轴转速在其调速范围内通常都是无级可调的。现代数控机床采用直流或交流调速电动机作为主运动的动力源，应用最广泛的是笼形交流电动机配置变频调速装置的主轴驱动系统，这是因为笼形交流电动机不像直流电动机那样有电枢电流需换向带来的麻烦，而且体积小、重量轻、成本低。在数控机床中，由于机床主轴的变速功能主要是通过主轴电动机的无级调速来实现的，故其主运动系统的结构相对比较简单。

数控机床和加工中心的主传动系统有以下三种不同形式：

(1)电动机直接带动主轴旋转[图 3-5-6(a)]。其优点是结构紧凑，缺点是主轴的转速—转矩输出特性和电动机输出特性相同，使用上受到一定限制。这类传动形式中，若把主轴电动机与电动机转子合为一体(即“电主轴”)，可使主轴部件结构紧凑、重量轻、惯量小、响应特性好，但电动机运转产生的热量容易使主轴产生变形，必须进行有效的温度控制和冷却。

(2)电动机经 V 带或同步齿形带传动主轴[图 3-5-6(b)]。其优点是结构简单，安装调试方便，机床主轴的转速—转矩输出特性可以得到改善。这种传动方式主要用于转速较高、变速范围不大、转矩特性要求不高的主轴传动。

(3)电动机经 1～4 对变速齿轮传动主轴。其优点是机床主轴的转速—转矩输出特性好，缺点是结构复杂。图 3-5-6(c)所示带有变速齿轮的主传动是大型数控机床经常采用的传动形式。采用齿轮变速与电动机无级调速相结合的传动方式，既可通过降速扩大输出转矩，又可通过变速扩大调速范围，特别是恒功率输出区段的转速范围。

在带有变速齿轮主传动的主轴箱中，齿轮变速大多采用液压拨叉或直接由液压缸带动齿轮来实现。液压拨叉是一种用一个或几个液压缸带动齿轮移动的变速机构。图 3-5-7 是三位液压拨叉的原理图。当液压缸 1 通入压力油而液压缸 5 卸油时，活塞杆 2 便带动拨叉 3 向左移至极限位置[图 3-5-7(a)]；当液压缸 5 通入压力油而液压缸 1 卸油时，活塞杆 2 带动拨叉 3 移至右极限位置[图 3-5-7(b)]；当左右液压缸同时通压力油时，由于活塞杆 2 两端直径不同，使其向左移动，因套筒 4 的截面直径大于活塞杆 2 的截面直径，套筒 4 向右的推力大于活塞杆 2 向左的推力，活塞杆 2 向左的推力不能使套筒 4 退离液压缸 5 的右端面，活塞杆 2 的左端轴肩则紧靠套筒 4 的右端面，拨叉处于中间位置[图 3-5-7(c)]。

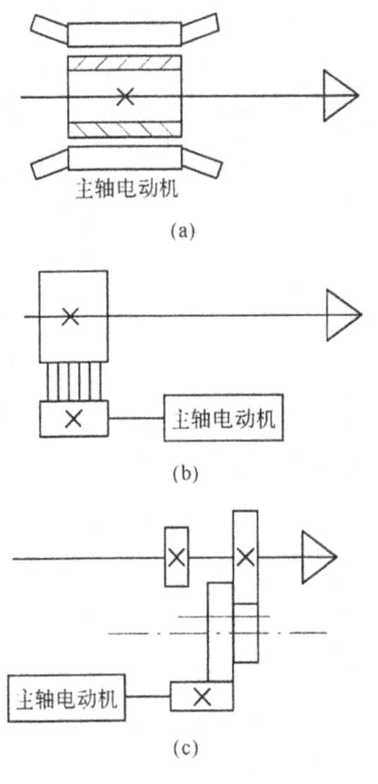

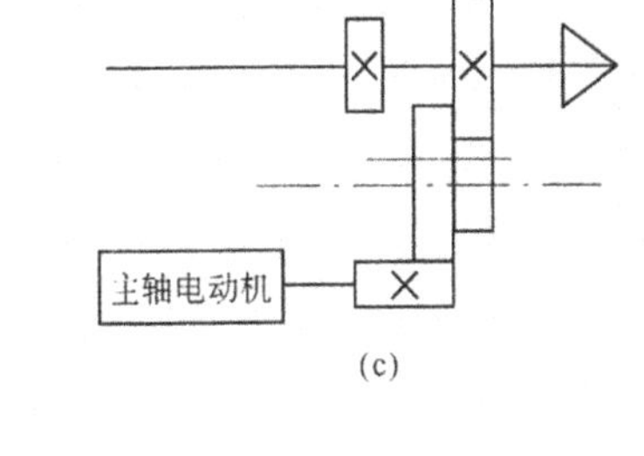

图 3-5-6　数控机床主传动系统的三种形式

图 3-5-7　三位液压拨叉的工作原理

1、5—液压缸　2—活塞杆　3—拨叉　4—套筒

2. 刀具自动夹紧装置和主轴周向定向装置

加工中心为了实现刀具在主轴上的自动装卸，要求配置刀具自动夹紧装置，其作用是自动地将刀具夹紧或松开，以便机械手能在主轴上安放或取走刀具。

由于在刀具切削时，切削转矩不能完全靠主轴与刀杆锥面配合产生的摩擦力来传递，因此通常在主轴前端设置两个端面键来传递转矩。换刀时，刀柄上的键槽必须对准端面键。为此，主轴在停止转动时，要求主轴必须准确地停在某一指定的周向位置上，主轴定向装置就是为保证换刀时主轴能准确停止在换刀位置而设置的。

3. 进给运动系统

数控机床进给运动系统与普通机床不同。以三坐标数控铣床为例，伺服系统在接收到控制系统发出的指令信号后，驱动伺服电动机产生相应的角位移运动，再通过减速齿轮传动或直接带动丝杠螺母副运动转换成纵向、横向或垂直向的直线运动。上述三个方向(有时仅为一个方向或两个方向)运动的合成，即可形成切削加工所需的运动轨迹。

由于现代数控机床的进给伺服电动机及其控制系统的调速范围很宽(从每分钟不到一转至几千转)，转矩可达数十 N·m，甚至 100 N·m 以上，因此，可将伺服电动机直接与进给丝杠相连，使进给系统的机械传动机构变得十分简单。

为了提高进给系统的灵敏度、定位精度和低速运动的稳定性，必须设法减小有关传动副

的摩擦因数，并减小静、动摩擦因数的差值。数控机床进给系统中普遍采用滚珠丝杠副传递运动，其优点是摩擦因数小，传动精度高，传动效率高达 85%～98%，是普通滑动丝杠副的 2～4 倍。

图 3-5-8 为滚珠丝杠的结构示意图。滚珠丝杠在丝杠和螺母之间填充滚珠作为中间传动元件，它由丝杠 1、螺母 2 和滚珠 3 及滚珠循环返回装置插管 4 等组成。当丝杠和螺母相对运动时，滚珠沿着丝杠螺旋滚道面滚动，滚动数圈后离开丝杠滚道面，通过插管 4 返回其入口处继续循环。滚珠丝杠按回珠方式分为内循环和外循环两大类。图 3-5-8 所示为数控机床上常用的插管式外循环滚珠丝杠。

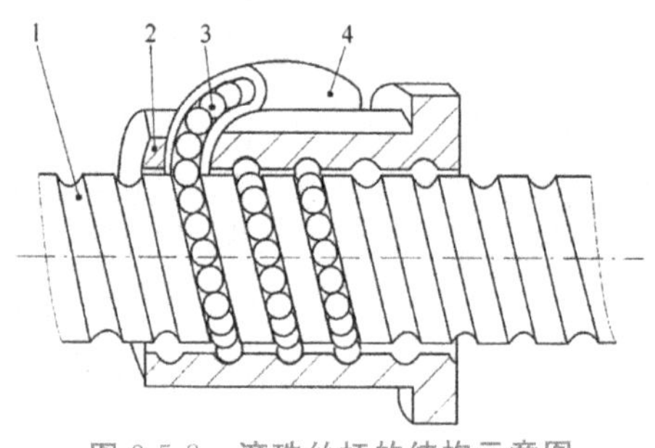

图 3-5-8　滚珠丝杠的结构示意图

1—丝杠　2—螺母　3—滚珠　4—插管

为了提高滚珠丝杠的轴向刚度，滚珠丝杠常用推力轴承来支承。滚珠丝杠的轴向负载不大时，也可用接触角为 60°的角接触轴承来支承。滚珠丝杠常用的支承方式如图 3-5-9 所示。图 3-5-9(a)为一端轴向固定、一端自由的形式，由于其轴向刚度低，只用于短丝杠和竖直安装的丝杠；图 3-5-9(b)为一端固定、一端游动的形式，其轴向刚度与前者相同，但其压杆稳定性和临界转速比较高，常用于较长的卧式安装丝杠；图 3-5-9(c)为两端固定的形式，其轴向刚度为一端固定的 4 倍，并可采用预拉伸的办法来减少丝杠的自重下垂和补偿丝杠的热伸长变形，但其结构较为复杂，制造较困难，常用于长丝杠或回转速度较高并要求高精度、高刚度的场合。

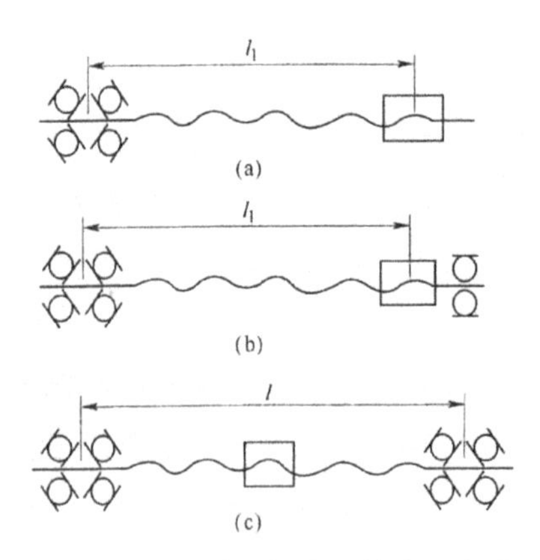

图 3-5-9　滚珠丝杠常用的支承方式

滚珠丝杠传动对其轴向间隙有严格要求，这不仅是由于它会造成反向冲击，更主要的是它会引起反向“死区”，即当滚珠丝杠常用的支承方式工作台换向时，由于丝杠与螺母之间存在间隙，丝杠在反向转动一定角度后，才能带动工作台反向移动。这在开环或半闭环伺服系统中将影响定位精度。为了提高传动的稳定性及进给系统的刚度，滚珠丝杠在过盈条件下工作比较有利。消除丝杠螺母间隙和对丝杠螺母预加载荷的方法有多种，数控机床上比较常用的是双螺母加垫片的方法。

三、数控加工程序编制

数控机床是按照预先编制好的数控加工程序对工件进行加工的。生成数控机床加工程序的过程称为数控加工程序编制。

1. 数控加工程序编制步骤

(1)分析零件图样和编制数控加工工艺。根据零件图样对工件的尺寸、形状、相互位置精度等技术要求和毛坯进行详细分析，制定加工方案，合理确定走刀路线，正确选用刀具、切削用量及工件的装夹方法等。

(2)计算刀具运动轨迹。根据零件图样上的几何尺寸和已确定的走刀路线，计算刀具运动轨迹各关键点(例如被加工曲线的起点、终点、曲率中心等)的坐标值。当用直线段、圆弧段来逼近非圆曲线时，还应计算出逼近线段交点的坐标值，以获得刀具位置数据。

在进行刀具运动轨迹计算时，需要确定工件原点(也称编程原点)，编程时是以该点为基准计算刀具轨迹各点坐标值的。工件原点是根据工件的特点人为设定的。设定的依据主要是便于编程，一般都选在工件的设计基准或工艺基准上。

(3)编写加工程序并进行程序校验。在完成上述步骤后，须将零件加工的工艺顺序、运动轨迹与方向、位移量、切削参数(主轴转速、进给量、背吃刀量)以及辅助动作(换刀、变速、冷却液开停等)按照动作顺序，用机床数控系统规定的代码和程序格式，逐段编写加工程序，并将加工程序输入数控系统。数控机床一般都具有图形显示功能，可先在机床上进行图形模拟加工，用以检查刀具轨迹是否正确。

对于加工程序不长、几何形状不太复杂的零件的数控加工程序，采用手工编程比较方便、快捷。对于几何形状复杂的零件，特别是空间复杂曲面零件，或者几何形状虽不复杂，但程序量很大的零件，需用计算机辅助完成，即计算机辅助数控编程。采用计算机辅助数控编程需有专用的数控编程软件，目前广泛应用的计算机辅助数控编程软件是以 CAD 软件为基础的交互式 CAD/CAM 集成数控编程系统。

2. 数控加工程序的结构与程序段格式

一个完整的数控加工程序由程序号和若干个程序段组成。程序号由地址码 O 与程序编号组成，例如 O0100。每个程序段表示数控机床的一个加工工步或动作。程序段由一个或若干个字组成，每个字由字母和数字组成，每个字表示数控机床的一种功能。

程序段的格式是指一个程序段中有关字的排列、书写方式和顺序的规定，格式不符合规定，数控系统便不能接受。目前各种机床数控系统广泛应用的是字地址程序段格式。下面这个程序段就是这种格式的一个实例：

N105 G01 X15.0Y32.0Z6.5F100M03S1500TO101；

上例中，N 为程序段号代码（或称作地址符），105 表示该程序的编号（现代数控系统很多都不要求列程序段号）；G 为准备功能代码，在 JB/T 3208-1999 中规定，准备功能由字母 G 和紧随其后的两位数字组成，从 G00 至 G99 共有 100 种，其作用是规定数控机床的运动方式，本例中 G01 表示直线插补；Y、X、Z 为沿相应坐标轴运动的终点坐标位置代码，其后的数字为相应坐标轴的终点坐标值；F 为进给速度代码，其后的数字表示进给速度为 100 mm/min；M 为辅助功能代码，辅助功能由字母 M 及紧随其后的两位数字组成，用于规定数控机床加工时的开关功能，如主轴正反转及开停、冷却液开关、工件夹紧及松开等，按我国 JB/T 3208—1999 的规定，辅助功能代码从 M00 至 M99 共 100 种，本例中 M03 表示主轴正转；S 为主轴转速功能代码，紧随其后的数字表示主轴转速为 1 500 r/min；T 为刀具功能代码，紧随其后的数字 0101 表示使用一号刀具和该刀具的一号补偿值；"；"为程序段结束符。

现代数控系统广泛使用可变程序段格式，其程序段的长短、字的顺序、字数和字长等都是可变的。在一个程序段内，不需要的字以及与前面程序段中相同的继续有效的字可以不写。

第六节　圆柱齿轮齿面加工

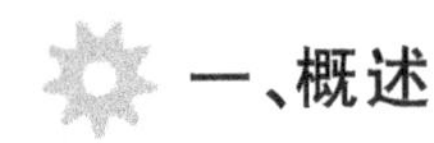

一、概述

1. 齿轮的结构与分类

齿轮是现代机器和仪器中传递运动和转矩的重要零件。由于齿轮传动具有传动准确、传递转矩大、效率高、结构紧凑、可靠耐用等优点，因此其应用非常广泛。

齿轮可按其外形分为圆柱齿轮、锥齿轮、非圆齿轮、齿条、蜗杆蜗轮。本节只介绍圆柱齿轮的齿面加工。圆柱齿轮按其齿线形状分为直齿轮、斜齿轮、人字齿轮、曲线齿轮；按轮齿所在的表面分为外齿轮、内齿轮；按齿形分为渐开线齿轮、摆线齿轮和圆弧齿轮。

圆柱齿轮按照其结构特点可分为五类，如图 3-6-1 所示。

（1）单联齿轮[图 3-6-1（a）]，孔的长径比 $L/D>1$。

(2)多联齿轮[图 3-6-1(b)],孔的长径比 $L/D>1$。

上述两种齿轮亦称为筒形齿轮,内孔为光孔、键槽孔或花键孔。

(3)盘形齿轮[图 3-6-1(c)],具有轮毂,孔的长径比 $L/D<1$。

(4)齿圈[图 3-6-1(d)],没有轮毂,孔的长径比 $L/D<1$。

上述这两种齿轮的内孔一般为光孔或键槽孔。

(5)轴齿轮[图 3-6-1(e)],轴齿轮上具有一个或几个齿圈。

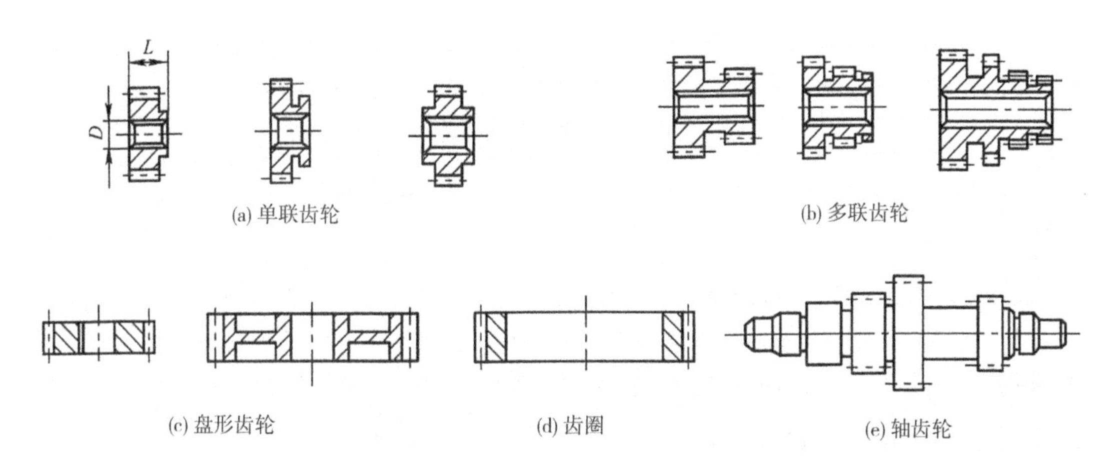

图 3-6-1　圆柱齿轮的结构类型

2. 齿轮的主要技术要求

齿轮传动应满足以下四个方面的要求。

(1)传递运动的准确性。要求齿轮较准确地传递运动,传动比应恒定,即要求齿轮在一转中的转角误差不得超过一定限度。

(2)传递运动的平稳性。要求齿轮传递运动平稳,以减小冲击、振动和噪声,要求限制齿轮转动时瞬时速比变化量。

(3)载荷分布的均匀性。要求齿轮工作时,齿面接触要均匀,以使齿轮在传递动力时不致因载荷分布不匀而使接触应力过大,引起齿面过早磨损或破损。还要对接触面积和接触位置提出要求。

(4)齿侧具有间隙。两个相互啮合齿轮的工作齿面接触时,要求相邻的两非工作齿面间应留有一定的间隙,以储存润滑油,补偿因温度、弹性变形所引起的尺寸变化,防止齿轮在工作中发生齿面卡死或烧蚀。

3. 圆柱齿轮齿面的加工方法

圆柱齿轮齿面的加工分为切削加工和无屑加工两大类。

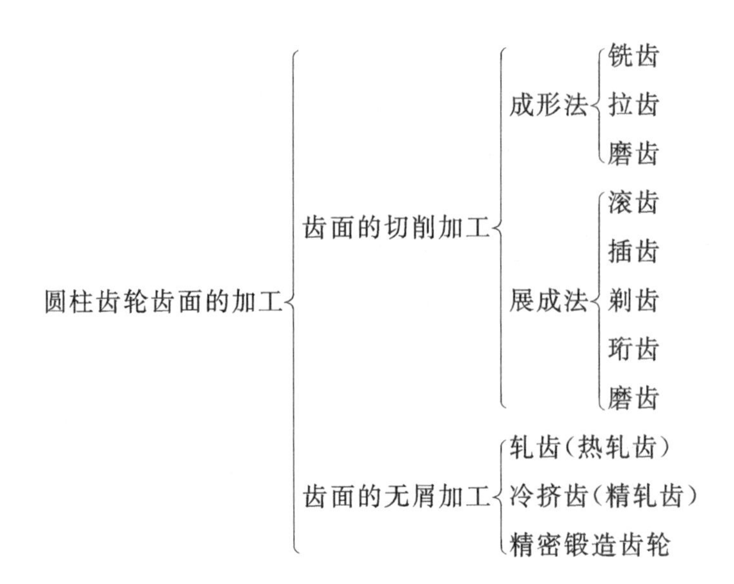

齿面的切削加工能使工件获得良好的加工精度,是目前齿面加工的主要方法。

用切削加工方法加工齿面的方法有成形法和展成法两大类。前者包括用模数铣刀在铣床上铣齿、用成形拉刀拉齿和成形砂轮磨齿。展成法是应用一对齿轮相啮合的原理来进行加工的,其中一个齿轮是被加工工件,另一个齿轮做成刀具,使它的轮齿形成切削刃。用展成法加工出来的齿形轮廓是刀具切削刃运动轨迹的包络线。加工齿数不同的齿轮,只要模数和齿形角相同,都可以用同一把刀具来加工。展成法加工的加工精度和生产率都较高,刀具的通用性好,在生产中应用十分广泛。

限于篇幅,本节只介绍展成切削加工方法中的滚齿、插齿、剃齿和磨齿加工工艺。

 二、滚齿与插齿

(一)滚齿

1. 滚齿加工原理

滚齿是应用一对交错轴斜齿圆柱齿轮副啮合原理,使用齿轮滚刀进行切齿的一种加工方法。在图 3-6-2(a)中,齿轮滚刀 1 相当于一个齿数 z_c 很少($z_c=1\sim4$,z_c 通常取为 1)、螺旋角很大、齿宽很宽的斜齿圆柱齿轮,呈蜗杆状。为了使这个蜗杆能起切削作用,可在蜗杆上开槽,形成前刀面及顶刃、侧刃和容屑槽,如图 3-6-2(b)所示;还要用铲齿的方法使刀齿具有一定的后角。

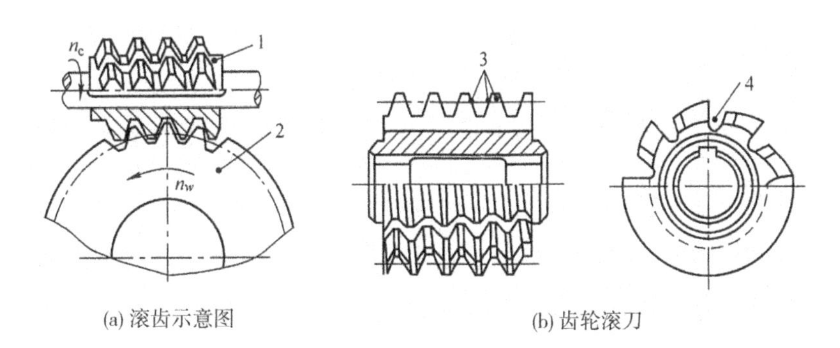

(a) 滚齿示意图　　(b) 齿轮滚刀

图 3-6-2　滚齿示意图和齿轮滚刀

1—齿轮滚刀　2—被切削齿轮　3—切削刃　4—容屑槽

滚齿时，滚刀的螺旋线方向应与被切削齿轮齿槽方向一致，如图 3-6-3 所示。滚刀轴线与被切削齿轮端面间夹角(滚刀安装角)ψ

$$\psi=\beta_w\pm\gamma_{oz} \tag{3-1}$$

式中：β_w ——被切削齿轮螺旋角；

γ_{oz}——滚刀导程角。

齿轮滚刀和被加工齿轮旋向相同时，上式取"－"号，旋向相反时，上式取"＋"号。

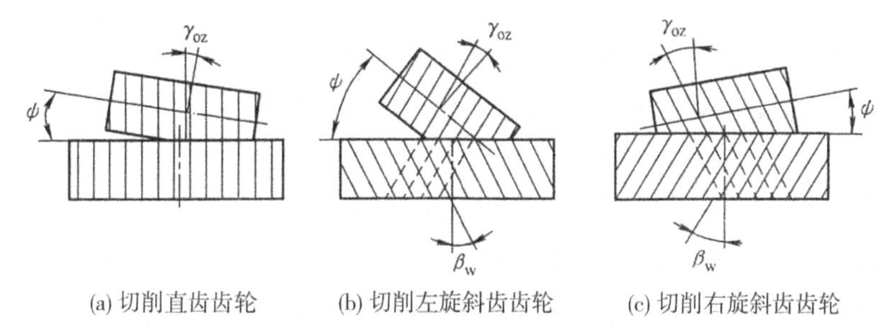

(a) 切削直齿齿轮　(b) 切削左旋斜齿齿轮　(c) 切削右旋斜齿齿轮

图 3-6-3　滚齿时滚刀的安装角

2. 滚齿机运动

根据滚齿加工原理，滚齿必须具有以下三种基本运动[图 3-6-4(a)]：

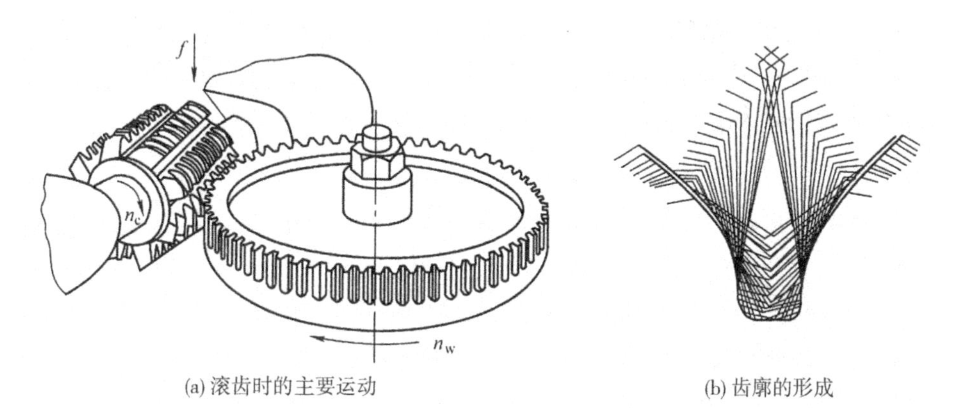

(a) 滚齿时的主要运动　(b) 齿廓的形成

图 3-6-4　滚齿时的主要运动和齿廓的形成

(1)滚刀的旋转运动(n_c)。滚刀的旋转运动是滚齿加工的切削运动。

(2)工件的旋转运动(n_w)。工件的旋转运动是滚齿加工的分齿运动。

滚刀与工件的旋转运动之间,必须严格保持一对交错轴斜齿圆柱齿轮副的啮合传动关系,其传动比 i 应满足以下条件

$$i=\frac{n_c}{n_w}=\frac{z_w}{z_c} \tag{3-2}$$

式中:n_c、n_w ——滚刀与被切削齿轮的转速;

z_w ——被切削齿轮的齿数;

z_c ——滚刀齿(头)数。

上述两种旋转运动构成滚齿加工的展成运动,形成齿面的母线(渐开线)。当滚刀与被加工齿轮作展成运动时,滚刀切削刃连续运动轨迹的包络线便在工件上形成了轮齿齿廓,如图 3-6-4(b)所示。由图知,滚齿加工形成的轮齿齿廓是由有限个切削刃的包络折线构成的,并不是光滑的渐开线,存在着原理误差。

(3)轴向进给运动(f)。为了在全齿宽上切削出渐开线齿面,滚刀应沿被切削齿轮轴线方向进行轴向进给,轴向进给运动形成齿面的导线。

滚切斜齿齿轮时,被切削齿轮在实现上述运动的同时,还应该有一个附加的旋转运动 Δn_w。

目前在圆柱齿轮轮齿加工中,已广泛使用数控滚齿机。

(二)插齿

1. 插齿原理

插齿是利用一对平行轴圆柱齿轮副啮合原理,使用插齿刀进行切齿的一种加工方法。在图 3-6-5(a)中,插齿刀 1[图 3-6-5(b)]相当于一个切削刃为渐开线并磨出前角和后角的假想圆柱齿轮 2,其模数与压力角与被加工齿轮相同。插齿刀以其内孔或锥柄紧固在插齿机的主轴上。插齿时,插齿刀与被切削齿轮间严格保持一对圆柱齿轮的啮合传动关系,插齿刀刀齿的连续运动轨迹在工件上包络出轮齿齿廓[图 3-6-5(c)]。由图可知,插齿所形成的齿廓也是由很多条包络线形成的,也不是光滑的渐开线,也存在原理误差。

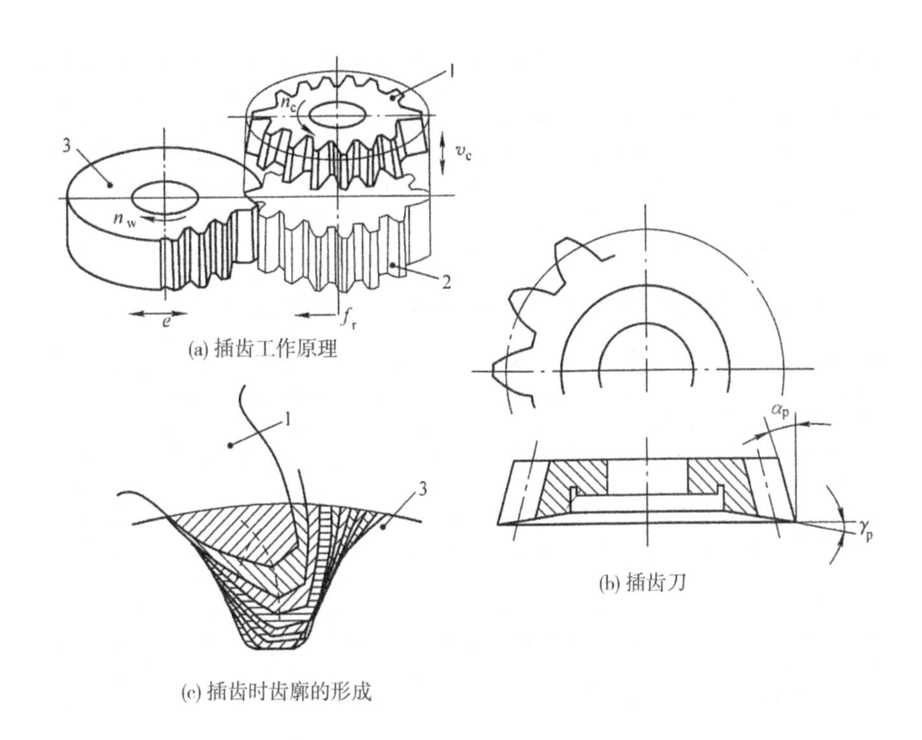

图 3-6-5　插齿原理和齿廓的形成

1—插齿刀　2—假想圆柱齿轮　3—被切削齿轮

2. 插齿机运动

插削直齿圆柱齿轮时，插齿机必须具有以下几种基本运动。

(1)切削运动。插齿刀沿其轴线方向的快速直线往复运动是插齿的切削运动，以插齿刀每分钟往复运动的冲程次数表示(str/min)。提高插齿刀往复运动速度，可增加齿廓的包络线数目，使齿廓曲线更加光滑，齿形误差减小。

(2)展成运动。插齿刀与工件的旋转运动构成插齿加工的展成运动。插齿刀与工件的旋转运动之间，必须严格保持一对圆柱齿轮副的啮合传动关系，其传动比 i 应满足以下条件

$$i=\frac{n_{c'}}{n_{w'}}=\frac{z_{w'}}{z_{c'}} \tag{3-3}$$

式中：$n_{c'}$、$n_{w'}$——插齿刀和被切削齿轮的转速；

$z_{c'}$、$z_{w'}$——插齿刀和被切削齿轮的齿数。

(3)圆周进给运动。插齿刀的旋转运动是插齿的圆周进给运动，以插齿刀每往复一次在其节圆上转过的弧长表示(mm/str)。圆周进给量的大小影响插齿的切削负荷和生产效率。

(4)径向进给运动。开始插齿时，如果插齿刀立即切入至全齿深，将会因切削负荷过大

而损坏刀具和机床。为了避免发生这种情况，工件应该逐渐地相对于插齿刀作径向进给运动，以插齿刀每往复一次工件径向移动量 f_r(mm/str)来表示。当径向进给至齿廓全深后，径向进给自动停止，再让工件与插齿刀作展成运动回转一周，便可在工件上插出完整的全深齿廓。

(5)让刀运动。插齿刀往复运动时，向下运动为切削行程，向上运动为空行程退刀。为避免插齿刀在空行程中擦伤已切削齿面和减少插齿刀的磨损，插齿刀在径向方向应有一让刀运动 e，使插齿刀与被切削齿面脱离接触。让刀运动可由装夹被切削齿轮的工作台实现，也可以由插齿刀来完成。插齿刀空行程完成后，工作台或插齿刀再返回原位，以进行下一切削行程。

三、剃齿

1. 加工原理

剃齿是利用一对交错轴斜齿轮啮合时沿齿向存在相对滑动而创建的一种齿轮精加工方法。图 3-6-6(b)所示是用一把左旋剃齿刀加工右旋齿轮的情况，在啮合点 P 剃齿刀的圆周速度为 v_c，工件的圆周速度为 v_w，v_c 与 v_w 都可以分解为齿面的法向分量(v_{cn}与 v_{wn})和切向分量(v_{ct}与 v_{wt})。由于啮合点的两个法向分量必须相等，即 $v_{cn}=v_{wn}$，而 v_{ct}与 v_{wt}不相等，故剃齿刀与被剃削齿轮啮合时在齿向上就有相对滑动发生。由于剃齿刀的齿面上开有许多切削刃[图 3-6-6(c)]，剃齿刀便在被切齿面上剃下一层又薄又细的切屑[图 3-6-6(d)]。

剃齿刀相对于被剃削齿轮在齿向上的滑动速度就是剃齿切削速度 v_p。由图 3-6-6(b)知

$v_p=v_{ct}-v_{wt}=v_c\sin\beta_c-v_w\sin\beta_w$

因为 $v_{cn}=v_{wn}$，即

$v_c\cos\beta_c=v_w\cos\beta_w$

所以
$$v_w=\frac{v_c\cos\beta_c}{\cos\beta_w} \tag{3-4}$$

将 v_w 代入上式，经整理得

$$v_p=v_c\frac{\sin(\beta_c-\beta_w)}{\cos\beta_w}=\frac{v_c}{\cos\beta_w}\sin\varphi=\frac{\pi d_o n_c}{1\ 000\cos\beta_w}\sin\varphi \tag{3-5}$$

式中：φ ——剃齿刀和工件轴线的夹角，$\varphi=\beta_c\pm\beta_w$，$\beta_w$ 与 β_c 分别为被剃削齿轮和剃齿刀的螺旋角，式中两螺旋方向相同时取“＋”号，相反时取“－”号；

d_o ——剃齿刀节圆直径，mm；

n_c ——剃齿刀转速，r/min。

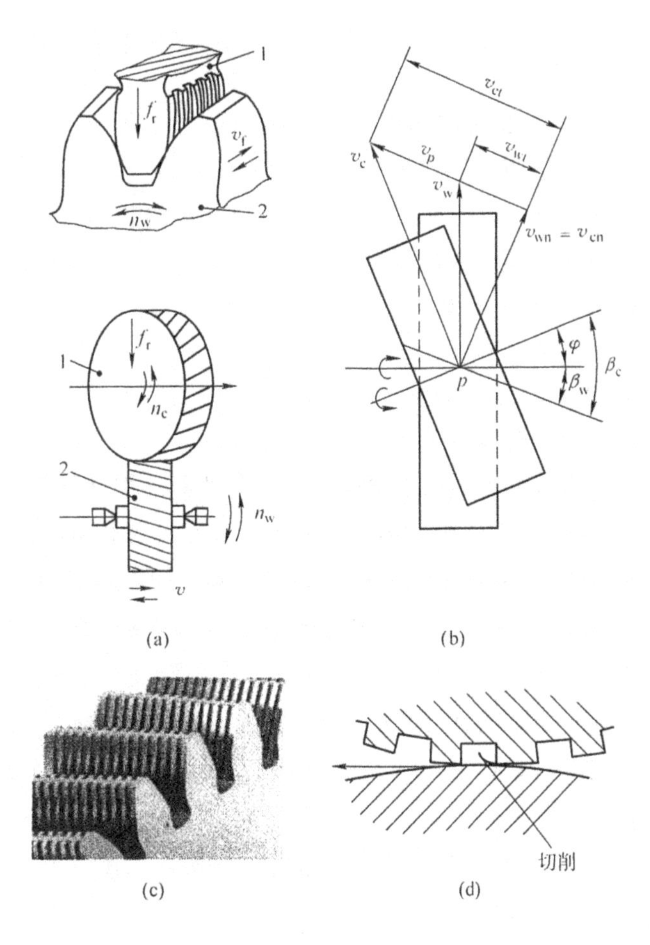

图 3-6-6　剃齿原理

1—剃齿刀　2—被剃削齿轮

2. 剃齿机运动

(1)剃齿刀的正、反向转动。如图 3-6-6 所示，剃齿刀带动被剃削齿轮旋转时，剃齿切削速度 v_p 与剃齿刀转速 n_c 成正比。为了剃削齿轮轮齿的两个齿面，剃齿刀须交替地作正、反两个方向的旋转。

(2)工作台轴向进给运动。剃齿刀为一斜齿轮，当它与被剃削的直齿或斜齿圆柱齿轮作啮合运动时，两者的啮合为点接触。剃齿时，如果不作轴向进给运动，则在被剃削齿轮齿面上只有一条啮合点的运动轨迹。当被剃削齿轮为斜齿轮时，啮合点运动轨迹为一条与齿轮端面倾斜的曲线[图 3-6-7(a)]；如果被剃削齿轮为直齿轮时，啮合点运动轨迹为一条与齿轮端面平行的曲线[图 3-6-7(b)]。为了使整个齿面都能得到加工，剃齿机工作台必须带动被剃削齿轮一起作轴向往复进给运动(v_f)。当工作台进给到一端时，便换向做反向进给，剃齿刀也随之变换旋转方向。

(3)径向(垂直)进给运动。工作台在轴向每往复运动一次或单向轴向运动一次，被剃削齿轮或剃齿刀沿垂直方向进行一次径向进给(f_r),以逐步切除全部剃齿余量。

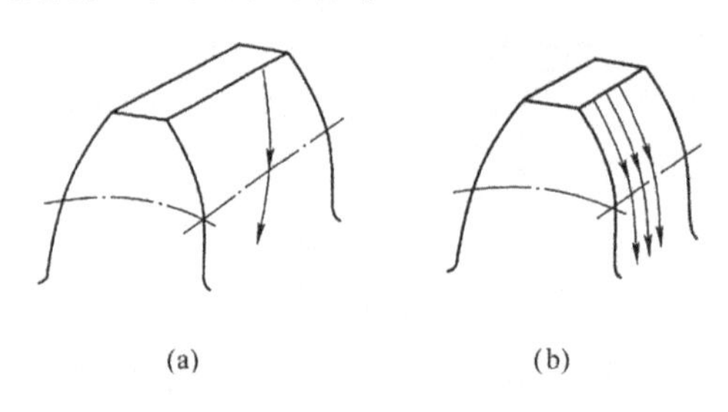

图 3-6-7　齿面上啮合点的轨迹

3. 剃齿的工艺特点与应用范围

剃齿是一种利用剃齿刀与被剃削齿轮做自由啮合展成运动进行加工的方法,机床结构简单,造价相对较低。剃齿可修正轮齿的径向误差、齿形误差和减小齿面粗糙度,但它对轮齿的齿距累积误差等切向误差的修正能力差。从保证加工精度考虑,剃前预加工一般应采用滚齿而不采用插齿,因为剃齿与滚齿的优缺点可以互补,剃齿与插齿的优缺点不能互补。

剃齿加工精度主要取决于刀具,使用 A、B 等级的剃齿刀,可加工 7～6 级精度的齿轮,齿面粗糙度可达 Ra 为 0.40～1.25 μm。采用剃齿加工,可将经滚齿或插齿等预加工过的齿轮精度提高 1～2 级。

剃齿是一种高生产率的齿面加工方法,几分钟时间就可完成一个齿轮的加工。剃齿还是一种加工成本较低的齿轮精加工方法(平均比磨齿低 90%)。

在大批大量生产中加工中等模数、7～6 级精度、未经淬硬的齿轮,剃齿是最常用的齿轮精加工方法。

 四、磨齿

按齿廓形成方法不同,磨齿可分为成形法磨齿和展成法磨齿两大类。

1. 成形法磨齿

成形法磨齿[图 3-6-8(a)]是将砂轮修整成与被加工齿轮齿槽相对应的形状,对被加工齿轮齿槽逐个进行磨削。磨削时,砂轮一边旋转(n_c),一边沿齿宽方向作往复运动(A_1),磨完一个齿后,通过分度,再磨下一个齿。使用成形法磨齿时,机床运动简单,生产效率高。但成形法磨齿的砂轮修整复杂,磨齿过程中砂轮各点磨损不均匀,加工精度不高,故生产中用得不多。近年来,采用立方氮化硼(CBN)制作成形砂轮,砂轮形状的保持性明显改善,这种磨齿方法在生产中的应用逐渐增加。

2. 展成法磨齿

(1)单片锥形砂轮磨齿[图 3-6-8(b)]。砂轮的截面形状相当于假想齿条的一个齿。磨

齿时，砂轮一面旋转(n_c)，一面沿齿宽方向作往复运动(A_1)，这就构成了假想齿条上的一个齿。被磨齿轮位于与假想齿条相啮合的位置，一面转动(n_w)，一面作往复移动(A_2)，实现展成运动。在工件的一个往复移动过程中，可先后磨出齿槽的两个侧面。磨完一个齿槽后，被磨齿轮快速退离砂轮，经分齿后再进入下一个齿槽的磨齿循环，直至磨完全部齿槽为止。用单片锥形砂轮磨齿，砂轮的刚性好，可采用较大的切削用量，其生产效率比双片碟形砂轮磨齿高。

(2)双片碟形砂轮磨齿[图 3-6-8(c)]。两片碟形砂轮倾斜安装后，构成假想齿条的两个齿面。磨齿时，砂轮只在原位旋转(n_c)，同时对两个齿面进行磨削；被加工齿轮一面转动(n_w)，一面移动(A_2)，实现展成运动。为了磨出全齿宽，被加工齿轮通过工作台实现轴向进给运动(A_1)。当两个齿面同时磨完之后，被加工齿轮快速退离砂轮，经分齿后，再进入下两个齿面的磨削。此种磨齿方法的生产效率最低，因为它是用蝶形砂轮的一圈棱边磨削，砂轮的刚性差，不能采用较大的磨削用量。

(3)蜗杆砂轮磨齿[图 3-6-8(d)]。用蜗杆砂轮磨齿时，蜗杆砂轮与被磨齿轮相当于一对交错轴斜齿副啮合传动。蜗杆砂轮就是一个头数(齿数)很少(一般为单头或一个齿)、齿宽较宽的斜齿齿轮。蜗杆砂轮磨齿的成形原理和机床运动与滚齿相同。

使用蜗杆砂轮磨齿生产率高，因为它的展成运动和分齿运动是同时连续进行的，没有空行程和回程时间，调整时间也很短。

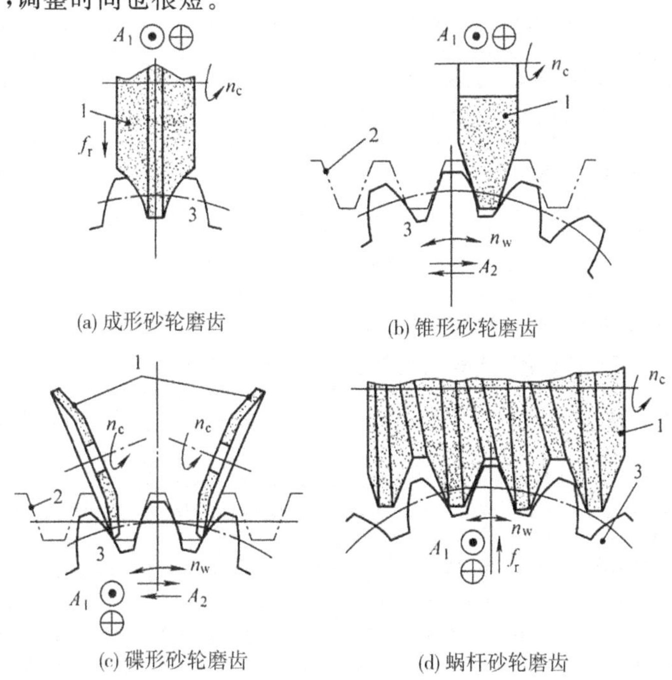

图 3-6-8　不同磨齿方法的磨齿原理图

1—砂轮　2—假想齿条　3—被磨齿轮

3. 磨齿的工艺特点和应用范围

磨齿加工的质量高，磨齿可纠正齿轮预加工中产生的各项齿轮误差，其加工精度比剃齿、珩齿高得多，磨齿的表面粗糙度可达到 Ra 0.2～0.8 μm，而且能加工淬硬齿轮。加工3～6级精度的淬硬齿轮，磨齿是最有效的精加工方法。

磨齿的主要缺点是生产率较低和成本较高。但自从出现了蜗杆砂轮磨齿机和立方碳化硼(CBN)砂轮成形磨齿机等新型磨齿机床，磨齿效率成倍提高，加工成本不断下降，这就使蜗杆砂轮磨齿工艺和成形磨齿工艺在大量生产中逐渐得到广泛应用。单片锥形砂轮磨齿和双片碟形砂轮磨齿只在单件和小批量生产中应用。

第七节　特种加工

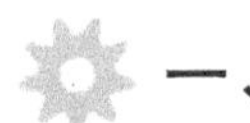

一、电火花加工

1. 加工原理

电火花加工是利用工具电极和工件电极间脉冲性电火花放电产生的高温去除工件上多余的材料，使工件获得预定的尺寸和表面粗糙度要求。

在图 3-7-1 中，工件 1 与工具 4 分别与直流脉冲电源 2(电压为 100 V 左右，放电持续时间为 10^{-7}～10^{-3}s)的两极相连接，自动进给调节装置 3 使工具和工件之间始终保持一个很小的放电间隙。当工具在进给机构的驱动下在工作液中靠近工件时，极间电压击穿间隙，产生电火花放电。电火花放电产生的瞬时局部高温使工件和工具表面各自电蚀成一个小坑，如图 3-7-2 所示，其中图 3-7-2(a)表示单个脉冲放电后工件和工具上的电蚀坑，图 3-7-2(b)表示多次脉冲放电后工件和工具上的电蚀坑。放电结束后，工作液恢复绝缘，下一个脉冲又在工具和工件表面之间重复上述过程。随着工具电极不断地向工件进给，就可将工具的形状复制在工件上，加工出所需要的尺寸和形状。工具电极虽然也会被电蚀，但其速度远小于工件被电蚀的速度，这种现象称作“极效应”。

生产中应用最广的电火花加工方法有两类，一类是用具有一定形状的电极工具(常用的电极工具材料是石墨、铜或是它们的合金)进行加工的电火花穿孔或电火花成形加工；另一类是用细丝(一般为钼丝、钨丝或铜丝)电极加工二维轮廓形状的电火花线切割加工。电火花线切割加工还可按电极丝的走丝速度分为快速走丝和慢速走丝两类。

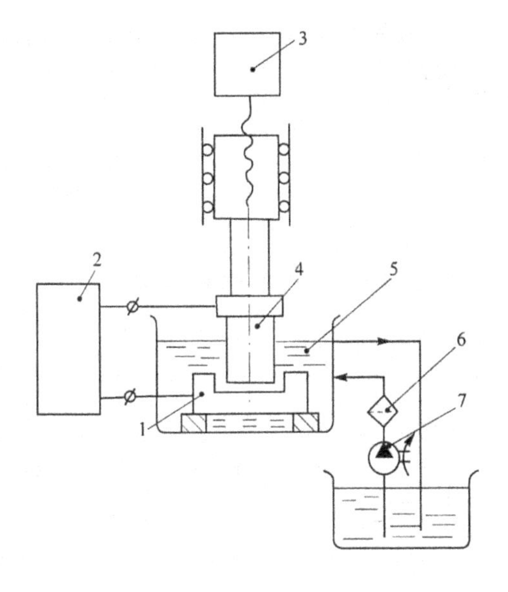

图 3-7-1 电火花加工原理示意图

1—工件 2—脉冲电源 3—自动进给调节装置

4—工具 5—工作液 6—过滤器 7—工作液泵

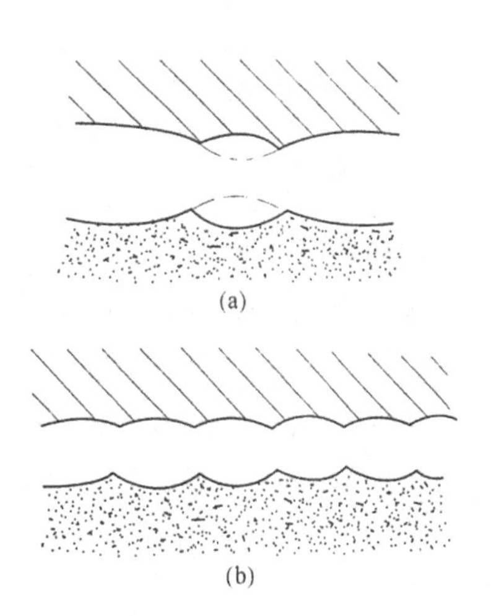

图3-7-2 电火花加工表面局部放大图

电火花穿孔或成形加工时，需要根据被加工孔和型腔的形状制造形状复杂的工具电极，这是一件技术难度较大的工作。在数控四坐标电火花加工机床上（工具电极的转动为第四轴—C轴），通过工具半径补偿，用简单工具电极加工二维型孔的技术目前已在生产中广泛应用（图 3-7-3），可以大量节省电极制造费用。利用简单工具电极加工三维曲面型腔的数控电火花加工技术正在开发研究中。

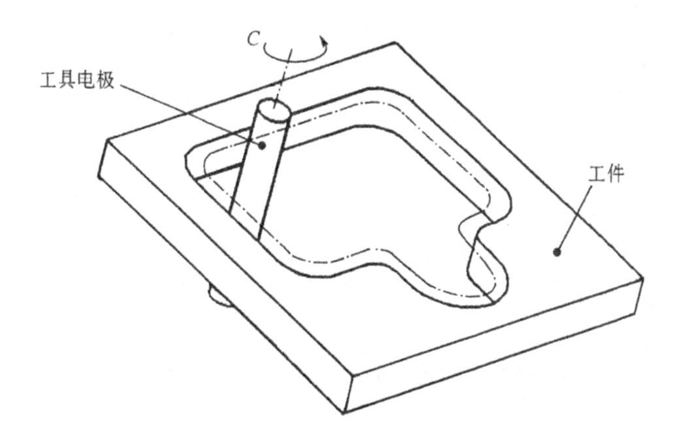

图 3-7-3 用简单工具电极加工二维型孔

2. 工艺特点及应用范围

电火花加工工具不和工件直接接触，没有切削力作用，对机床加工系统的刚度要求不高；电火花加工可加工任何导电材料的工件，不受工件材料强度、硬度、脆性和韧性的影响，为耐热钢、淬火钢、硬质合金等难加工材料的加工提供了有效的加工手段。电火花加工的应用范围很广,可加工各种型孔、曲线孔、微小孔及各种曲面型腔,还可用于切割、刻字和表面强化等。

二、电解加工

1.加工原理

电解加工是利用金属在电解液中受到电化学阳极溶解将工件加工成形的。图 3-7-4 给出了电解加工原理示意图。图中,工件 3 接直流电源(10～20 V)正极,工具 2 接负极,加工时,两极之间保持一定的间隙(0.1～1 mm),电解液(NaCl 或 $NaNO_3$ 溶液)以一定压力(0.5～2.5 MPa)从两极间的间隙中高速(5～50 m/s)流过,在电场作用下,阳极工件表面金属产生阳极溶解,溶解产物被电解液带走,工件表面便逐渐形成与阴极工具表面相似的形状。图 3-7-5(a)是刚开始加工的情况,阴极工具与阳极工件之间的间隙是不均匀的;图 3-7-5(b)是加工终了时的情况,工件表面被电解成与阴极工具相同的形状,阴极工具与阳极工件间的间隙是均匀的。

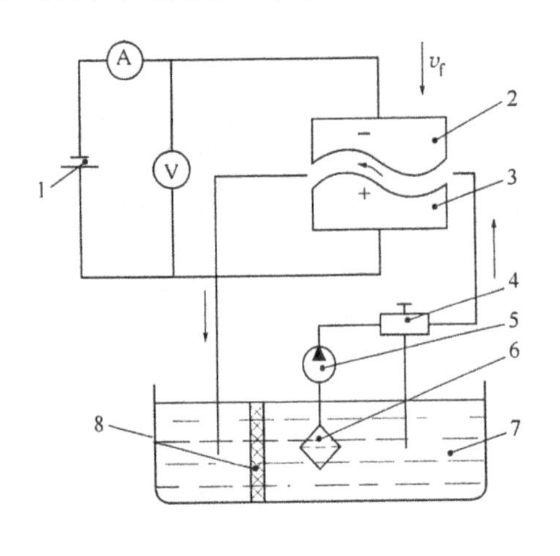

图 3-7-4　电解加工原理示意图

1—直流电源　2—工具阴极　3—工件阳极
4—调压阀　5—电解液泵　6—过滤器
7—电解液　8—过滤网

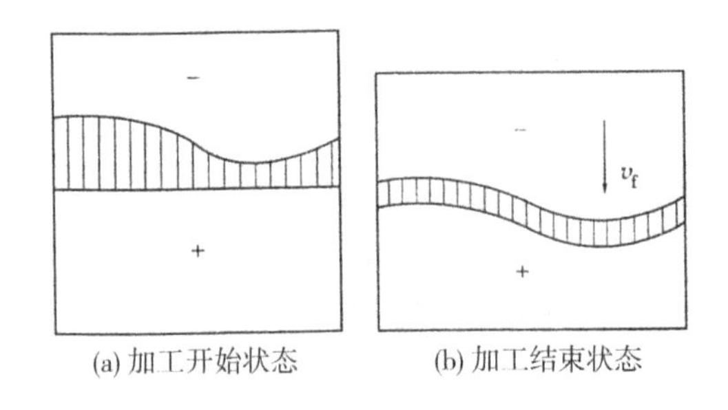

(a) 加工开始状态　(b) 加工结束状态

图 3-7-5　电解加工成形原理

下面以 NaCl 水溶液作电解液加工铁质工件为例说明阳极溶解的过程。在电场作用下,阳极工件表面上铁原子失去电子成为铁离子 Fe^{2+} 后进入电解液,它与电解液中的 Na^+、Cl^-、H^+、OH^- 离子发生下列化学反应。

$$Fe^{2+}+2OH^- \longrightarrow Fe(OH)_2\downarrow$$

$$Fe^{2+}+2Cl^- \rightleftharpoons FeCl_2$$

氢氧化亚铁在水溶液中溶解度极小,将在电解液中沉淀下来;$FeCl_2$ 能溶于水,又电离分

解为铁和氯离子。经电解，阳极工件表面上的材料不断被溶解蚀除，最终被加工成具有规定尺寸和形状的零件。

2. 工艺特点及应用范围

电解加工的生产效率极高，为电火花加工的5～10倍；电解加工可以加工形状复杂的型面（例如汽轮机叶片）或型腔（例如模具）；电解加工中工具不和工件直接接触，加工中无切削力作用，加工表面无冷作硬化，无残余应力，加工表面周边无毛刺，能获得较高的加工精度和表面质量，表面粗糙度 Ra 可达0.2～1.25 μm，工件的尺寸误差可控制在±0.1 mm范围内；电解加工中工具电极无损耗，可长期使用。

电解加工存在的主要问题是：

(1)电解液过滤、循环装置庞大，占地面积大。

(2)电解液具有腐蚀性，须对机床设备采取周密的防腐措施。

电解加工广泛应用于加工型孔、型面、型腔、炮筒膛线等，并常用于倒角和去毛刺。另外，电解加工与切削加工相结合（例如电解磨削、电解珩磨、电解研磨等），往往可以取得很好的加工效果。

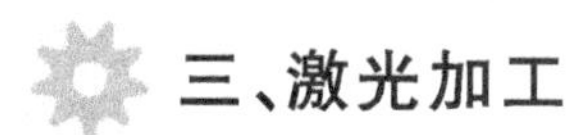

三、激光加工

1. 加工原理

激光的亮度极高，方向性极好，波长的变化范围小，可以通过光学系统把激光聚集成一个极小的光束，其能量密度可达 $10^8 \sim 10^{10}$ W/cm²（金属达到沸点所需的能量密度为 $10^5 \sim 10^6$ W/cm²）。激光照射在工件表面上，光能被加工表面吸收，并迅速转换成热能，使工件材料被瞬间熔化、汽化去除。

激光加工设备由电源、激光发生器、光学系统和机械系统等组成，如图3-7-6所示。激光发生器将电能转化为光能，产生激光束，经光学系统聚焦后照射在工件表面上；工件固定在可移动的工作台上，工作台由数控系统控制和驱动。

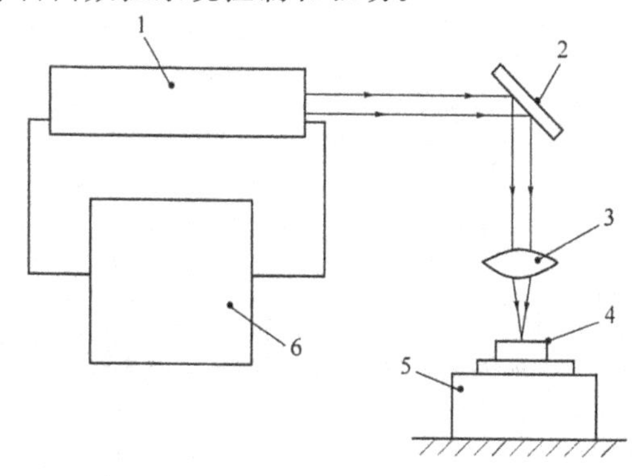

图3-7-6　激光加工原理示意图

1—激光发生器　2—反射镜　3—聚焦镜　4—工件　5—工作台　6—电源

2. 工艺特点及应用范围

激光加工是利用高能激光束进行加工的，不存在工具的磨损问题，工件也无受力变形。激光束能量密度高，可加工各种金属材料和非金属材料，例如硬质合金、陶瓷、石英、金刚石等。激光适于在硬质材料上打小孔，常用于打金刚石拉丝模、宝石轴承、发动机喷油嘴、航空发动机叶片上的小孔；除打孔外，激光还广泛用于切割、焊接和热处理。

 四、超声波加工

1. 加工原理

超声波加工是利用工具端面的超声频振动(振动频率为 19 000～25 000 Hz)，驱动工作液中的悬浮磨料撞击加工表面的加工方法，其加工原理如图 3-7-7 所示。加工时，液体(通常为水或煤油)和微细磨料混合的悬浮液被送入工件与工具之间。超声波发生器将工频交流电转变为具有一定功率输出的超声频电振荡能源，并由换能器转换成超声纵向机械振动，其振幅经变幅杆放大(为 0.05～0.1 mm)后驱动工具端面迫使悬浮液中的磨料以很大的速度撞击被加工表面，将加工区域的材料撞击成很细的微粒，由悬浮液带走；随着工具的不断进给，工具的形状便被复印在工件上。工具材料可用较软的材料制造，例如黄铜、20 钢、45 钢等。悬浮液中的磨料为氧化铝、碳化硅、碳化硼等。粗加工选用粒度为 F180～F400 的磨粒，精加工选用粒度为 F600～F1 000 的磨粒。

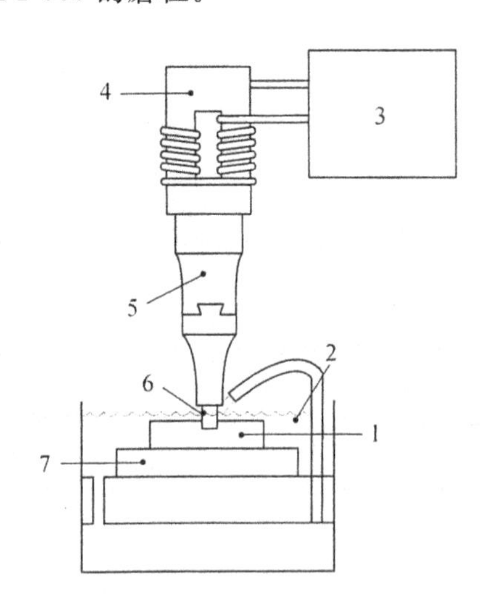

图 3-7-7　超声波加工原理示意图

1—工件　2—悬浮液　3—超声波发生器　4—换能器　5—变幅杆　6—工具　7—工作台

2. 工艺特点及应用范围

超声波加工既能加工导电材料，也能加工不导电体和半导体材料，例如玻璃、陶瓷、石英、锗、硅、玛瑙、宝石、金刚石等。超声波加工机床的结构相对简单，操作维修方便。超声波

加工存在的主要问题是生产效率相对较低。

超声波加工适于加工脆硬材料，尤其适于加工不导电的非金属硬脆材料，例如玻璃、陶瓷等。

为提高生产效率，降低工具损耗，在加工难切削材料时，常将超声振动和其他加工方法相结合进行复合加工，例如超声波切削、超声波电解加工、超声波线切割等。

思考题与习题

1. 表面发生线的形成方法有几种？
2. 试以外圆磨床为例分析机床的哪些运动是主运动，哪些运动是进给运动。
3. 机床有哪些基本组成部分？试分析其主要功用。
4. 什么是外联系传动链？什么是内联系传动链？各有何特点？
5. 试分析提高车削生产率的途径和方法。
6. 车刀有哪几种？试简述各种车刀的结构特征及应用范围。
7. 试分析外圆表面车拉削方法的工作原理和工艺特点。
8. 试分析比较中心磨和无心磨外圆的工艺特点和应用范围。
9. 试分析快速点磨法的工作原理和工艺特点。
10. 试分析比较光整加工外圆表面各种加工方法的工艺特点和应用范围，
11. 试分析比较钻头、扩孔钻和铰刀的结构特点和几何角度。
12. 用钻头钻孔，为什么钻出来的孔径一般都比钻头的直径大？
13. 镗孔有哪几种方式？各有何特点？
14. 珩磨加工为什么能获得较高的尺寸精度、形状精度和较小的表面粗糙度？
15. 拉削速度并不高，但拉削却是一种高生产率的加工方法，原因何在？
16. 什么是逆铣？什么是顺铣？试分析逆铣和顺铣、对称铣和不对称铣的工艺特征。
17. 试分析比较铣平面、刨平面、车平面的工艺特征和应用范围。
18. 数控机床有哪几个基本组成部分？各有何功用？
19. 数控机床和加工中心的主传动系统与普通机床相比有何特点？
20. 试述 JCS-018 型加工中心主轴组件的构造及其功能。
21. 试分析 JCS-018 型加工中心自动换刀装置的优缺点。
22. 滚切直齿圆柱齿轮时需要哪些基本运动？
23. 插削直齿圆柱齿轮时需要哪些基本运动？
24. 插齿时为什么需要插齿刀（或被切齿轮）做让刀运动？
25. 试分析比较滚齿、插齿的工艺特点和应用范围。
26. 为什么剃齿前齿轮预加工方法采用滚齿加工比采用插齿加工更合理？

27.试述剃齿的加工原理、工艺特点和应用范围。

28.磨齿有哪些方法？各有何特点？各应用在什么场合？

29.试述电火花加工、电解加工、激光加工和超声波加工的加工原理、工艺特征和应用范围。

30.试简述快速原形与制造技术的基本原理及适用场合。

31.试分述快速原型与制造技术中立体光刻法、分层实体制造法、激光选区烧结法、熔积法的加工原理、工艺特点和应用范围。

第四章　机械加工质量及其控制

本章将学习机械加工质量及其影响因素的主要内容。通过本章的学习，要求理解机械加工质量的概念及其影响因素，并掌握控制机械加工质量的工艺措施。

第一节　机械加工质量的基本概念

产品质量取决于零件质量和装配质量，而零件质量既与材料性能有关，也与加工过程有关。机械加工的首要任务就是保证零件的加工质量要求。零件机械加工有两大加工质量指标：一是机械加工精度，二是机械加工表面质量。

一、机械加工精度

（一）机械加工精度的基本概念

机械加工精度是指零件加工后的实际几何参数（尺寸、形状和位置）与理想几何参数相符合的程度。符合程度越高，加工精度越高；反之，加工精度越低。所谓理想几何参数，对尺寸而言是指零件尺寸的公差带中心；对形状而言是指绝对的平面、圆、圆柱面、圆锥面和螺旋面等；对表面相互位置而言是指绝对的平行、垂直、同轴和成一定的角度等。因此，零件的加工精度包含三个方面的内容：尺寸精度、形状精度和位置精度，并且这三者之间是有联系的。通常零件的形状公差应限制在位置公差之内，而位置公差又应限制在尺寸公差之内。当零件的尺寸精度要求高时，相应的位置精度、形状精度要求也高。但零件的形状精度要求高时，其位置精度和尺寸精度不一定要求高，这要根据零件具体的功能要求来确定。

生产实践表明，由于各种原因，任何一种加工方法都不可能把零件加工得绝对准确，零件加工的实际几何参数与理想几何参数总会存在一定的偏差，这个偏差就是加工误差。

按照国家标准规定，零件加工表面误差检测的具体内容有：

（1）尺寸误差。零件的直径、长度和距离等尺寸的实际值对理想值的变动量称为尺寸误差。

(2)形状误差。零件的表面或线的实际形状与理想形状的变动量称为形状误差。国家标准中规定用直线度、平面度、圆度、圆柱度、线轮廓度和面轮廓度作为检测形状误差的项目。

(3)位置误差。零件表面或线的实际位置和方向对理想位置和方向的变动量称为位置误差。国家标准中规定用平行度、垂直度、倾斜度、同轴度、对称度、位置度、圆跳动和全跳动等作为检测位置误差的项目。

(二)零件的经济加工精度

一般情况下,零件的加工精度要求越高,其加工成本越高,零件的加工成本与加工精度(用加工误差表示)之间的关系如图 4-1-1 所示。

在图 4-1-1 中,1～2 段内加工精度稍许提高一点,加工成本将会大幅度增加;3～4 段内,虽然加工精度大幅度降低,但是加工成本降低甚少;只有在 2～3 段内,加工精度才是经济合理的。某种加工方法在正常的生产条件下(采用符合质量标准的设备、工艺装备和标准技术等级的工人,不延长加工时间)所能保证的加工精度(见图 4-1-1 中的 2～3 段),称为经济加工精度。

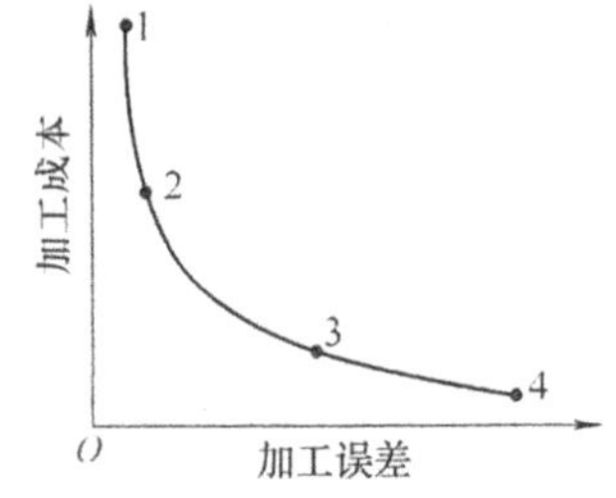

图 4-1-1　加工成本与加工误差的关系

(三)获得机械加工精度的方法

1. 获得尺寸精度的方法

(1)试切法。通过试切→测量→调整→再试切,反复进行直到零件尺寸达到要求为止,这种加工方法称为试切法。这种方法的特点是生产率低,但它不需要复杂的装置,达到的精度与操作工人技术水平、量具精度、机床调整精度等有关。试切法适用于单件小批生产,特别是新产品试制。

(2)定尺寸刀具法。用刀具的相应尺寸(如钻头、铰刀、丝锥、圆孔拉刀等)来保证工件已加工表面尺寸的方法称为定尺寸刀具法。影响尺寸精度的主要因素有刀具的尺寸精度、刀具与工件的位置精度等。这种方法的生产率较高,在刀具磨损尚未造成已加工表面超差前,能有效地保证孔的尺寸精度,可用于各种生产类型,在生产中应用较广。

(3)调整法。预先调整好刀具和工件在机床上的相对位置,并在一批零件的加工过程中保持这个位置不变,以保证工件被加工尺寸的方法称为调整法。调整法比试切法的加工精度稳定性好,并有较高的生产率。零件的加工精度主要取决于调整精度,如调整装置的精度、测量精度和机床精度等。调整法广泛应用于成批及大量生产中。

(4)自动控制法。用测量装置、进给装置和控制系统等组成自动控制加工系统,使加工

过程中的尺寸测量、刀具的补偿调整和切削加工等一系列工作自动完成，从而自动获得所要求的尺寸精度，这种加工方法称为自动控制法。例如，在内圆磨床上磨削内孔，可以通过主动测量装置在磨削过程中测量工件实际尺寸，在与期望尺寸进行比较后，发出信号，控制进给机构进行微量的补偿进给或使机床停止磨削工作。自动控制法加工质量稳定，生产率高，加工柔性好，能适应多种生产，是目前机械制造的发展方向。

2. 获得位置精度的方法

(1)一次装夹法。一次装夹法是指对有相互位置精度要求的零件各表面在同一次安装中加工出来。位置精度的高低取决于机床的运动精度。例如，车削端面与轴线的垂直度和机床中滑板运动精度有关。

(2)多次装夹法。多次装夹法是指零件在加工时，虽经多次安装，但其表面的位置精度是由加工表面与定位基准面之间的位置精度来决定的。由于工件的安装方式可分为直接找正安装、划线找正安装和夹具安装等，因此所获得的位置精度与机床精度、工件找正精度、夹具的制造和安装精度以及量具的精度有关。

二、机械加工表面质量

机械加工表面质量是指零件经机械加工后的表面状态，它是评定机械零件质量优劣的重要依据之一。机械零件失效主要由零件的磨损、腐蚀和疲劳等所致，而这些破坏都是从零件表面开始的，由此可见，零件表面质量直接影响零件的工作性能，尤其是零件的可靠性和寿命。因此，探讨和研究零件机械加工的表面质量，掌握改善表面质量的措施，对保证产品质量具有重要意义。

(一)机械加工表面质量的概念

任何机械加工所得到的零件表面，都不可能是完全光滑的理想表面，总存在一定的微观几何形状偏差，同时，表层材料的物理、力学性能也会发生变化。因此，机械加工表面质量的主要内容有：表面的几何形状特征(包括表面粗糙度和表面波纹度)；表面层物理、力学性能(包括表面层加工硬化、表面层金相组织变化和表面层残余应力等)。

1. 表面粗糙度和表面波纹度

加工表面微观几何形状误差按相邻两波峰或两波谷之间距离(即波距)的大小，区分为表面粗糙度和表面波纹度。

(1)表面粗糙度是指已加工表面波距在 1 mm 以下的微观几何形状误差，如图 4-1-2 所示，H_1 表示表面粗糙度的高度。

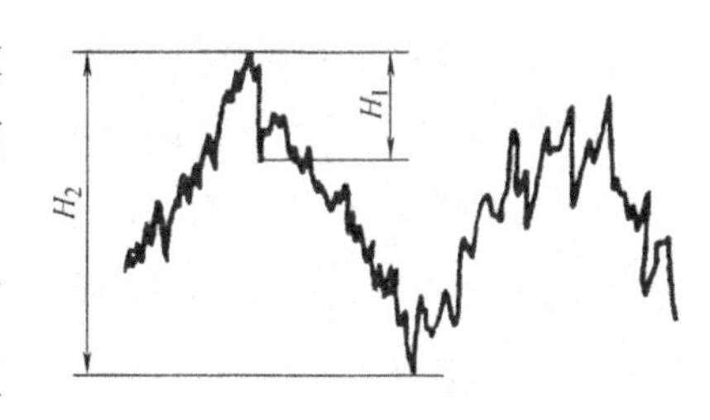

图 4-1-2　表面粗糙度与波纹度

表面粗糙度是由于加工过程中的残留面积、塑性变形、积屑瘤、鳞刺以及工艺系统的低频振动等原因造成的。鳞刺是在已加工表面产生的鳞片状毛刺。

(2)表面波纹度是指已加工表面波距在1～10 mm内的几何形状误差，是介于宏观几何形状误差(简称形状误差)与微观几何形状误差(即表面粗糙度)之间的周期性几何形状误差。图4-1-2中H_2表示表面波纹度的高度。对于波纹度，我国目前没有统一的标准，只是在某些行业有规定，如轴承行业。波纹度主要是由于加工过程中工艺系统的低频振动造成的。

2. 表面层的物理、力学性能

机械加工过程中，在切削力和切削热的作用下，已加工表面的表层会产生较大的塑性变形，表面层的物理、力学、化学性能与内部组织相比较，发生了下述几方面的变化：

(1)提高了表面层的硬度，产生了加工硬化(冷作硬化)。

(2)在表面层和深层之间有残余压应力或拉应力。

(3)表面层的金相组织也发生了变化。

(二)机械加工表面质量对零件使用性能的影响

1. 对零件耐磨性的影响

零件的耐磨性主要与摩擦副的材料、热处理状态、表面质量和使用条件有关。

(1)表面粗糙度对耐磨性的影响。两个相对运动的零件表面接触时，实际上只是两个表面的凸峰顶部接触，而且一个表面的凸峰可能伸入另一表面的凹谷中，形成犬牙交错状态。当零件受到正压力时，两表面的实际接触部分会产生很大的压强。两表面相对运动时，实际接触的凸峰处会发生弹性变形、塑性变形及剪切等现象，并产生摩擦阻力，引起表面的磨损。零件表面越粗糙，实际接触面积就越小，压强就越大，相对运动时的摩擦阻力相应增大，磨损也就越严重。但也不是零件表面粗糙度值越小，耐磨性就越好。表面粗糙度值过小，不利于润滑油的贮存，易使接触表面间形成半干摩擦甚至干摩擦，表面粗糙度值太小还会增加零件接触表面之间的吸附力等，这都会使摩擦阻力增加，并加速磨损。在一定的工作条件下，一对摩擦表面通常有一个最佳表面粗糙度的配对关系。

表面粗糙度的轮廓形状及加工纹路方向也对零件表面的擦伤磨损有影响，这是因为它们能影响接触表面的实际接触面积和润滑油的存留情况。

(2)加工硬化对耐磨性的影响。一定程度的加工硬化能减少摩擦副表面接触部位的弹性变形和塑性变形，使表面的耐磨性有所提高；但表面硬化过度时，会引起表面层金属脆性增大，磨损会加剧，甚至产生微裂纹、表面层剥落，耐磨性反而下降。所以，加工硬化应控制在一定的范围内。

2. 对零件配合质量的影响

对于间隙配合的零件表面，其表面粗糙度值越大，相对运动时的磨损越大，这会使配合间隙迅速增加，从而改变原有的配合性质，影响间隙配合的稳定性。

对于过盈配合的零件表面，在将轴压入孔内时，配合表面的部分凸峰会被挤平，使实际过盈量减小。表面粗糙度值越大，过盈量减小越多，这将影响过盈配合的可靠性。

因此，有配合要求的表面一般都要求较小的表面粗糙度值。

3. 对零件疲劳强度的影响

(1)表面粗糙度对疲劳强度的影响。在交变载荷作用下，零件表面微观不平的凹谷处容易产生应力集中，当应力超过材料的疲劳极限时，就会产生疲劳裂纹，造成疲劳破坏。实验表明，对于承受交变载荷的零件，降低其容易产生应力集中的部位(如圆角、沟槽处)的表面粗糙度值，可以明显提高零件的疲劳强度。

(2)加工硬化对疲劳强度的影响。零件表面层一定程度的加工硬化可以阻碍疲劳裂纹的产生和已有裂纹的扩展，因而可以提高零件的疲劳强度，但加工硬化程度过高时，会使表面层的塑性降低，反而容易产生微裂纹而降低零件的疲劳强度。因此，零件的硬化程度应控制在一定的范围之内。

(3)表面层的残余压力对疲劳强度的影响。表面层的残余压力对疲劳强度有较大的影响。残余压应力可以抵消部分工作载荷引起的拉应力，延缓疲劳裂纹的产生和扩展，因而提高了零件的疲劳强度；残余拉应力则容易使已加工表面产生微裂纹而降低疲劳强度。实验表明，零件表面层的残余应力不相同时，其疲劳强度可能相差数倍至数十倍。工作中，为了提高零件的疲劳强度，常采用挤压(熨平)加工等方法，使零件表面形成残余压应力。

(4)对零件耐蚀性的影响。零件的耐蚀性在很大程度上取决于表面粗糙度。当零件在有腐蚀性介质的环境中工作时，腐蚀性介质容易吸附和积聚在粗糙表面的凹谷处，并通过微裂纹向内渗透。表面越粗糙，凹谷越深、越尖锐，尤其是当表面有微裂纹时，腐蚀作用就越强烈。因此，降低已加工表面的表面粗糙度值，控制加工硬化和残余应力，可以提高零件的耐蚀性。

第二节　影响机械加工误差的主要因素

在工艺系统中，工件安装在夹具上具有定位误差；夹具安装在机床上又有安装误差；因对刀(导向)元件的位置不准确，还会产生对刀误差；机床精度、刀具精度、工艺系统弹性变形和热变形，以及残余应力等原因又将引起加工过程的过程误差。

一、机床误差

机床由许多零部件组成，这些零部件在制造时会有一定的加工误差，如床身导轨的直线度误差、主轴轴颈的圆度误差、丝杠的螺距误差等。除此以外，机床部件在安装时，还存在着安装误差，如主轴轴线与床身导轨平行度误差，各向导轨的定向误差等。显然，机床的这些误差都会影响工件的加工精度，现以 CA6140 型卧式车床为例，择要说明如下。

（一）车床导轨直线度误差对加工精度的影响

如果车床导轨在水平面内有直线度误差 Δy，如图 4-2-1 所示，车外圆时在工件上产生半径误差 ΔR，即 $\Delta R=\Delta y$。

此外，若沿轴向的误差不等，还将引起工件的圆柱度误差。例如，当 $\Delta y=0.3$ mm 时，其圆柱度误差为 0.6 mm。

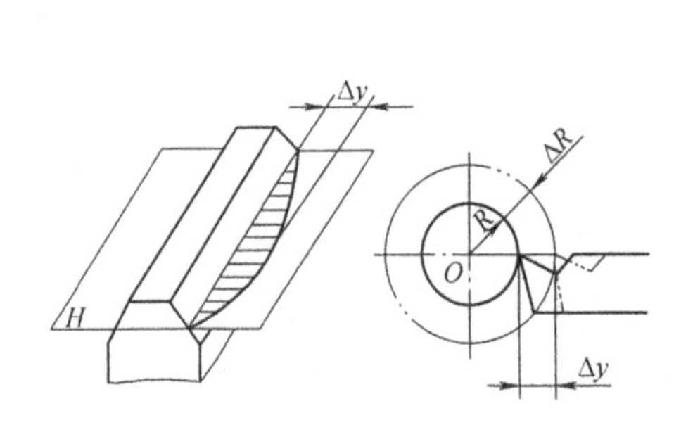

图 4-2-1　车床导轨在水平面内的直线度误差对加工精度的影响

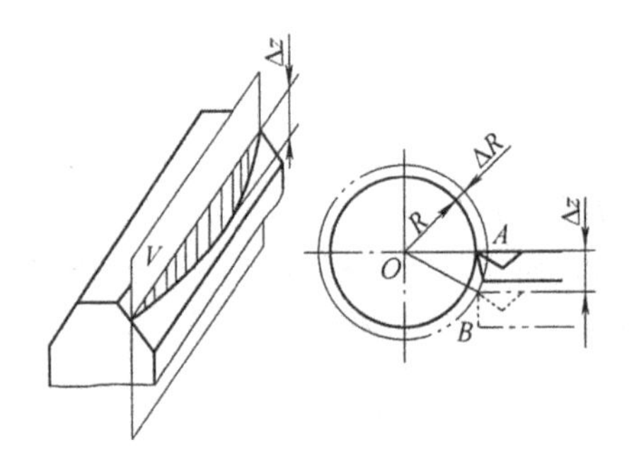

图 4-2-2　车床导轨在垂直面内的直线度误差对加工精度的影响

如果车床导轨在垂直面内有直线度误差 Δz，如图 4-2-2 所示，车外圆时，则刀尖将由 A 点移到 B 点，即下移 Δz，由此引起工件半径误差 ΔR。由直角△OAB 得

$$\left(\frac{d}{2}+\Delta R\right)^2=\left(\frac{d}{2}\right)^2+\Delta z^2$$

则有

$$d\Delta R+\Delta R^2=\Delta z^2$$

略去 ΔR^2，得

$$\Delta R=\frac{\Delta z^2}{d}$$

由于 Δz 很小，所以 Δz^2 更小，故这项加工误差很小。例如，当 $d=100$ mm，$\Delta z=0.3$ mm时，则 $\Delta R=0.000\ 9$ mm。

由此可见，车床导轨在垂直面内的直线度误差对工件尺寸精度的影响不大，而在水平面内的直线度误差对工件尺寸精度的影响甚大，因此不能忽视。又如平面磨削时，导轨在垂直面内的直线度误差将引起工件相对于砂轮的法向位移，其误差将 1∶1 地反映到工件上，从

而造成工件较大的形状及位置误差。

从以上分析可知,如果机床误差所引起的刀具与工件之间的相对位移产生在加工表面的法向方向,则其对加工精度影响较大;若这种相对位移产生在加工表面的切向方向,则影响甚小,可忽略不计。一般将对加工精度影响大的方向,称为“误差敏感方向”。

(二)车床主轴轴线与导轨的平行度误差对加工精度的影响

车床主轴轴线与导轨在水平面内的平行度误差会导致工件加工成锥体。若平行度误差在长度 L 上为 a,则被加工表面的锥度为($2a/L$)。例如,当主轴轴线与导轨在水平面内平行度误差为 300 mm 长度上等于 0.03 mm 时,如加工一个长度 L=50 mm 的零件,产生的直径误差为 0.01 mm。

如果主轴轴线与导轨在垂直面内不平行,则工件表面被加工成双曲面。

(三)机床主轴回转误差对加工精度的影响

1. 主轴回转精度直接影响工件的圆度、圆柱度和端面对轴线的垂直度等多项精度

在理想情况下,主轴回转中心线在空间的位置是不变的。但实际上,由于包括轴承在内的主轴系统的制造误差和装配误差,以及机床在受力和受热后的变形,使主轴回转中心线产生了飘移,形成了主轴回转误差。主轴回转误差表现在以下几方面(图 4-2-3)。

(1)径向圆跳动。又称径向飘移,是指主轴瞬时回转中心线相对平均回转中心线所做的公转运动。如图 4-2-3(a)所示,主轴径向圆跳动误差为 Δr,车外圆时,该误差影响工件圆柱面的形状精度,如圆度误差。

(2)轴向窜动。又称轴向飘移,是指主轴瞬时回转中心线相对于平均回转中心线在轴线方向上的周期性移动。如图 4-2-3(b)所示,主轴轴向窜动 ΔX 不影响加工圆柱面的形状精度,但会影响端面与内、外圆的垂直精度。加工螺纹时,主轴的轴向窜动使螺纹导程产生周期性误差。

(3)角度摆动。又称角度飘移,是指主轴瞬时回转中心线相对于平均回转中心线在角度方向上的周期性偏移。如图 4-2-3(c)所示,主轴角度摆动误差 $\Delta\alpha$ 主要影响工件的形状精度,车削外圆时产生锥度

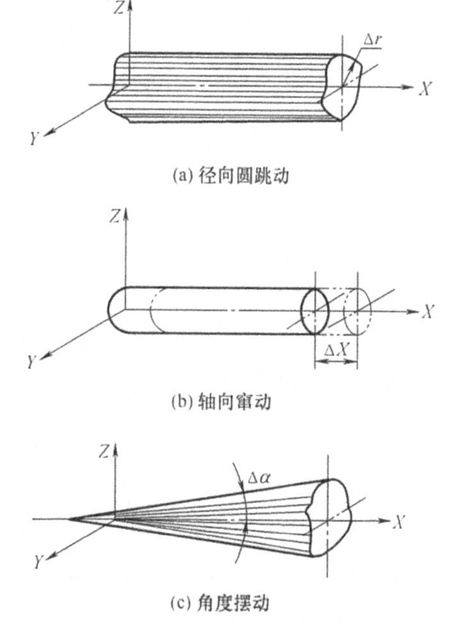

图 4-2-3　主轴回转精度的基本形式

误差。

在实际工作中，主轴回转中心线的误差是上述三种基本形式的合成，所以它既影响工件圆柱面的形状精度，也影响端面的形状精度，同时还影响端面与内、外圆的位置精度。

2. 影响主轴回转精度的主要因素

主轴是在前、后轴承的支承下回转的，因此，主轴回转精度主要受主轴支承轴颈、轴承及支承轴承孔精度的影响。

对于滑动轴承主轴，影响主轴回转精度的直接因素是主轴轴颈的圆度误差、轴瓦内孔圆度误差及配合间隙。例如，采用滑动轴承的磨床主轴，由于背向力使主轴的轴颈始终压紧在轴承表面的一定部位上[图 4-2-4(a)]，因此主轴轴颈的圆度误差就会反映到工件上去。因此，采用滑动轴承的主轴轴颈的圆度公差一般都定得很高，对于普通精度的机床，此值为 3～5 μm。但轴承孔的圆度误差对加工精度却没有影响。相反，对于镗床，由于主轴带着镗刀杆和镗刀一起旋转，背向力的方向时刻都在改变，因而主轴的轴颈始终以其某一母线紧压着轴承表面的不同部位[图 4-2-4(b)]，这时滑动轴承内孔的圆度误差将反映到工件上，而主轴轴颈的圆度误差对工件的精度没有影响。

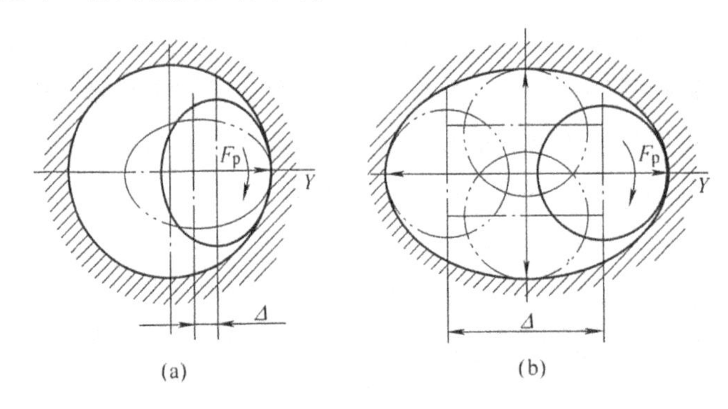

图 4-2-4　轴颈和轴承孔圆度误差引起的径向跳动

对于采用滚动轴承的主轴，如图 4-2-5 所示，轴承内外圈滚道的圆度误差和滚动体的圆度及尺寸误差对主轴回转精度影响较大。主轴的回转精度不仅与轴承本身的精度有关，与其相配合零件的精度和装配质量等也有密切关系。

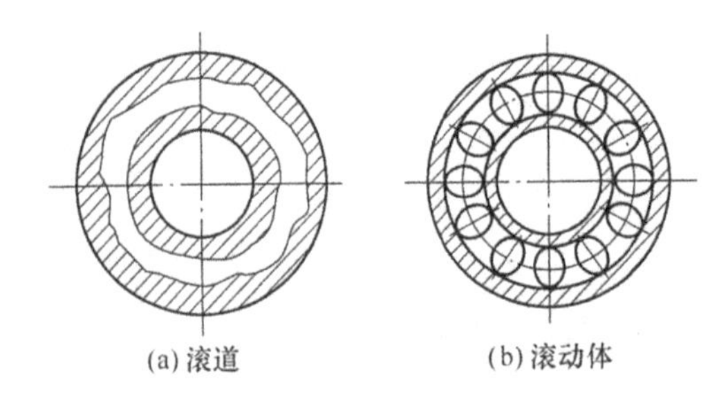

图 4-2-5　采用滚动轴承时影响主轴回转精度的因素

二、刀具误差

刀具误差包括制造和磨损两方面的误差。

1. 刀具制造误差

刀具制造误差对加工精度的影响主要与刀具的种类有关。一般刀具如外圆车刀、面铣刀等的制造误差对加工精度影响很小，但定尺寸刀具如钻头、圆孔拉刀、三面刃铣刀等的制造误差对加工精度的影响极大。这是因为，用定尺寸刀具加工时，刀具的尺寸直接决定着工件的加工尺寸。

2. 刀具磨损误差

在精加工过程中，刀具的磨损所引起的加工误差不可忽视。如图 4-2-6 所示，刀具的径向磨损量(也称为尺寸磨损)NB 不仅影响工件的尺寸精度，而且还影响工件的形状精度。例如，在车床上车削长轴或镗削深孔时，随着刀具的逐渐磨损，就可能在工件上出现锥度；用成形刀具加工时，刀具各切削刃不一致的径向磨损会使工件的轮廓发生变化。

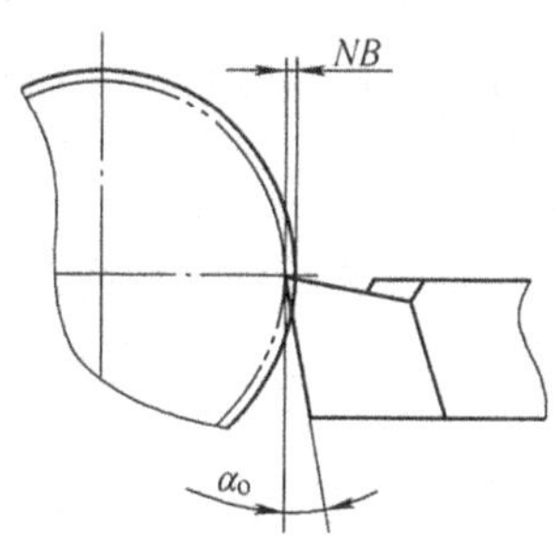

图 4-2-6　刀具的径向磨损对加工精度的影响

三、工艺系统的弹性变形

(一)工艺系统刚度的概念

由机床、夹具、工件和刀具所组成的工艺系统在外力作用下(主要为切削力，其次为夹紧力、传动力、离心力等)会产生弹性变形，这种弹性变形包括系统各组成环节本身的弹性变形和各环节配合(或接合)处的接触变形，其变形量的大小除取决于外力的大小外，还取决于工艺系统抵抗变形的能力。在机械加工中，把工艺系统抵抗外力变形的能力称为工艺系统的刚度。

如果引起工艺系统弹性变形的作用力是静态力，则由此力和变形关系所决定的刚度称为静刚度。如果作用力是随时间变化的交变力，则由该力和变形关系所确定的刚度称为动刚度。本节只研究静刚度。

应当指出，切削过程中，工艺系统受力和变形是多方向的，从影响加工精度的观点出发，这里只讨论对加工精度影响最大的方向，即加工表面法线方向上的受力和变形问题。所以，工艺系统的刚度定义为：在切削分力 F_f、F_p、F_c 的综合作用下，沿加工表面法线方向上的切削分力——背向力 F_p与切削刃在此方向上相对于工件的弹性变形 Y 之比值，即

$$J_s = \frac{F_p}{Y} \tag{4-1}$$

式中：J_s——工艺系统刚度，N/mm；

F_p——背向力，N；

Y ——在切削分力 F_f、F_p、F_c 综合作用下工艺系统的弹性变形，mm。

刚度不仅对加工精度有影响，而且与振动现象密切有关。因此，提高工艺系统刚度是防止切削过程中发生振动的主要措施，而一旦发生振动，就会极严重地恶化工件的加工精度和表面质量，还会限制加工的生产率。

工艺系统在切削力作用下，机床的有关部件、夹具、刀具和工件都有不同程度的变形，使刀具和工件在法线方向的相对位置发生变化，产生加工误差。工艺系统在受力情况下，在某一处的法向总变形 Y_{xt} 是各个组成部分在同一处的法向变形的叠加，即

$$Y_{xt}=Y_{jc}+Y_{dj}+Y_{jj}+Y_{gj}$$

而工艺系统各组成部分的刚度为

$$J_{xt}=\frac{F_p}{Y_{xt}},J_{jc}=\frac{F_p}{Y_{jc}},J_{dj}=\frac{F_p}{Y_{dj}},J_{jj}=\frac{F_p}{Y_{jj}},J_{gj}=\frac{F_p}{Y_{gj}}$$

式中：Y_{xt}——工艺系统总变形量，mm；

J_{xt}——工艺系统总刚度，N/mm；

Y_{jc}——机床变形量，mm；

J_{jc}——机床的刚度，N/mm；

Y_{dj}——刀架变形量，mm；

J_{dj}——刀架的刚度，N/mm；

Y_{jj}——夹具的变形量，mm；

J_{jj}——夹具的刚度，N/mm；

Y_{gj}——工件的变形量，mm；

J_{gj}——工件的刚度，N/mm。

所以工艺系统刚度的一般计算式为

$$J_{xt}=\frac{1}{\frac{1}{J_{jc}}+\frac{1}{J_{dj}}+\frac{1}{J_{jj}}+\frac{1}{J_{gj}}} \tag{4-2}$$

由式(4-2)可知，若已知工艺系统各个组成部分的刚度，即可求出系统刚度。

(二)机床刚度及其对加工精度的影响

1. 机床部件刚度的测定

在工艺系统中，刀具和工件一般是简单构件，其刚度可直接用材料力学的知识近似地分析计算；而机床和夹具结构较复杂，是由许多零部件装配而成，故其受力和变形关系较复杂，尤其是机床结构，其零部件之间有许多联接和相对运动，刚度很难计算。通常，机床刚度主

要通过实验方法来测定。

(1)单向静载测定法。单向静载测定法是在机床处于静止状态下，模拟切削过程中的主要切削力，对机床部件施加静载荷并测定其变形量，通过计算求出机床的静刚度。

如图 4-2-7 所示，在车床顶尖间装一根刚性很好的短轴 1，在刀架上装一个螺旋加力器 5，在心轴与加力器之间安放传感器 4，当转动加力器中的螺钉时，刀架与心轴之间便产生了作用力，所加力的大小可由数字测力仪读出。作用力一方面传到车床刀架上，另一方面经过心轴传到前、后顶尖上。若加力器位于轴的中点，作用力为 F_p，则头架和尾座各受 $F_p/2$，而刀架受到的总作用力为 F_p。头架、尾座和刀架的变形可分别从百分表 2、3、6 读出。实验时，可连续加载到某一最大值，然后再逐渐减小。

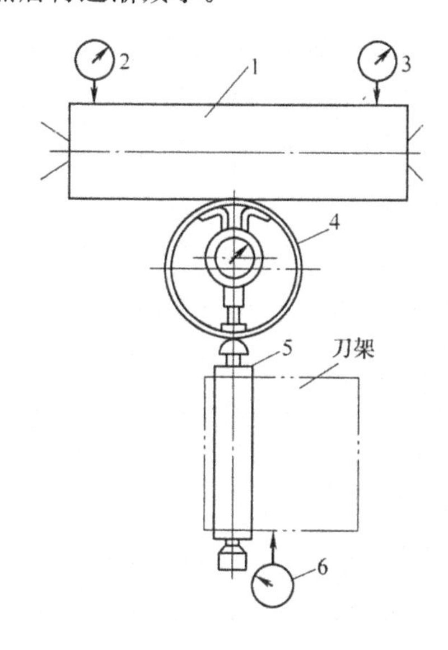

图 4-2-7　单向静载测定法

1—短轴　2、3、6—百分表　4—传感器　5—螺旋加力器

单向静载测定法简单易行，但与机床加工时的受力状况出入较大，故一般只用来比较机床部件刚度的高低。

(2)三向静载测定法。三向静载测定法进一步模拟实际车削分力 F_f、F_p、F_c 的比值，从 X、Y 及 Z 三个方向加载，这样测定的刚度比较接近实际。

用静载测定法测定机床刚度，只是近似地模拟切削时的切削力，与实际加工条件不完全一样。为此也可采用工作状态测定法，即在切削条件下测定机床刚度，这样较为符合实际情况。

2. 机床部件刚度的近似计算

如图 4-2-8 所示，在车床前后两顶尖间加工一根短轴(假设轴很粗，其变形可忽略不计)，若通过实验测得该车床头架部件的刚度 J_t、尾座部件的刚度 J_w 以及刀具部件的刚度 J_d，可

用下式近似地计算机床刚度，即

$$J_j=\frac{F_p}{y_j}=\frac{1}{\frac{1}{J_t}\left(\frac{L-X}{L}\right)^2+\frac{1}{J_w}\left(\frac{X}{L}\right)^2+\frac{1}{J_d}} \tag{4-3}$$

由式(4-3)可知，机床的刚度不是一个常值，是车刀所处位置 X 的函数。受此影响，即使工艺系统所受的力为恒值，沿着工件轴线方向，机床的变形也是变化的。因此，工件将产生形状误差，被加工成马鞍形。

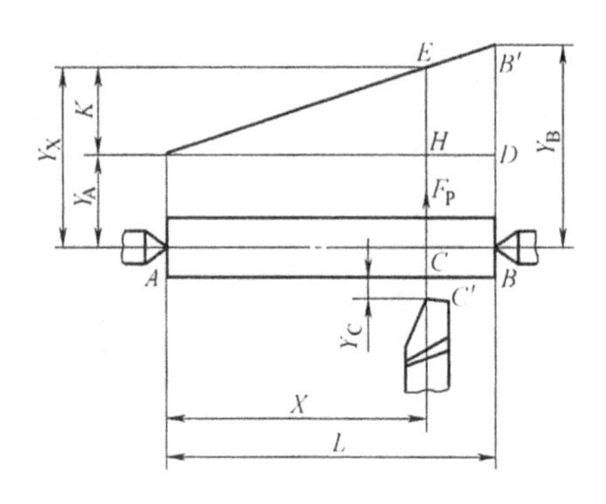

图 4-2-8　机床刚度的计算

3. 工件刚度及其对加工精度的影响

工件的刚度可近似地用材料力学中的公式计算，这时假定机床及刀具不产生变形。现以车床上常见的加工情况为例进行说明。

(1)工件装夹在两顶尖之间加工。这种装夹方式近似于一根梁自由支承在两个支点上，在背向力 F_p 的作用下，若工件是光轴，最大挠曲发生在中间位置，此处的弹性变形量为

$$Y_{gj}=\frac{F_p l^3}{48EI}$$

圆钢工件的刚度为

$$J_{gj}=\frac{F_p}{Y_{gj}}=\frac{48EI}{l^3} \tag{4-4}$$

式中：l——工件轴长，mm；

E——工件材料的弹性模量，N/mm^2，对于钢材，$E\approx2\times10^5 N/mm^2$；

I——工件轴截面的惯性矩，mm^4，且 $I=\frac{\pi d^4}{64}$；

d——工件轴直径，mm。

受工件刚度的影响，在刀具的整个工作行程中，车刀所切下的切削层厚度不相等，在工件中点处，即挠曲最大的地方最薄，而两端切削层厚度最厚，零件的加工后的形状如图 4-2-9所示。

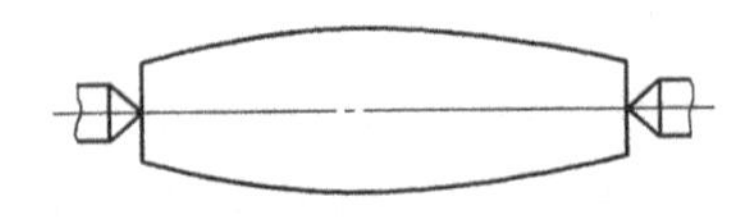

图 4-2-9　在车床两顶尖间加工

(2)工件装夹在卡盘上加工。这种装夹方式近似悬臂梁,若工件是光轴,则最大挠曲发生在背向力 F_p 作用于工件末端处,此时有

$$Y_{gj}=\frac{F_p l^3}{3EI}$$

$$J_{gj}=\frac{F_p}{Y_{gj}}=\frac{3EI}{l^3} \tag{4-5}$$

零件加工后的形状如图 4-2-10 所示。所以这种装夹方式一般用于长径比不大的工件。

(3)工件装夹在卡盘上并用后顶尖支承加工。这种装夹方式属静不定系统,若工件是光轴,加工后的形状如图 4-2-11 所示。

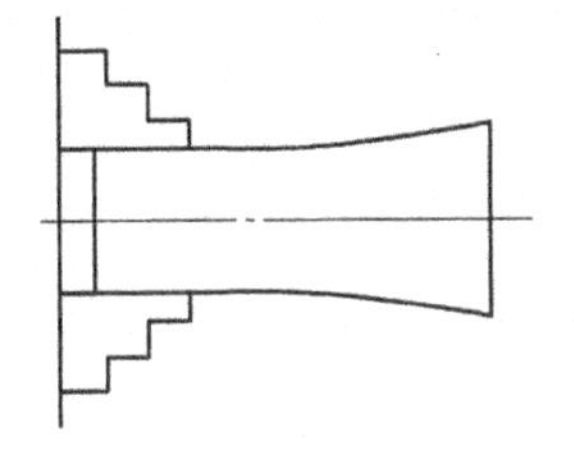

图 4-2-10　在车床卡盘上加工

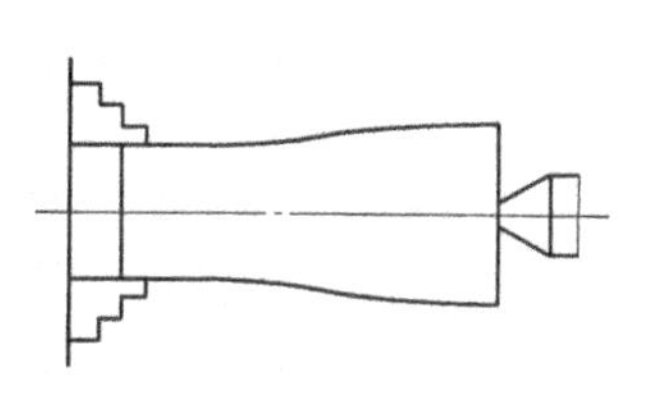

图 4-2-11　工件前端夹在卡盘上并用后顶尖支承加工

对于各种装夹方式,工件的刚度都与工件的长度有关,因此工件的刚度在全长上是一个变量。加工细长轴(如凸轮轴、曲轴)时,常采用中心架(或其他形式的中间支承)以来增加工件的刚度,减小工件的挠曲变形。

若工件结构刚性很差(如薄壁套筒、圆环),当它被紧固在夹具中,在夹紧力的作用下也会发生弹性变形,这对加工精度的影响甚大。图 4-2-12 所示为用自定心卡盘夹紧薄壁套筒所产生的加工误差。图 4-2-12(a)所示为薄壁套筒夹紧后的形状;图 4-2-12(b)所示为将内孔加工完毕后的形状;图 4-2-12(c)所示为卸下工件并弹性恢复后的工件形状,这时孔已产生形状误差。因此,加工薄壁零件时,夹紧力应能在工件圆周上均匀分布,如采用液性塑料夹具等以减少工件的夹紧变形。

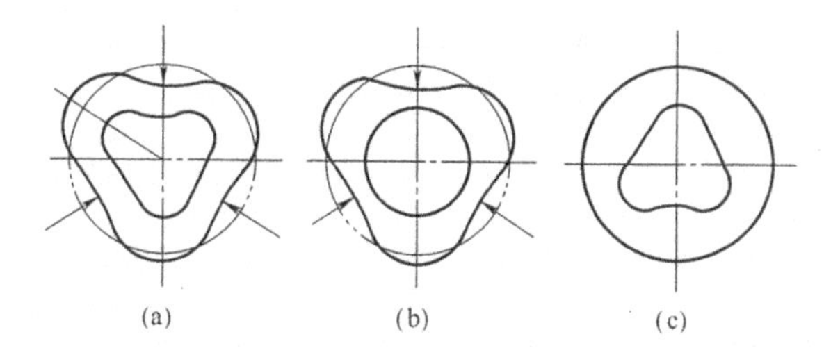

图 4-2-12　用自定心卡盘夹紧薄壁套筒零件所产生的加工误差

4. 刀具刚度及其对加工精度的影响

刀具的刚度也可用材料力学的有关公式近似地计算得到。例如，图 4-2-13(a)中的镗刀杆刚度可按悬臂梁近似计算；图 4-2-13(b)中的镗刀杆刚度则可按一端夹紧、另一端支承的静不定梁近似计算。

图 4-2-13(a)中，镗刀杆悬伸长度不变，刀尖因镗刀杆变形而产生的位移在孔的全长上是相等的，因此孔轴向剖面的直径一致，孔与主轴同轴，但由于主轴的刚度在各个方向不相等，所以孔的横截面形状有圆度误差。图 4-2-13(b)中，进给运动是由镗刀杆移动来实现的，加工过程中，镗刀杆上镗刀主切削刃距主轴端面的距离逐渐增加，镗刀受镗刀杆和主轴弹性变形的综合影响，被加工孔的横截面不圆，而且沿孔全长上各个横截面的圆度误差也不一致。

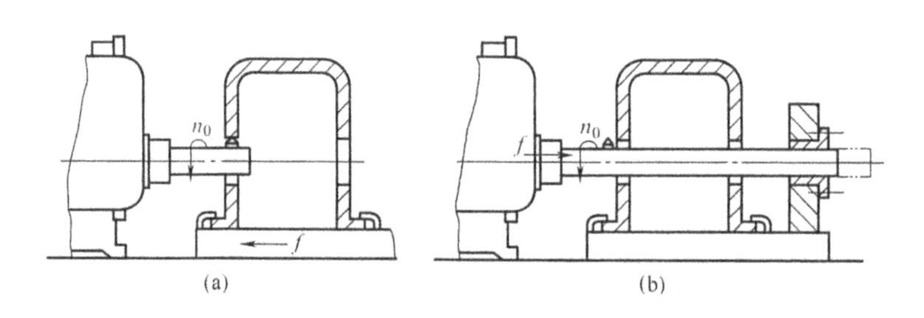

图 4-2-13　在不同镗孔方式下加工误差的分析

提高刀具刚度的工艺措施有：

(1)装铣刀杆时施以较大的拉力，使其与主轴锥孔紧密配合，提高刀杆刚度。

(2)钻孔时普遍采用钻套，以提高钻头的刚度。

(3)镗床上常采用后导向支承或专用镗模来提高镗刀杆的刚度。

 四、工艺系统的热变形

机械加工过程中会产生各种热量，致使工艺系统温度升高而产生热变形。热变形对精密加工影响比较大。例如，在精密加工中，通常热变形所引起的加工误差会达到加工总误差的 40%～70%。工艺系统的热变形不仅严重影响加工精度，而且还影响生产率的提高。

(一)工艺系统的热源

(1)切削热。切削热是被加工材料塑性变形以及刀具前、后面摩擦功转化的热量，它主要对工件和刀具有较大的影响，若切屑堆积在机床内，还会引起机床的热变形。

（2）摩擦热和传动热。摩擦热和传动热是机床运动零件的摩擦（齿轮、轴承、导轨等）转变的热量，以及液压传动（液压泵、液压缸等）和电动机的温升等产生的热量。这类热源对机床影响较大。

（3）周围环境的外界热源，如阳光。

（二）工艺系统热变形对加工精度的影响

在各种精密加工中，热变形的影响特别突出，因为在这种场合下，切削力一般都比较小，工艺系统刚度不足所引起的加工误差也比较小，而热变形引起的误差就相对变大了。

1. 机床热变形对加工精度的影响

金属切削机床因受热产生热变形，不仅会破坏机床的几何精度，还会影响机床各成形运动的位置关系，从而降低加工精度，其影响效果视机床结构而异。

（1）车床类机床。如图 4-2-14 所示，车床类如车床、铣床、钻床、镗床等机床工作时，热源主要由主轴箱中的轴承和齿轮在运转中的摩擦所引起。由于主轴箱受热变形，主轴位置升高并倾斜，在水平方向也产生位移，其中影响加工精度较大的是水平方向上的位移。

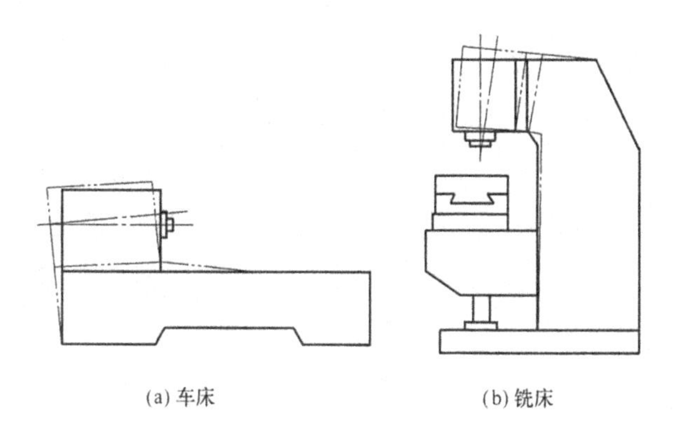

(a) 车床　　(b) 铣床

图 4-2-14　车床类机床的热变形趋势

（2）磨床类机床。磨床类机床工作时，由于液压系统和电动机等布局不够合理，在传动中所产生的热量常使机床各部分结构受热不均匀。如图 4-2-15 所示，外圆磨床因床身壁板 1 和 2 受热不均匀而使工作台偏转，工件从实线位置移到细双点划线位置。床身壁板受热不均匀的原因来自液压系统的输油管路和输送切削液的液压泵，以及位于床身右方的油箱 3 和切削液箱 4。比壁板 1 更靠近热源的壁板 2 还要受热气流的影响，因此壁板 2 受热伸长较大。为此，有些机床将油箱、切削液箱和电动机等置于床身之外，以减小温升。

如图 4-2-16 所示，由于砂轮箱电动机的热作用，磨床立柱前壁的温度较立柱其他部位高

(温差可达 10℃),导致立柱热变形,如细双点画线所示,使砂轮端面与工作台面不平行,从而影响加工精度。为此,可用一根金属软管把热空气从砂轮箱中引到立柱后壁,使前、后壁温度均匀,减小热变形。

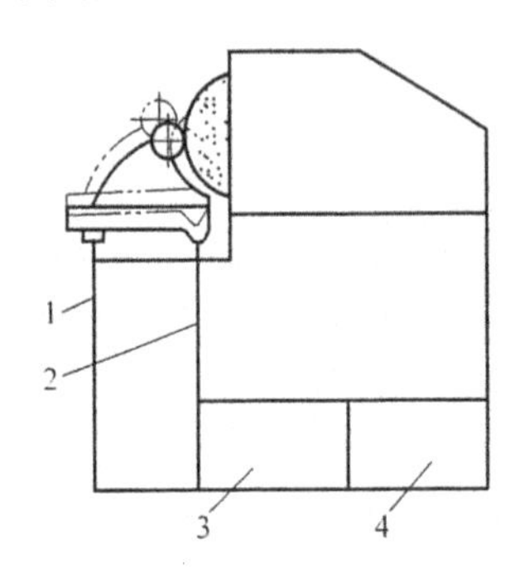

图 4-2-15　外圆磨床因床身壁板受热不均匀而使工作台产生偏转

1、2—床身壁板　3—油箱　4—切削液箱

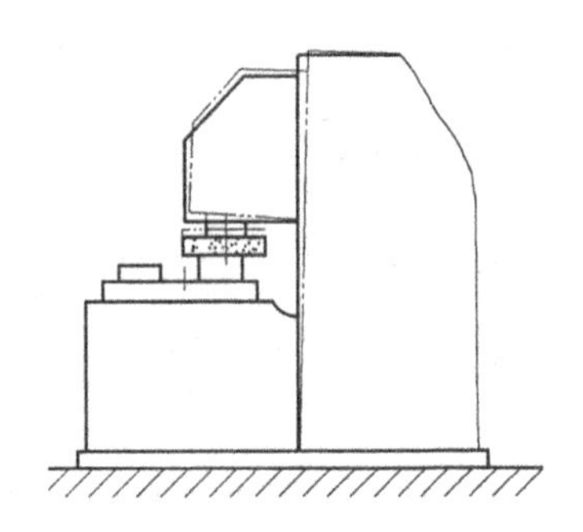

图 4-2-16　磨床立柱的热变形

2. 工件热变形对加工精度的影响

工件热变形的热源主要是切削热。加工时,来自切削区域的热源使工件温度升高,从而产生热变形,影响加工精度。对于精密零件或薄壁零件,加工环境的温度和辐射热也不容忽视,精密加工时必须控制车间温度。

工件热变形对加工精度的影响表现为两个方面:一方面,若是工件受热膨胀均匀,则引起工件尺寸大小的变化;另一方面,若工件受热膨胀不均匀,则引起工件形状的变化。

车削或磨削轴类工件的外圆时,可以认为切削热是比较均匀地传入工件的,其温度沿工件轴向和圆周都比较一致。因此,切削热主要引起工件尺寸的变化,其直径上的热膨胀 ΔD 和长度上的热伸长 ΔL 可由下式来计算,即

直径上的热膨胀　$$\Delta D=\alpha\Delta T_{p}D \tag{4-6}$$

长度上的热伸长　$$\Delta L=\alpha\Delta T_{p}L \tag{4-7}$$

式中:D、L ——工件的直径和长度,mm;

ΔT_{p} ——工件在加工前后的平均温度差,℃;

α ——工件材料的线胀系数,1/℃。

在加工长的精密工件时,热变形对加工精度的影响是非常显著的。例如磨削长为 3 000 mm的碳钢或合金钢丝杠,每磨一次其温度升高 3℃,则丝杠的伸长量为

$$\Delta L=\alpha\Delta T_{p}L=1.17\times10^{-5}℃^{-1}\times3℃\times3000\ \text{mm}=0.1053\ \text{mm}$$

而 6 级丝杠的螺距误差在全长上不允许超过 0.02 mm,由此可见热变形影响的严重性。

对于铣、刨、磨等平面加工,工件是单面受热,属于不均匀受热,如图 4-2-17(a)所示。在

平面磨床上磨削薄片板状零件时，上、下表面间形成温差，上表面温度高，线胀系数大，使工件中部向上凸起，凸起的地方在加工中被磨去，如图 4-2-17(b)所示；冷却后工件恢复原状，被磨去的地方出现下凹，如图 4-2-17(c)所示，加工后工件表面产生平面度误差 ΔH，且工件越长，厚度越小，形状误差越大。

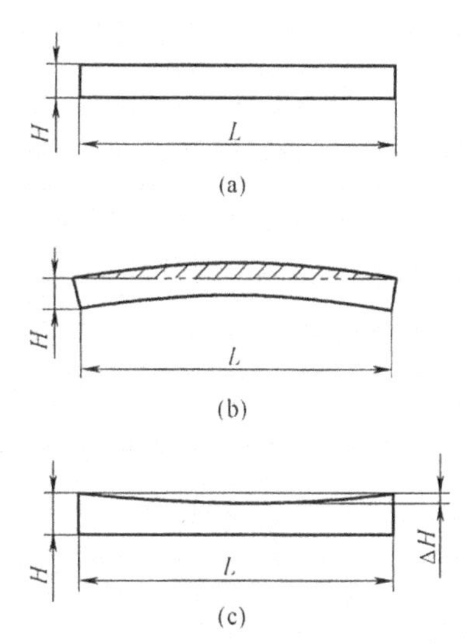

图 4-2-17　工件单面受热的加工误差

3. 刀具热变形对加工精度的影响

刀具的热变形主要是由切削热引起的，传给刀具的热量虽不多，但由于刀具体积小、热容量小且热量又集中在切削部位，因此切削部位仍会产生很高的温升。例如高速钢刀具车削时刃部的温度可高达 700～800℃，刀具的热伸长量可达 0.03～0.05 mm。由于切削热引起的刀具热伸长一般发生在被加工工件的误差敏感方向，因此其热变形对加工精度的影响是不可忽视的。例如，在车床上加工长轴，刀具连续工作时间长，随着切削时间的增加，刀具受热伸长，使工件产生圆柱度误差。又如在立式车床上加工大端面，由于加工过程中刀具受热伸长，使工件产生平面度误差。

图 4-2-18 所示为车削时车刀的热伸长量与切削时间的关系。连续车削时，车刀的热变形情况如曲线 A 所示，经过 10～20 min 即可达到热平衡，此时车刀的热变形影响很小；当停止车削后，刀具冷却变形过程如曲线 B 所示；断续车削时，变形曲线如曲线 C 所示。因此，在开始切削阶段，其热变形显著；达到热平衡后，对加工精度的影响则不明显。

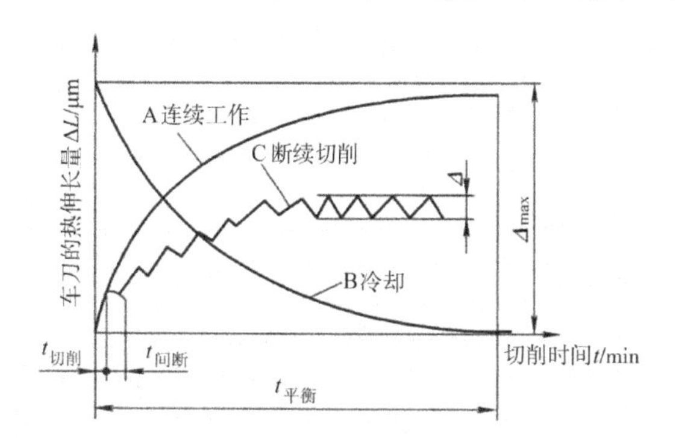

图 4-2-18　车削时车刀的热伸长量与切削时间的关系

(三)减小工艺系统热变形的措施

为了减小热变形对加工精度的影响，首先应从工艺装备的结构方面采取措施。例如，注意机床结构的热对称性，合理安排支承的位置，将热变形控制在不降低精度的方向上，外移热源和隔热等。下面介绍从工艺方面减少热变形的途径。

(1)加快热平衡。当工艺系统在单位时间内吸收的热与其散发出的热量相等时,工艺系统达到热平衡,此时工艺系统的热变形趋于稳定。所以加速达到热平衡状态,有利于控制工艺系统热变形。一般有两种方法:一种方法是在加工之前,使机床高速空运转一段时间,进行预热;另一种方法是在机床的适当部位人为地设置"控制热源"。

(2)加强冷却。切削加工时,在切削区施加充分的切削液,可减少传人工件和刀具的热量,从而减小工件和刀具的热变形。对机床发热部位采取强制冷却,控制机床的温升和热变形。例如,加工中心内部有较大热源,可采用冷冻机冷却润滑液或采用循环冷却水环绕主轴部件的内腔,以控制发热和变形。

(3)控制环境温度。精密加工安排在恒温车间内进行。对于精密加工、精密计量和精密装配来说,恒温条件是必不可少的。恒温的精度应严格控制在一定范围内,一般为±1℃,精密级为±0.5℃,超精密级为±0.01℃。实验研究表明,生产环境的温度波动是影响精密加工和精密机器装配精度的因素之一。

 五、工件内应力

内应力(或残余应力)是指在外部载荷去除以后仍然存在于工件内部的应力。具有内应力的零件其内部组织的应力状态极不稳定,强烈地倾向于恢复到没有应力的稳定状态,即使在常温下,零件也会缓慢地进行这种变化,直到内应力全部消失为止。在内应力消失过程中,零件将产生变形,原有的精度逐渐降低,这一过程称为时效。若把存在内应力的零件装到机器中去,零件在使用过程中产生变形,就有可能破坏整台机器的质量,产生不良后果。

工件产生内应力的原因主要有:

(1)零件不均匀的加热和冷却。

(2)零件材料金相组织的转变。

(3)强化时塑性变形的结果。

(4)切(磨)削加工过程中的切削热和切削力的影响。

如图4-2-19所示,不同壁厚铸件在冷却时速度不一样,薄壁1先冷却,厚壁2冷却收缩时受到早已冷却的薄壁1的阻碍,结果在厚壁2中产生拉应力,而在薄壁1中产生压应力。壁厚不均匀且形状复杂的铸件(如发动机缸体和机床床身),由于各部分冷却速度和收缩程度不一致,会产生很大的内应力,甚至形成裂纹。

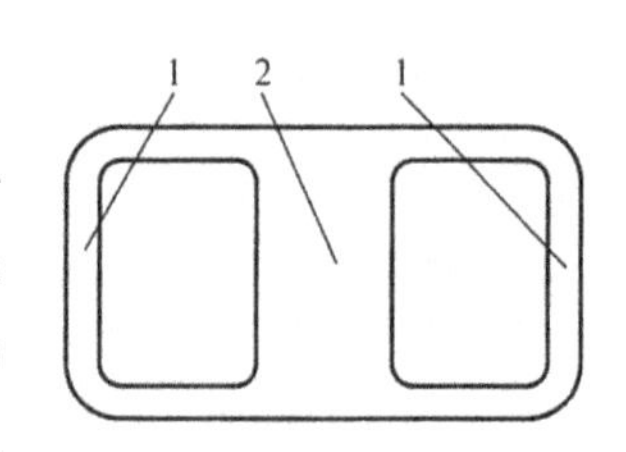

图4-2-19 不同壁厚的铸件

1—薄壁 2—厚壁

在有内应力的情况下对铸件进行机械加工，由于切去一层金属，内应力将重新分布而使工件形状改变。因此，加工某些复杂铸件的重要表面（如发动机缸体的缸孔）时，在粗加工后，要经过很多别的工序才安排精加工，其目的就是让内应力有时间重新分布，待工件变形稳定后，再进行精加工。

为了减小复杂铸件的内应力，除了在结构上尽量做到壁厚均匀外，还可采用自然时效和人工时效的方法。自然时效就是将铸件、焊件的毛坯或经粗加工的工件在室内或室外放置较长时间，使其在自然变化的气温下，内应力逐渐重新分布，工件充分变形，然后再进行后续的机械加工。自然时效的时间通常根据零件类型和尺寸来确定，如卧式车床的床身要经过5～10天，有的机件要数月甚至数年。

为了缩短时效处理时间，对于一些中小零件可采用人工时效。常用的人工时效方法就是将零件在炉内预热后低温保温几小时。人工时效还可采用机械敲击的方法，即将小零件放在滚筒内，使它们和一些小铁块或其他零件一起滚动、相互撞击。对于尺寸较大的零件，将其放在专用振动装置上使其承受一段时间的振动，或者挂起来用锤子敲击零件上厚薄过渡的地方。

经过表面淬火的零件也会产生内应力，因为这时表面层的组织转变了，即从原来密度比较大的奥氏体转变为密度比较小的马氏体，因此表面层的金属体积要膨胀，但受到内层金属的阻碍，从而在表面层产生压应力，在内层产生拉应力。

细长的轴类零件如凸轮轴、曲轴等，在加工中容易产生弯曲变形，常用冷校直的方法矫正，即在室温下将工件放在两个支承（V形块或平板）上，在工件凸面加压力 F［图4-2-20(a)］，使工件反向弯曲以校直工件。也有将待校直工件置于平板上，对某些特定点进行敲击的。冷校直在工件内产生内应力，从图4-2-20(b)可知，当载荷 F 加在零件中间部分后，便产生弹性变形区，按照胡克定律，在 AB 段范围内可用直线表示应力图形。在边上 BC 和 AD 两段内产生塑性变形区，这两段内的应力沿着类似拉伸曲线上超过比例极限外的那段曲线变化。去掉外力 F 以后，工件原有的弯曲度减少或消除，但工件内部却产生了图4-2-20(c)所示的内应力。因此，冷校直的零件在进行下一步加工时，一般还处在内应力状态下，当从表面再切去一层金属后，内应力的平衡就遭到破坏，引起内应力的重新分布，使零件产生新的变形。因此，在制造像精密丝杠这样细长的零件时，一般不准采用冷校直的方法，以免产生内应力。

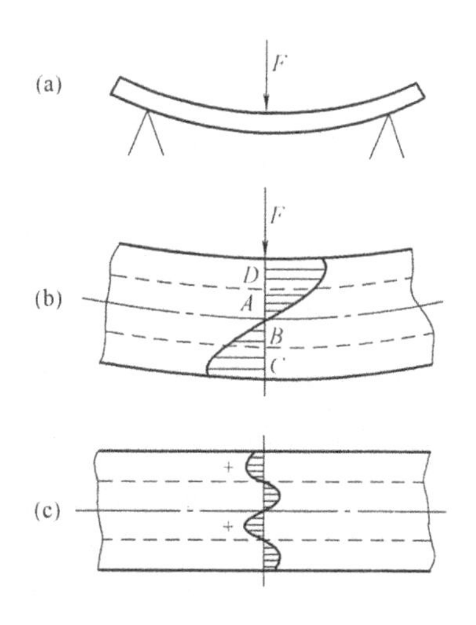

图4-2-20 冷校直及产生的内应力状况

 六、提高和保证加工精度的措施

实际生产中，经常采用下列工艺措施来提高和保证零件的机械加工精度。

1. 直接减少误差法

直接减少误差法在生产中应用较广。要想减少加工误差，首先就应该提高机床、夹具、刀具和量具等的制造精度，控制工艺系统的受力、受热变形；其次还应对加工过程中的各种原始误差进行分析，有针对性地采取措施，加以解决。

例如，在车床上车细长轴时，工件刚性很差，为了增加工件的刚度，常采用跟刀架，但有时还是很难车出高精度的细长轴。其原因在于：采用跟刀架虽可减少背向力将工件“顶弯”的问题，但没有解决工件在进给力 F_f 作用下产生的“压弯”问题，如图 4-2-21(a)所示。并且车削时工件在弯曲后高速回转，由于离心力的作用，其变形还会加剧并引起振动。此外，在切削热的作用下，轴产生热伸长，而装夹工件的自定心卡盘和尾座顶尖间的距离是固定的，工件在轴向没有伸缩的余地，因而又增加了工件的弯曲，因此工件的加工精度受到严重影响。对此可以采取以下工艺措施来解决：

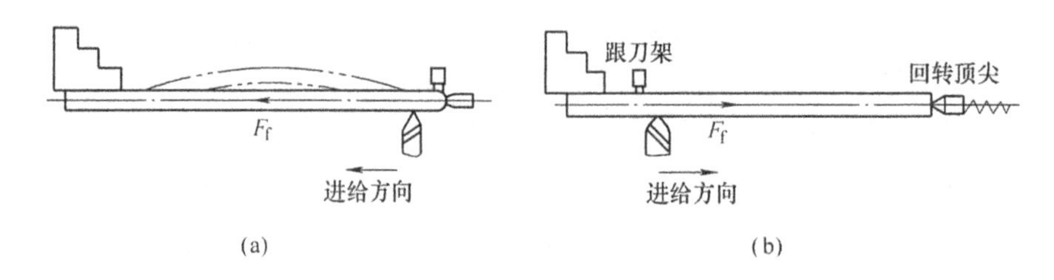

图 4-2-21 不同进给方向加工细长轴的比较

(1)采用反向进给的切削方式，如图 4-2-21(b)所示。这时进给力 F_f 对工件是拉伸作用，而不是压缩。

(2)尾座顶尖采用具有伸缩性的弹簧顶尖，这既可避免工件从切削点到尾座顶尖一段由于受压而产生的弯曲变形，又可使工件的热伸长有伸缩的余地。

(3)反向进给切削时采用大进给量和大主偏角，以增大进给力 F_f，从而使工件受强力拉伸作用，以消除振动，并使切削过程平稳。

2. 误差补偿法

误差补偿法又称误差抵消法，是人为地造出一种新的原始误差，使之与系统的原始误差大小相等，方向相反，从而将其抵消，以达到减少加工误差的目的。

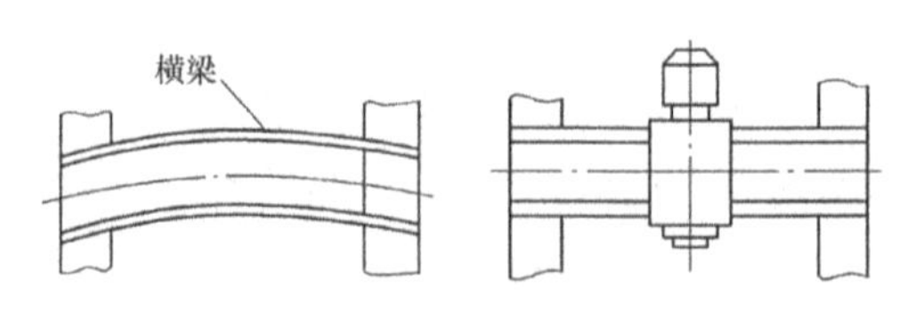

图 4-2-22 龙门铣床横梁的变形与刮研

(1)控制原始误差的大小和方向。如图 4-2-22

所示，某厂在试制 X2012 型龙门铣床时，横梁在两个立铣头自重的影响下产生的变形大大超过检验标准。该厂采用了误差补偿的办法，在刮研横梁导轨时，故意使导轨产生“向上凸”的几何形状误差，以抵消横梁因立铣头重量而产生“向下垂”的受力变形，从而达到检验标准的要求。

(2)采用校正装置。例如，用校正机构提高丝杠车床的传动链精度。在精度螺纹加工中，机床传动链误差直接反映到加工工件的螺距上，使精密丝杠的加工精度受到一定的限制。在实际生产中，为了满足加工精度的要求，不能采取一味提高传动链中各传动件精度的办法，而是应用误差补偿原理。例如，采用图 4-2-23 所示的螺纹加工校正装置来消除传动链误差，提高螺纹螺距的加工精度。

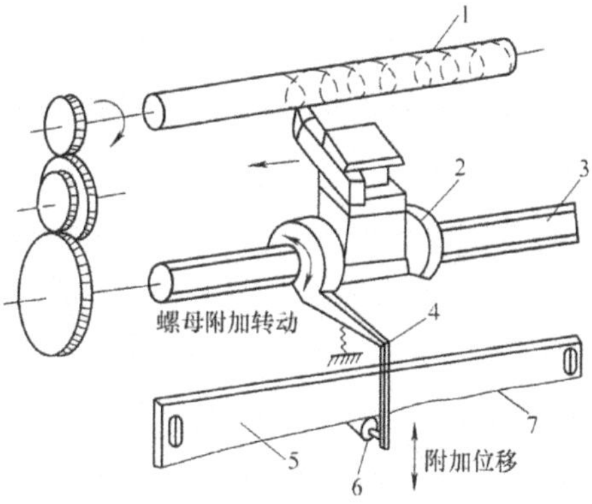

图 4-2-23　螺纹加工校正装置

1—工件　2—螺母　3—母丝杠　4—杠杆　5—校正尺　6—触头　7—校正曲线

3. 误差分组法

在生产中会遇到这种情况：本工序的加工精度是稳定的，工序能力也足够，但毛坯或上一道工序加工的半成品精度太低，引起的定位误差或复映误差过大，因而不能保证加工精度。如要提高毛坯精度或上一道工序的加工精度，又不经济。这时可采用误差分组法，即把毛坯(或上一道工序工件)尺寸按误差大小分为 n 组，每组毛坯或工件的误差范围就缩小为原来的 $1/n$，然后再按各组的平均尺寸分别调整刀具与工件的相对位置或调整定位元件，这样就大大地减小了整批工件的尺寸分散范围。例如，用无心外圆磨床通磨一批小轴的外圆，磨削前可对小轴毛坯尺寸进行测量并均分为 4 组，则每组毛坯的尺寸误差缩小至 $\Delta_{坯}/4$，然后按每组毛坯的实际加工余量及工艺系统刚度调整无心外圆磨床，即可缩小这批小轴加工后的尺寸误差。

为了提高配合件的配合精度，机器装配时常常采用分组装配法，这种装配方法实际上就是应用了误差分组法的原理。

4. 误差转移法

误差转移法实质上是将工艺系统的几何误差、受力变形和热变形等转移到不影响加工精度的方向去。

例如，对具有分度或转位的多工位加工工序或转位刀架的加工工序，其分度、转位误差直接影响有关表面的加工精度。如图 4-2-24 所示，若采用“立刀”安装法(刀具垂直安装)，可将转塔刀架转位时的重复定位误差转移到零件内孔加工表面的误差不敏感方向上，从而减少加工误差，提高加工精度。再如用镗模加工箱体零件上的同轴孔系，主轴与镗刀杆采用浮动卡头连接，可将主轴回转运动误差、导轨误差转移到浮动连接的部件上，使镗孔孔径不受机床误差影响，镗孔的精度由镗模和镗刀杆的精度来保证。

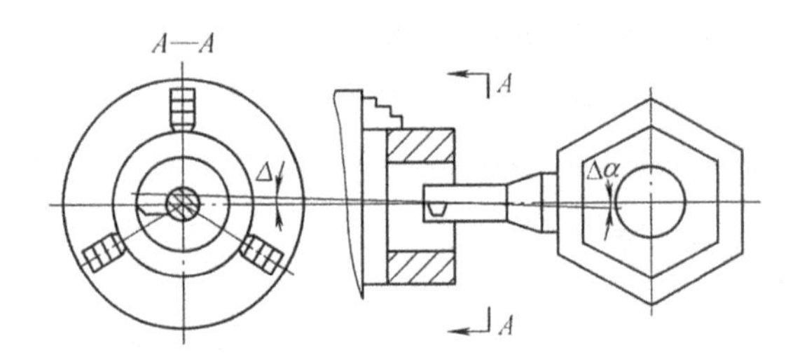

图 4-2-24　六角车床刀架转位误差的转移

第三节　机械加工表面质量的形成及影响因素

一、表面粗糙度的形成及影响因素

表面粗糙度产生的主要原因是加工过程中刀具切削刃在已加工表面上留下的残留面积、切削过程中产生的塑性变形以及工艺系统的振动。

（一）切削加工表面粗糙度的形成及影响因素

1. 残留面积引起的表面粗糙度

切削加工时，由于刀具切削刃的几何形状和进给量的影响，不可能把余量完全切除，因而在工件表面上留下一定的残留面积，其高度 R_{max}（单位：μm）就形成了工件表面的粗糙度。下面以车削为例来说明残留面积高度的计算。

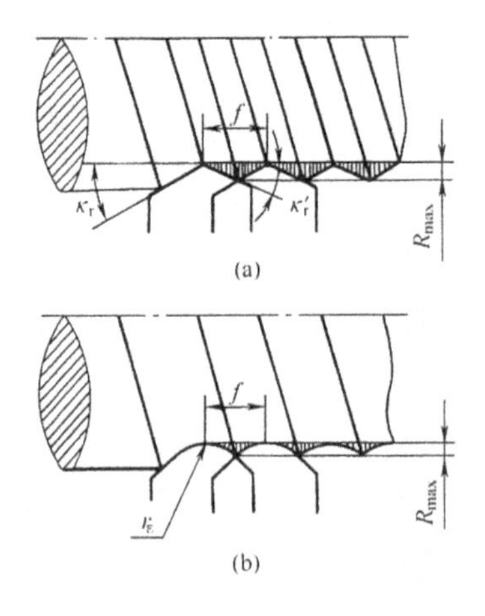

图 4-3-1　外圆车削残留面积高度

（1）当刀尖圆弧半径 r_ε 很小（趋近于零），残留面积基本上是由刀具直线主切削刃和副切削刃形成时，如图 4-3-1(a)所示，工件表面的残留面积高度 R_{max} 为

$$R_{max}=\frac{1}{\cot\kappa_r + xi\cot\kappa_r'} \tag{4-8}$$

（2）当刀尖圆弧半径 r_ε 较大，进给量较小，残留面积完全是由刀尖圆弧刃形成时，如图 4-3-1(b)所示，残留面积高度 R_{max} 为

$$R_{max}=\frac{f^2}{8r_\varepsilon} \tag{4-9}$$

（3）当刀尖圆弧半径 r_ε 较小，而进给量又较大，残留面积是由直线主切削刃、副切削刃和刀尖圆弧刃共同形成时，工件表面的残留面积高度 R_{max} 为

$$R_{max}=\frac{f-r_\varepsilon}{\cot\kappa_r + \cot\kappa_r'} \tag{4-10}$$

由式(4-10)可见，影响工件理论表面粗糙度的因素有主偏角 κ_r、副偏角 κ_r'、刀尖圆弧半径 r_ε 以及进给量 f 等。由于主偏角 κ_r 的选择受其他条件的限制，所以从改善理论表面粗糙度的要求出发，可操作的因素只有后面三个。

2. 金属材料塑性变形及其他物理因素引起的表面粗糙度

在实际加工中，由于工件材料的塑性变形、积屑瘤、鳞刺、切削力的波动、刀具磨损和振动等各种因素的影响，工件表面的实际表面粗糙度值比理论表面粗糙度值高。图 4-3-2 所示为切削速度对表面粗糙度的影响。图 4-3-3 所示为在加工塑性材料时，加工表面的理论轮廓和实际轮廓的比较示意图。

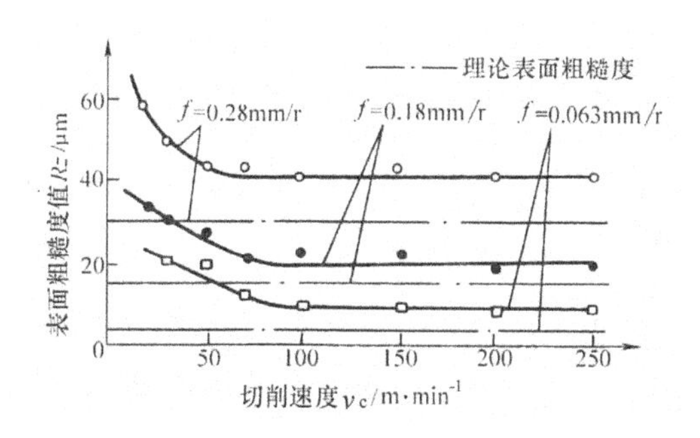

图 4-3-2　切削速度对表面粗糙度的影响

工件：35 钢，刀具：P30，背吃刀量：$\alpha_p=0.5$ mm

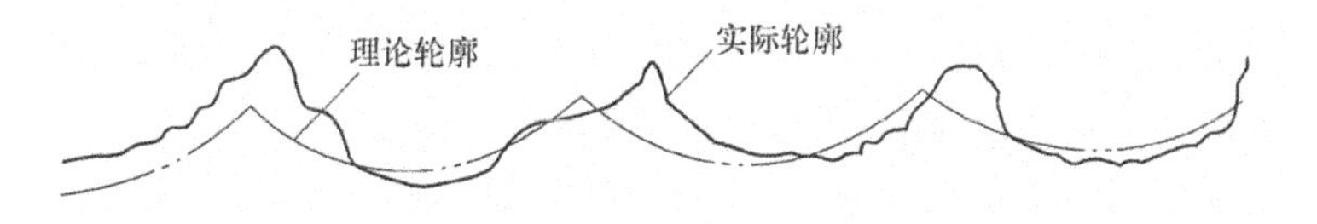

图 4-3-3　加工塑性材料时加工表面的理论轮廓和实际轮廓的比较示意图

3. 降低表面粗糙度的工艺措施

(1)为降低表面粗糙度,在刀具结构方面采取的工艺措施有:采用修光刃 b'_ε 切除残留面积[图 4-3-4(c)],这在车削、铣削和刨削上都使用得比较成功;采用较大的刀尖圆弧半径 r_ε[图 4-3-4(b)、(d)],减小副偏角 κ'_r;采用第二主切削刃,使其 $\kappa_{r\varepsilon}$较小[图 4-3-4(a)、(c)]。

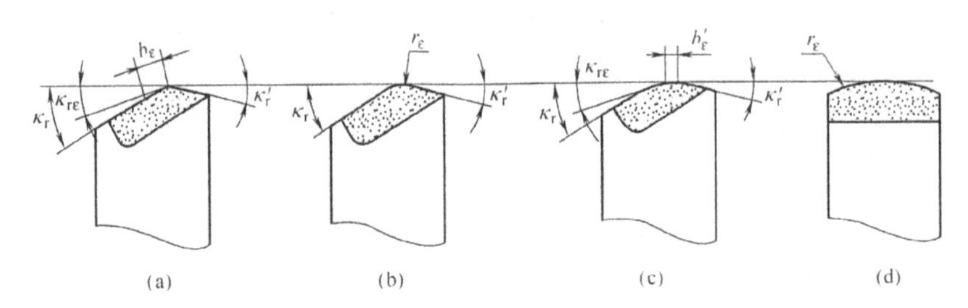

图 4-3-4　为降低表面粗糙度在刀具结构上采取的工艺措施

(2)减小进给量 f。

(3)在消减积屑瘤的措施中,采用低速切削或高速切削都是可行的。

(4)在工件材料性质中,对表面粗糙度影响最大的是材料的塑性和金相组织。材料的塑性越大,积屑瘤和鳞刺越易生成,表面越粗糙;对于同样的材料,晶粒组织越是粗大,加工后的表面也越粗糙。为了降低表面粗糙度值,可在切削加工前对工件进行调质处理,以提高材料的硬度、降低塑性,并得到均匀细密的晶粒组织。因此,加工前采用合理的热处理工艺改善材料的组织性能,是降低表面粗糙度值的有效途径之一。

(5)合理选用切削液可以减少切削过程中工件材料的变形和摩擦,并抑制积屑瘤和表面拉伤的影响,也是降低表面粗糙度的有效措施。

(二)磨削加工表面粗糙度的形成及影响因素

磨削加工表面粗糙度的形成如同车削加工一样,也是由残留面积和表面层金属的塑性变形来决定的。砂轮的粒度、硬度、修整、磨削速度、磨削径向进给量与光磨次数、工件圆周进给速度与轴向进给量,工件材料切削液等对表面粗糙度均有影响。工件材料和磨削条件也对表面粗糙度有重要影响。因此,影响磨削表面粗糙度的主要因素和控制措施有:

(1)砂轮的粒度。砂轮粒度越细,则砂轮工作表面单位面积上的磨粒数越多,因而留在工件上的刀痕也越密越细,所以表面粗糙度值越小。

(2)砂轮的硬度。砂轮的硬度太大,磨粒钝化后不易脱落,工件表面受到强烈的摩擦和挤压,会加剧工件表面层的塑性变形,使表面粗糙度值增大甚至产生表面烧伤。砂轮太软则磨粒易脱落,又会产生不均匀磨损现象,影响表面粗糙度。因此,砂轮的硬度应适中。

(3)砂轮的修整。砂轮的修整是用金刚石笔尖在砂轮的工作表面上车出一道螺纹,修整导程和修正深度越小,修整出的磨粒微刃数量越多,其微刃等高性也越好,磨出的工件表面粗糙度也就越小。修整用的金刚石笔尖是否锋利对砂轮的修整质量有很大影响。图 4-3-5 所示为经过精细修整后砂轮磨粒上的微刃。

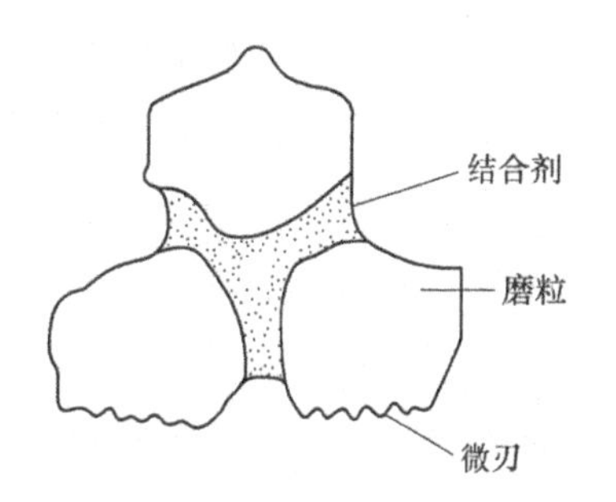

图 4-3-5　精细修整后砂轮磨粒上的微刃

(4)磨削速度。提高磨削速度,可增加工件单位磨削面积上的磨粒数量,使刻痕数量增加,同时塑性变形减小,因而工件表面粗糙度值减小。高速磨削时塑性变形减小是因为高速下塑性变形的传播速度小于磨削速度,材料来不及变形。

(5)磨削径向进给量与光磨次数。减小磨削时的径向进给量 f_r 可减轻工件材料的塑性变形,从而有利于降低磨削表面粗糙度值,但同时也降低了生产率。为了提高生产率而又保证较好的表面质量,在磨削过程中通常先采用较大的径向进给量,然后采用较小的径向进给量,最后进行数次无火花光磨等措施。

(6)工件圆周进给速度与轴向进给量。工件圆周进给速度和轴向进给量增大,均会减少工件单位面积上的磨削磨粒数量,使刻痕数量减少,表面粗糙度值增大。

(7)工件材料。一般来讲,工件材料太硬、太软、韧性大等都不易磨光。材料太硬,磨粒容易钝化,磨削时的塑性变形和摩擦加剧,使表面粗糙度值增大,且表面易烧伤甚至产生裂纹而使工件报废。铝、铜合金等较软的材料,由于塑性大,磨削时磨屑易堵塞砂轮,使工件表面粗糙度值增大。韧性大、导热性差的耐热合金易使砂粒早期崩落,使砂轮表面不平,导致磨削表面粗糙度值增大。

(8)切削液。磨削时切削温度高,热的作用占主导地位,因此切削液的作用十分重要。采用切削液可以降低磨削区温度,减少烧伤,冲去脱落的磨粒和磨屑,可以避免工件划伤,从而降低表面粗糙度值。但必须合理选择冷却方法和切削液。

二、加工表面硬化及其影响因素

机械加工过程中,在切削力和切削热的作用下,工件表面层材料产生严重的塑性变形,表面层硬度常常高于基体材料的硬度,这一现象称为加工表面硬化。加工表面硬化通常用硬化层深度 h_d 及硬化程度 N 来表示。h_d 是已加工表面至未硬化处的垂直距离,单位为μm;N 是已加工表面的显微硬度增加值与基体材料的显微硬度 H_0 比值的百分数,即

$$N=\frac{H-H_0}{H_0}\times 100\% \tag{4-11}$$

式中：H ——已加工表面的显微硬度，GPa；

H_0 ——基体材料的显微硬度，GPa。

对于切削加工，硬化层深度 h_d 可达几十至几百微米，硬化程度 N 可达 120%～200%。通常硬化程度大时，硬化层深度也大。

切削(磨削)过程中，在切削力的作用下，工件表面层材料产生了很大的剪切变形，晶格扭曲，晶粒拉长，甚至破碎，阻碍了金属进一步的变形，使表层材料得到强化，硬度提高；同时，切削(磨削)温度又使表层材料弱化，更高的温度还将引起相变。已加工表面的硬度变化就是这种强化、弱化和相变作用的综合结果。当塑性变形引起的强化起主导作用时，已加工表面就被硬化；当切削温度引起的弱化起主导作用时，已加工表面就被软化；当相变起主导作用时，则由相变的具体情况而定。例如，在磨削淬火钢时，如果发生退火，则表面硬度降低，但在充分冷却的条件下，却可能引起二次淬火而使表面硬度有所提高。

切削过程中往往是剪切变形起主导作用，因此加工硬化现象比较明显。刀具几何参数、切削条件和工件材料都在不同的程度上影响着加工硬化。磨削温度比切削温度高得多，因此在磨削过程中，弱化或金相组织的变化常起着重要的甚至是主导的作用，这使得磨削加工表面层的硬度变化较为复杂。

在某些情况下，表面层硬度的提高可以增加零件的耐磨性和疲劳强度，但切削或磨削加工所引起的加工硬化常伴随大量显微裂纹(尤其是当硬化较严重时)，反而会降低零件的疲劳强度和耐磨性，因此，一般总是希望减轻加工硬化。

影响加工表面硬化的主要因素和控制措施有：

(1)刀具。切削刃钝圆半径越大时，对表层金属的挤压作用越强，塑性变形加剧，会导致加工硬化增强。刀具后面磨损增大，后面与被加工表面的摩擦加剧，塑性变形增大，也会导致加工硬化增强。

(2)切削用量。增大切削速度，可缩短刀具与工件的作用时间，使塑性变形扩展深度减小，加工硬化层深度减小；同时切削热在工件表面层上的作用时间也缩短，使加工硬化程度增加。进给量增大，切削力也增大，表层金属的塑性变形加剧，加工硬化程度增大。

(3)工件材料。工件材料塑性越强，切削加工中的塑性变形就越大，加工硬化现象就越严重。因此，切削加工前应采用合理的热处理工艺，适当提高工件材料的硬度。

用各种机械加工方法加工钢件时加工表面硬化的情况见表 4-3-1。

表 4-3-1　用各种机械加工方法加工钢件时加工表面硬化的情况

加工方法	材料	硬化层深度 $h/\mu m$		硬化程度 $N/\%$	
		平均值	最大值	平均值	最大值
车削	碳钢	30～50	200	20～50	100
精细车削		20～60		40～80	120
端铣		40～100	200	40～60	100
圆周铣		40～80	110	20～40	80
钻孔、扩孔		180～200	250	60～70	
拉孔		20～75		50～100	
滚齿、插齿		120～150		60～100	
外圆磨	低碳钢	30～60		60～100	
	未淬硬碳钢	30～60		40～60	150
平面磨	碳钢	16～35		50	100
研磨		3～7		12～17	

三、表面金相组织变化与磨削烧伤

工件表面层材料金相组织的变化主要受温度的影响。磨削加工是一种典型的容易产生加工表面金相组织变化(磨削烧伤)的加工方法,这主要是因为磨削加工过程中,单位切削面积上产生的切削热比一般切削方法要大十几倍,并且约有70%以上的热量瞬时传入工件,使工件加工表面层金属易于达到相变点。

(一)磨削烧伤

当被磨工件表面层温度达到相变温度以上时,表面层金属材料将产生金相组织的变化,其强度和硬度发生变化,并伴有残余应力产生,甚至出现微观裂纹,这种现象称为磨削烧伤。在磨削淬火钢时,可能会产生以下三种磨削烧伤。

1. 回火烧伤

如果磨削区的温度未超过淬火钢的相变温度,但已超过马氏体的转变温度,工件表面层材料的回火马氏体组织将转变成硬度较低的回火组织(索氏体或屈氏体),这种磨削烧伤称为回火烧伤。

2. 淬火烧伤

如果磨削区温度超过了相变温度,再加上切削液的急冷作用,表面层材料会产生二次淬火,使表层出现二次淬火马氏体组织,其硬度比原来的回火马氏体硬度高,但在它的下层,因冷却速度较慢，出现了硬度比原来的回火马氏体硬度低的回火组织（索氏体或屈氏体），这种磨削烧伤称为淬火烧伤。

3. 退火烧伤

如果磨削区温度超过了相变温度，而磨削区又无切削液进入，如冷却条件不好，或不用切削液进行干磨时，表面层材料将产生退火组织，表面硬度急剧下降，这种烧伤称为退火烧伤。

无论是何种磨削烧伤，严重时都会使零件使用寿命成倍下降，甚至报废，所以磨削时要尽量避免。

（二）防止磨削烧伤的途径

产生磨削烧伤的根源是磨削热，故防止和抑制磨削烧伤有两个途径：一是尽可能地减少磨削热的产生；二是改善冷却条件，尽量使产生的热量少传入工件。具体的工艺措施如下。

1. 正确选择砂轮

选择砂轮时，应考虑砂轮的自锐性能，同时磨削时砂轮应不产生粘屑堵塞现象。硬度太高的砂轮由于自锐性能不好，磨粒磨钝后使磨削力增大，摩擦加剧，产生的磨削热较大，容易产生烧伤，故当工件材料的硬度较高时，选用软砂轮较好。立方氮化硼砂轮其磨粒的硬度和强度虽然低于金刚石，但其热稳定性好，与铁元素的化学惰性高，磨削钢件时不产生粘屑，磨削力小，磨削热也较低，能磨出较高的表面质量，是一种很好的磨料，适用范围很广。

砂轮的结合剂也会影响磨削表面质量。选用具有一定弹性的橡胶结合剂或树脂结合剂砂轮磨削工件时，当由于某种原因而导致磨削力增大时，结合剂的弹性能够使砂轮做一定的径向退让，从而使磨削深度自动减小，以缓和磨削力突增而引起的烧伤。

另外，为了减少砂轮与工件之间的摩擦热，在砂轮的气孔内浸入某种润滑物质，如石蜡等，对降低磨削区的温度、防止工件烧伤也能收到良好的效果。

2. 合理选择磨削用量

磨削用量的选择应在保证表面质量的前提下尽量不影响生产率。

磨削深度增加时，温度随之升高，容易产生烧伤，故磨削深度不能选得太大。精磨时常逐渐减小磨削深度，以便逐渐减小热变质层，并逐步去除前一次磨削形成的热变质层，最后再进行若干次无进给磨削。这样可有效地避免表面层的热烧伤。

工件的纵向进给量增大，砂轮与工件的表面接触时间相对减少，因而热的作用时间较短，散热条件得到改善，不易产生磨削烧伤。为了弥补纵向进给量增大而导致表面粗糙的缺陷，可采用宽砂轮磨削。

工件线速度增大时，热的作用时间减少。因此，为了减少烧伤同时又能保持高的生产

率，应选择较大的工件线速度和较小的磨削深度；同时为了弥补工件线速度增大而导致表面粗糙度值增大的缺陷，在提高工件线速度的同时应提高砂轮的速度。

3. 改善冷却条件

通常的冷却方法由于切削液不易进入到磨削区域内往往冷却效果很差。由于高速旋转的砂轮表面上产生的强大气流层阻隔了切削液进入磨削区，大量的切削液常常是喷注在已经离开磨削区的已加工表面上，此时磨削热量已进入工件表面造成了热损伤，所以改进冷却方法、提高冷却效果是非常必要的。具体改进措施如下：

(1)采用高压大流量切削液，不但能增强冷却作用，而且还能对砂轮表面进行冲洗，使砂轮空隙不易被磨屑堵塞。

(2)为了减轻高速旋转砂轮表面的高压附着气流的作用，可以加装空气挡板，使切削液顺利喷注到磨削区，这对于高速磨削尤为必要。图 4-3-6 所示为改进后的切削液喷嘴。

(3)采用内冷却法。如图 4-3-7 所示，砂轮是多孔隙、能渗水的。切削液被引入砂轮中心孔后靠离心力的作用甩出，从而可以直接冷却磨削区，起到有效的冷却作用。由于冷却时有大量喷雾，机床应加防护罩。使用内冷却的切削液必须经过仔细过滤，以防堵塞砂轮空隙。这一方法的缺点是操作者看不到磨削区的火花，因此在精密磨削时不能判断试切时的背吃刀量。

此外，工件材料也是影响磨削烧伤的因素。工件材料硬度越高，磨削热量越多。但材料过软，易堵塞砂轮，使砂轮失去切削作用，反而使加工表面温度急剧上升。工件强度越高，磨削时消耗的功越多，发热量也越多。工件材料韧性越大，磨削力越大，发热越多。导热性能较差的材料，如耐热钢、轴承钢、高速工具钢、不锈钢等，在磨削时都容易产生烧伤。

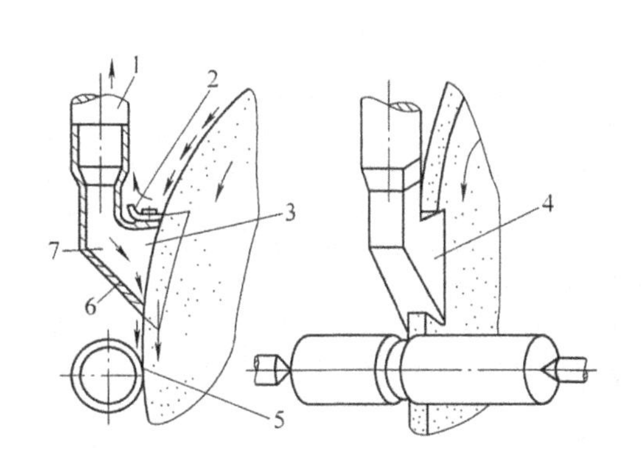

图 4-3-6　改进后的切削液喷嘴

1—液流导管　2—可调气流挡板　3—空腔区
4—喷嘴罩　5—磨削区　6—排液区　7—液嘴

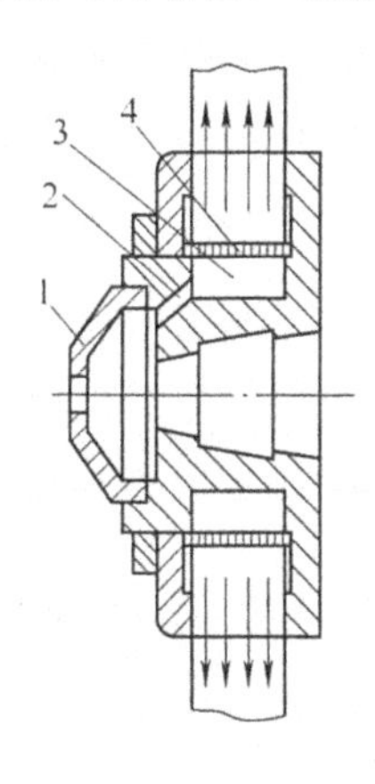

图 4-3-7　内冷却装置

1—锥形盖　2—通道孔　3—砂轮中心空腔
4—有径向小孔的薄壁套

第四节　机械加工质量的统计分析

在实际生产中，影响加工精度的因素往往是错综复杂的，有的很难用单因素的分析方法来寻找其因果关系。因此，需要用统计分析的方法对其进行综合分析，从而找出解决问题的途径。

一、加工误差的性质

按照一批工件在加工过程中误差出现的规律来看，加工误差可分为系统性误差与随机性误差两大类。

1. 系统性误差

在顺次加工一批工件时，若误差的大小和方向保持不变，或按一定规律变化，即为系统性误差。前者称为常值系统性误差，后者称为变值系统性误差。

前面讲述的工艺系统的原理误差，如机床、刀具、夹具、量具的制造误差和调整误差都属于常值系统性误差。它们与加工顺序（加工时间）没有关系。而机床和刀具在加工过程中的热变形、磨损等都是随加工顺序（加工时间）有规律地变化的，它们属于变值系统性误差。

2. 随机性误差

在顺次加工一批工件的过程中，若加工误差的大小和方向是无规律的变化（时大时小，时正时负），称为随机性误差。系统的微小振动、毛坯误差（余量大小、硬度不均匀）的复映、夹紧误差、内应力等引起的误差都是随机性误差。对于随机性误差，可用统计分析的方法来研究，掌握其分布规律和统计特征参数，从而可找出误差控制的规律。

应该指出，在不同的场合下，误差的表现性质也有不同。例如，机床在一次调整中加工一批工件时，机床的调整误差是常值系统性误差。但是，当一批工件的加工中需要多次调整机床时，每次调整的误差就是随机性误差。利用统计分析法，可将系统性误差和随机性误差区别开来，然后针对具体情况采取相应的工艺措施加以解决。

二、正态分布曲线法（直方图法）

加工误差的统计分析法，是以生产现场中工件的实测数据为基础，应用概率论和数理统计来分析一批工件误差分布的情况，从而确定误差的性质和产生的原因，以便提出解决问题的措施。

在机械加工中，常用的统计分析法主要有正态分布曲线法和控制图法。这里重点介绍正态分布曲线法。

1. 正态分布曲线的绘制

加工一批工件，如果加工过程是稳定的，但由于受各种误差因素的影响，加工后工件的实际尺寸不会完全一致，这种现象称为尺寸分散。它们中的最大值与最小值之差称为分散范围（或极差）。如果将这些工件尺寸绘成统计曲线（直方图），其图形接近于正态分布曲线。下面以精镗活塞销孔工序为例介绍统计曲线的绘制方法。

在精镗活塞销孔后的活塞工件中，随机抽取 90 件，图样规定销孔直径为 $\phi 28^{0}_{-0.015}$ mm，经测量得直径数据 90 个，测量所得的数据按其大小分组，每组的尺寸间隔（称为组距）取 0.002 mm，并将数据列入表 4-4-1 中。

表 4-4-1　活塞销孔直径测量结果

组别	尺寸范围/mm	中心尺寸/mm	组内工件数 m	频率 m/n
1	27.992～27.994	27.993	4	4/90
2	27.994～27.996	27.995	6	16/90
3	27.996～27.998	27.997	32	32/90
4	27.998～28.000	27.999	30	20/90
5	28.000～28.002	28.001	16	16/90
6	28.002～28.004	28.003	2	2/90

表 4-4-1 中 n 表示所测工件（样本）的总数，同一组中的工件数 m 称为频数，频数与样本总数 n 之比 m/n 称为频率。

以每组工件尺寸的中间值（中值）为横坐标，频率（频数）为纵坐标，将各组的频率画在图上，就得到相应的一些点，连接起来，便可得出图 4-4-1 所示的曲线，称为实际分布曲线。在图上标出工件的公差分布范围、公差带中心和分布中心，便可进行加工质量的统计分析。

图 4-4-1 中，分散范围＝最大孔径－最小孔径＝28.004 mm－27.992 mm＝0.012 mm。从画出的实际分布曲线图 4-4-1 中可看出：

(1)分散范围小于公差带，即 0.012 mm＜0.015 mm，这表明本工序能满足加工要求，工序能力足够，即不会有废品出现。

(2)图中有部分工件尺寸已超出公差范围（带阴影部分，约占 18%），成为废品。其原因是工件尺寸的实际分散中心与公差带中心不重合，表明系统中存在常值系统性误差，其值为 27.998 mm－27.993 mm＝0.005 mm，如果将镗刀的伸出量减小至 0.005 mm 的一半，就能使尺寸分散中心与公差带中心重合，出废品的问题便可得以解决。

若将尺寸间隔减小，所取工件数量增加，则所得曲线的极限情况接近于图 4-4-2 所示的正态分布曲线。在研究加工误差时，人们常用正态分布曲线来近似地代替实际分布曲线，这样可使分析问题的方法大为简化。

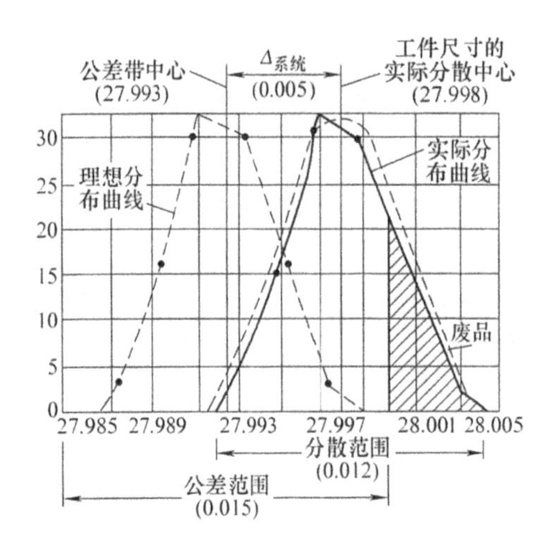

图 4-4-1　活塞销孔直径尺寸分布曲线

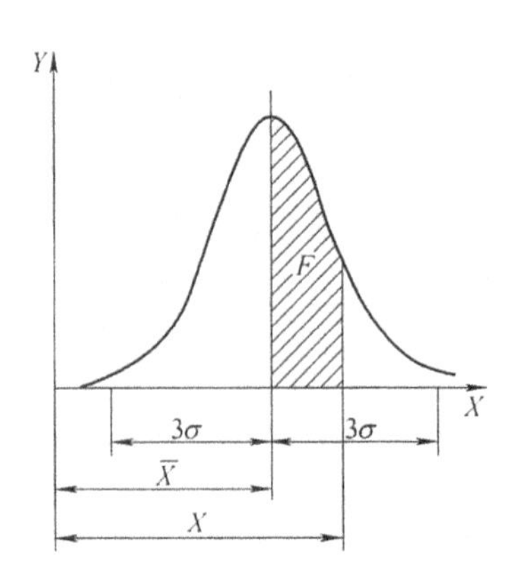

图 4-4-2　正态分布曲线

正态分布曲线的方程式为

$$Y=\frac{1}{\sigma\sqrt{2\pi}}\mathrm{e}^{\frac{1}{2}(\frac{X-\overline{X}}{\sigma})}\quad(-\infty<X<+\infty,\sigma>0)\tag{4-12}$$

式中：X ——工件尺寸（分布曲线的横坐标）；

$\overline{X}$ ——加工一批工件的平均尺寸（分散范围中心），$\overline{X}=(\sum_{i=1}^{n}X_i)/n$；

σ ——一批工件的均方根偏差，$\sigma=\sqrt{\dfrac{\sum_{i=1}^{n}(X_i-\overline{X})^2}{n}}$；

n ——工件总数（工件数应足够多，如 $n=100\sim200$）。

式(4-12)中的参数 $\overline{X}$ 可决定分布曲线的坐标位置。如图 4-4-1 所示，在常值系统性误差的影响下，整个曲线沿横坐标移动，但不改变曲线的形状。均方根偏差 σ 决定分布曲线的形状及分散范围。当 σ 增大时，Y 减小，曲线变得平坦；σ 减小时，Y 增大，分散范围变小，表明工件尺寸越集中，加工精度越高。

如图 4-4-2 所示，正态分布曲线的特点是：

(1)曲线呈钟形，中间高，两边低，表明工件尺寸靠近 X 的频率较大，远离 X 的工件尺寸是少数。

(2)曲线以 $X=\overline{X}$ 的直线为轴左右对称，表明工件尺寸大于 $\overline{X}$ 及小于 $\overline{X}$ 的频率是相等的。

(3)曲线与 X 轴所包含的面积为 1。曲线在对称轴的 $\pm3\sigma$ 范围内所包含的面积为 99.73%，在 $\pm3\sigma$ 以外只占 0.27%，可以忽略不计。因此，一般都取正态分布曲线的分散范围为 $\pm3\sigma$。

2. 工艺(工序)能力

工艺能力表示某种加工方法在一定条件下所能达到的实际加工精度或加工能力，常用$\pm 3\sigma$来表示。一般情况下，应满足

$$6\sigma \leqslant T \tag{4-13}$$

3. 正态分布曲线法的应用

(1)判断加工误差的性质。若加工过程中没有变值系统性误差，那么其尺寸分布应服从正态分布，这是判断加工误差性质的基本方法。即，如果工件尺寸的实际分布曲线形状与正态分布曲线基本相符，则说明加工过程中没有变值系统性误差，这时可进一步根据样本平均值$\bar{X}$是否与公差带中心重合来判断是否存在常值系统性误差；如果工件尺寸的实际分布曲线与正态分布曲线有较大出入，可初步判断加工过程存在变值系统性误差。

(2)可利用分布曲线查明工序能力，确定工艺能力系数，进行工艺验证。工艺(工序)能力系数C_p可用下式计算，即

$$C_p = \frac{T}{6\sigma} \tag{4-14}$$

工艺能力系数反映了某种加工方法和加工设备的工艺满足所要求的加工精度的能力。有如下几种情况：

$C_p > 1$，说明公差带大于分散范围，该工序具备了保证精度的必要条件，且有余地。

$C_p = 1$，表明工序刚刚满足加工精度，但受调整等常值系统性误差的影响，也可能会产生不合格品。

$C_p < 1$，说明公差带小于尺寸分散范围，将产生一定数量的不合格品。

因此，生产中可利用工艺能力系数C_p的大小来进行工艺验证。根据工艺能力系数的大小，可将工艺能力分为5个等级，见表4-4-2。

表4-4-2　工艺能力等级评定

工艺能力系数值	工艺等级名称	说明
$C_p > 1.67$	特级工艺	工艺能力过高，可以允许有异常波动，但不一定经济
$1.67 \geqslant C_p > 1.33$	一级工艺	工艺能力足够，可以有一定的异常波动
$1.33 \geqslant C_p > 1.00$	二级工艺	工艺能力勉强，必须密切注意
$1.00 \geqslant C_p > 0.67$	三级工艺	工艺能力勉强，可能出少量不合格产品
$C_p \geqslant 0.67$	四级工艺	工艺能力很差，必须加以改进

(3)可估算一批零件加工后的合格率和废品率。利用正态分布曲线，还可计算在一定生产条件下，工件加工后的合格率、废品率、可修废品率和不可修废品率。

(4)可进行误差分析。从工件尺寸分布曲线的形状、位置来分析各种误差产生的原因。

例如，当分布曲线的中心与公差带中心不重合，说明加工过程中存在常值系统性误差，其大小等于分布曲线中心与公差带中心之间的差值。如果实际分布曲线形状与正态分布曲线基本相符，则说明加工过程中没有变值系统误差，

4. 运用正态分布曲线法研究加工精度时存在的问题

正态分布曲线只能在一批零件加工完毕后才能画出来，故不能在加工过程中分析误差变化的规律和发展的趋势。因此，利用正态分布曲线不能主动控制加工精度，属于事后控制，只能对下一批零件的加工起作用。

思考题与习题

1. 试述影响加工精度的主要因素。

2. 何谓调整误差？在单件小批生产或大批大量生产中各会产生哪些方面的调整误差？它们对零件的加工精度会产生怎样的影响？

3. 试述主轴回转精度对加工精度的影响。

4. 试举例说明在加工过程中，工艺系统受力变形和磨损怎样影响零件的加工精度。各应采取什么措施来克服这些影响？

5. 车削细长轴时，工人经常在车削一刀后，将后顶尖松一下再车下一刀，试分析其原因。

6. 车床床身导轨在垂直平面及水平面内的直线度对车削轴类零件的加工误差有何影响？影响程度有何不同？

7. 在车床上加工一批光轴的外圆，加工后经测量发现工件有下列几何误差（题图 4-1），试分别说明产生上述误差的各种可能因素。

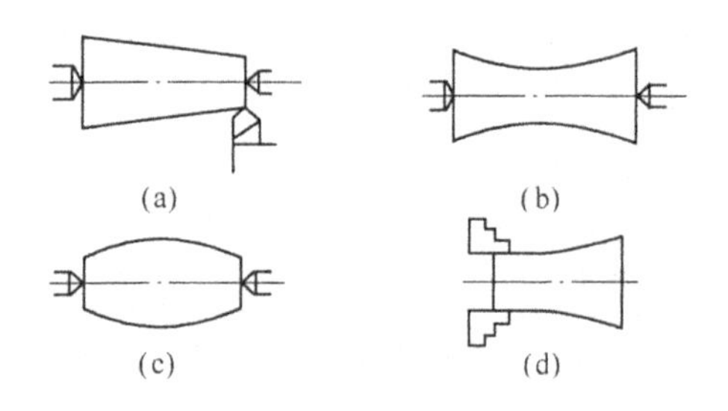

题图 4-1

8. 试分析在车床上加工时产生下列误差的原因：

(1)在车床上镗孔时，产生孔圆度和圆柱度误差。

(2)在车床用自定心卡盘装夹镗孔时，产生内孔与外圆的同轴度误差。

9. 简述误差复映规律？误差复映系数的含义是什么？减小误差复映有哪些主要工艺措施？

10. 已知工艺系统的误差复映系数为 0.25，工件毛坯的圆柱度为 0.45 mm，若本工序形

状公差为 0.01 mm，问至少要走刀几次才能使形状精度合格？

11. 采用 F30 的砂轮磨削钢件外圆，其表面粗糙度值为 $Ra=1.6\ \mu m$，在相同条件下，采用 F60 的砂轮可使 Ra 降低为 $0.2\ \mu m$，这是为什么？

12. 加工误差按其统计性质可分为哪几类？各有何特点和规律？举例说明。

13. 为什么表面层金相组织的变化会引起残余应力？

14. 机械加工后工件表面层的物理力学性能为什么会发生变化？这些变化对产品质量有何影响？

15. 试述影响表面粗糙度的因素。

16. 什么是加工硬化？影响加工硬化的因素有哪些？

17. 什么是回火烧伤、淬火烧伤和退火烧伤？

第五章 工艺规程设计

第一节 机械加工工艺规程设计

一、机械加工工艺规程设计的内容及步骤

(1)分析研究产品的装配图和零件图。首先要进行两方面的工作：

①熟悉产品的性能、用途、工作条件，明确各零件的相互装配位置及其作用，了解及研究各项技术条件制订的依据，找出其主要技术要求和关键技术问题。

②对装配图和零件图进行工艺审查。主要的审查内容有：图样上规定的各项技术条件是否合理，零件的结构工艺性是否好，图样上是否缺少必要的尺寸、视图或技术条件。过高的精度、要求过高的表面粗糙度和其他技术条件会使工艺过程复杂，加工困难。应尽可能减少加工和装配的劳动量，达到好造、好用、好修的目的。如果发现有问题，则应及时提出，并会同有关设计人员共同讨论研究，按照规定手续对图样进行修改与补充。两种结构使用性能完全相同的零件，因结构稍有不同，其制造成本就有很大的差别。所谓具有良好的结构工艺性，应是在不同生产类型的具体生产条件下，对于零件毛坯的制造、零件的机械加工和机器产品的装配，都能采用较经济的方法进行。如图 5-1-1 所示的车床进给箱箱体零件，其同轴孔的直径设计成单向递增[图 5-1-1(b)]时，就只适用于单件小批生产，此时，对此同轴孔的镗削加工可在工件的一次安装中完成，但在大批大量生产中，为了用双面组合机床加工，就应改为双向递减[图 5-1-1(a)]的孔径设计，用左右两镗杆各镗两个孔，使机动时间大致相等，从而缩短加工工时，平衡节拍，提高效率。

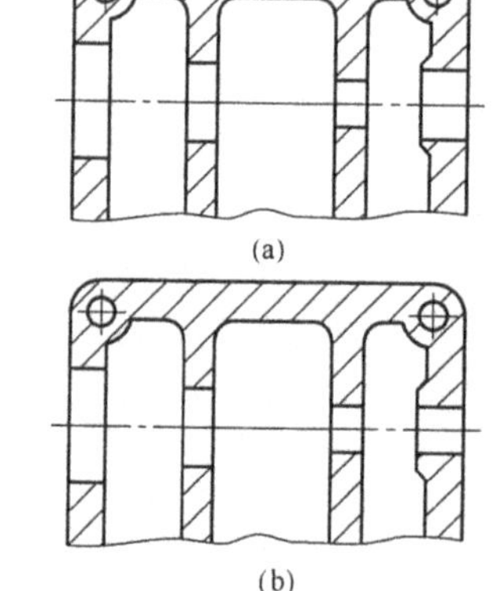

图 5-1-1 零件结构工艺性与生产类型

(2)确定毛坯。根据产品图样审查毛坯的材料选择及制造方法是否合适,从工艺的角度(如定位夹紧、加工余量及结构工艺性等)对毛坯制造提出要求。必要时,应和毛坯车间共同确定毛坯图。

毛坯的种类和质量与机械加工的质量、材料的节约、劳动生产率的提高和成本的降低都有密切的关系。在确定毛坯时,总希望尽可能提高毛坯质量,减少机械加工劳动量,提高材料利用率,降低机械加工成本,但是这样就使毛坯的制造要求和成本提高。因此,两者是相互矛盾的,需要根据生产纲领和毛坯车间的具体条件来加以解决。考虑到技术的发展,在确定毛坯时就要充分注意到利用新工艺、新技术、新材料的可能性。在改进了毛坯的制造工艺和提高了毛坯质量后,往往可以大大节约机械加工劳动量,比采取某些高生产率的机械加工工艺措施更为有效。目前少无切屑加工有很大的发展,如精密铸造、精密锻造、冷轧、冷挤压、粉末冶金、异型钢材、工程塑料等都在迅速推广。用这些方法制造的毛坯,只要经过少量的机械加工即可,甚至不需要加工即可。少无切屑加工是目前机械制造工业发展方向之一。

(3)拟定工艺路线,选择定位基面。这是制订工艺过程中的关键性的一步,需要提出几个方案,进行分析对比,寻求最经济合理的方案。这里包括:确定加工方法,安排加工顺序,确定定位夹紧方法,以及安排热处理、检验及其他辅助工序(去毛刺、倒角等)。

(4)确定各工序所采用的设备。如果需要改装设备或自制专用设备,则应提出具体的设计任务书。

(5)确定各工序所采用的刀、夹、量具和辅助工具。如果需要设计专用的刀、夹、量具和辅助工具,则应提出具体的设计任务书。

(6)确定各主要工序的技术要求及检验方法。

(7)确定各工序的加工余量,计算工序尺寸和公差。

(8)确定切削用量。目前很多工厂一般都不规定切削用量,而由操作者结合具体生产情况来选取。但对流水线生产,尤其是自动线生产,则各工序、工步都需规定切削用量,以保证各工序生产节奏均衡。

(9)确定工时定额。工时定额目前主要是按经过生产实践验证而积累起来的统计资料来确定的(参阅有关手册)。随着工艺过程的不断改进,也需要相应地修订工时定额。

对于流水线和自动线,由于有规定的切削用量,工时定额可以部分通过计算,部分应用统计资料得出。

二、制定机械加工工艺规程时要解决的主要问题

制订工艺规程所需考虑的问题很多,涉及的面也很广,下面只讨论制订工艺规程时要解决的主要问题。

(一)定位基准的选取原则

合理选择定位基准对保证加工精度和确定加工顺序都有决定性的影响,后道工序的基准必须在前面工序中加工出来。如前所述,基准的选择实际上就是基面的选择问题。在第一道工序中,只能使用毛坯的表面作为定位基准,这种定位基面就称为粗基面(或毛基面)。在以后各工序的加工中,可以采用已经切削加工过的表面作为定位基面,这种定位基面就称为精基面(或光基面)。

1. 选择基面的基本要求

(1)各加工表面有足够的加工余量(至少不留下黑斑),使不加工表面的尺寸、位置符合图样要求。对于一面要加工、一面不加工的壁,要有足够的厚度。

(2)定位基面应有足够大的接触面积和分布面积。接触面积大就能承受大的切削力;分布面积大可使定位稳定可靠。在必要时,可在工件上增加工艺搭子或在夹具上增加辅助支承。如图 5-1-2 所示,在加工车床小刀架的 A 面时,为了使定位稳定可靠,在小刀架上的表面 C 增加了工艺搭子 B,它和表面 C 同时加工出来。

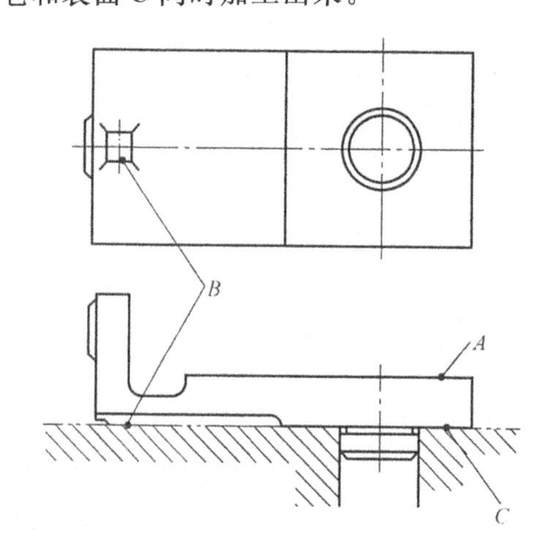

图 5-1-2　工艺凸台

2. 选择精基面的原则

对于精基面考虑的重点是如何减少误差,提高定位精度,因此选择精基面的原则是:

(1)应尽可能选用设计基准作为定位基准,这称为基准重合原则。特别在最后精加工时,为保证精度,更应该注意这个原则。这样可以避免因基准不重合而引起的定位误差。

(2)应尽可能选用统一的定位基准加工各表面,以保证各表面间的位置精度,称为统一基准原则。例如,车床主轴采用中心孔作为统一基准加工各外圆表面,不但能在一次安装中加工大多数表面,而且保证了各级外圆表面的同轴度要求以及端面与轴线的垂直度要求。

(3)有时还要遵循互为基准、反复加工的原则。如加工精密齿轮,当齿面经高频淬火后

磨削时，因其淬硬层较薄，应使磨削余量小而均匀，所以要先以齿面为基准磨内孔，再以内孔为基准磨齿面，以保证齿面余量均匀。又如，当车床主轴支承轴颈与主轴锥孔的同轴度要求很高时，也常常采用互为基准、反复加工的方法来达到。

(4)有些精加工工序要求加工余量小而均匀，以保证加工质量和提高生产率，这时就以加工面本身作为精基面，称为自为基准原则。例如，在磨削车床床身导轨面时，就用百分表找正床身的导轨面(导轨面与其他表面的位置精度则应由磨前的精刨工序保证)。

3. 选择粗基面的原则

在选择粗基面时，考虑的重点是如何保证各加工表面有足够的余量，使不加工表面与加工表面间的尺寸、位置符合图样要求。因此选择粗基面的原则是：

(1)如果必须首先保证工件某重要表面的余量均匀，就应该选择该表面作为粗基面。车床导轨面的加工就是一个例子，由于导轨面是车床床身的主要表面，精度要求高，并且要求耐磨。在铸造床身毛坯时，导轨面需向下放置，以使其表面层的金属组织细致均匀，没有气孔、夹砂等缺陷，因此在加工时要求加工余量均匀，以便达到高的加工精度，同时切去的金属层应尽可能薄一些，以便留下一层组织紧密、耐磨的金属层。同时，导轨面又是床身工件上最长的表面，容易发生余量不均匀和不够的危险，若导轨表面上的加工余量不均匀，切去又太多，如图 5-1-3(a)所示，则不但影响加工精度，而且将把比较耐磨的金属层切去，露出较疏松的、不耐磨的金属组织，所以，应该用图 5-1-3(b)所示的定位方法(先以导轨面做粗基面加工床脚平面，再以床脚平面做精基面加工导轨面)进行加工，则导轨面的加工余量将比较均匀。至于床脚上的加工余量不均匀则并不影响床身的加工质量。

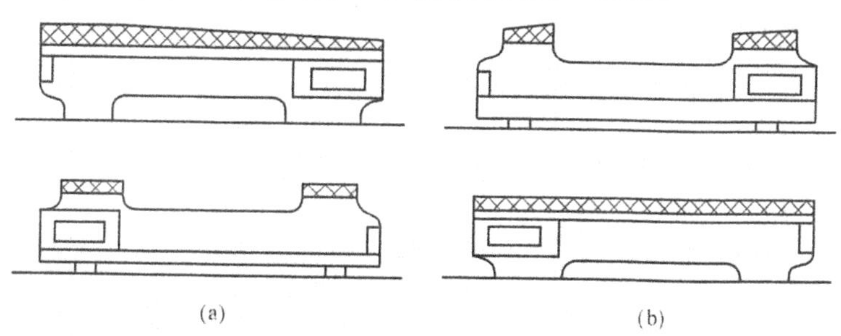

图 5-1-3 床身导轨加工的两种定位方法的比较

(2)如果必须首先保证工件上加工表面与不加工表面之间的位置要求，则应以不加工表面作为粗基面，如果工件上有好几个不需加工的表面，则应以其中与加工表面的位置精度要求较高的表面为粗基面，以求壁厚均匀、外形对称等。图 5-1-4 所示的零件就是一个例子，若选不需要加工的外圆毛面作粗基面定位[图 5-1-4(a)]，此时虽然镗孔时切去的余量不均匀，但可获得与外圆具有较高同轴度的内孔，壁厚均匀、外形对称；若选用需要加工的内孔毛面定位[图 5-1-4(b)]，则结果相反，切去的余量比较均匀，但零件壁厚不均匀。

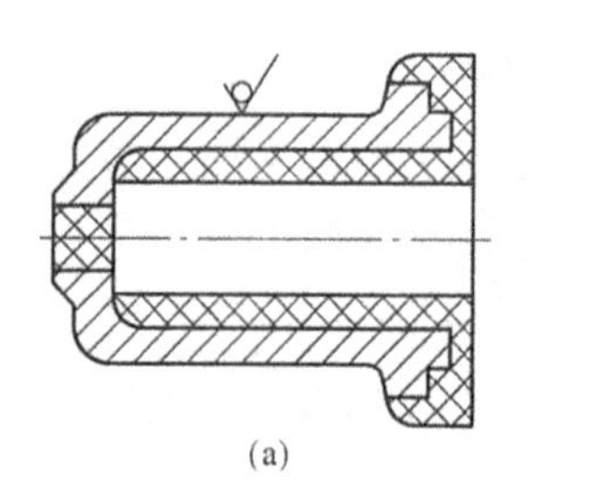
(a)

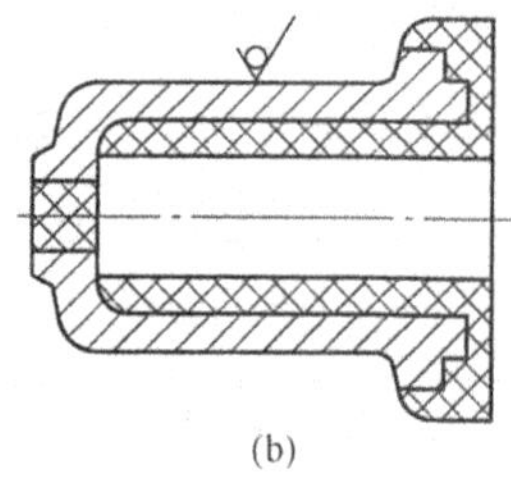
(b)

图 5-1-4　两种粗基面选择方案的对比

(3)应该用毛坯制造中尺寸和位置比较可靠、平整光洁的表面作为粗基面,使加工后各加工表面对各不加工表面的尺寸精度、位置精度更容易符合图样要求。对于铸件不应选择有浇冒口的表面,分型面以及有飞刺或夹砂的表面作粗基面。对于锻件不应选择有飞边的表面作粗基面。

(二)加工方法的选择

在分析研究零件图的基础上,对各加工表面选择相应的加工方法。

(1)首先要根据每个加工表面的技术要求,确定加工方法及分几次加工(各种加工方法及其组合后所能达到的经济精度和表面粗糙度,可参阅有关的机械加工手册)。这里的主要问题是,选择零件表面的加工方案,这种方案必须在保证零件达到图样要求方面是可靠的,并在生产率和加工成本方面是最经济合理的。表 5-1-1～表 5-1-3 分别介绍了机器零件的三种最基本的表面(外圆表面、内孔表面和平面)常用的加工方案及其所能达到的经济精度和表面粗糙度。

表 5-1-1　外圆表面加工方案及其经济精度

加工方案	经济精度公差等级	表面粗糙度/μm	适用范围
粗车 └→半精车 └→精车 └→滚压(或抛光)	IT11～IT13 IT8～IT9 IT7～IT8 IT6～IT7	*Ra* 50～100 *Ra* 3.2～6.3 *Ra* 0.8～1.6 *Ra* 0.08～0.20	适用于除淬火钢以外的金属材料
粗车→法精车→磨削 └→粗磨→精磨 └→超精磨	IT6～IT7 IT5～IT7 IT5	*Ra* 0.40～0.80 *Ra* 0.10～0.40 *Ra* 0.012～0.10	除不宜用于有色金属外,主要适用于淬火钢件的加工
粗车→半精车→精车→金刚石车	IT5～IT6	*Ra* 0.025～0.40	主要用于有色金属
粗车→半精车→粗磨→精磨→镜面磨 └→精车→精磨→研磨 └→粗研→抛光	IT5 以上 IT5 以上 IT5 以上	*Ra* 0.025～0.20 *Ra* 0.05～0.10 *Ra* 0.025～0.40	主要用于高精度要求的钢件加工

注　①经济精度是指在正常加工条件下(采用符合质量标准的设备、工艺装备和标准技术等级的工人,不延长加工时间)所能达到的加工精度。

②表中经济精度系指加工后的尺寸精度,可供选择加工方案时参考;有关形状精度与位置精度方面各种加工方法所能达到的经济精度与表面粗糙度可参阅各种机械加工手册。

表 5-1-2 内孔表面加工方案及其经济精度

加工方案	经济精度公差等级	表面粗糙度/μm	适用范围

钻
└→扩
  └→铰
  └→粗铰→精铰
└→铰
└→粗铰→精铰
	IT11～IT13
	IT10～IT11
	IT8～IT9
	IT7～IT8
	IT8～IT9
	IT7～IT8
		Ra≥50
		Ra 25～50
		Ra 1.60～3.20
		Ra 0.80～1.60
		Ra 1.60～3.20
		Ra 0.80～1.60
			加工未淬火钢及铸铁的实心毛坯，也可用于加工有色金属（所得表面粗糙度值 Ra 稍大）

钻→(扩)→拉	IT7～IT8	Ra 0.80～1.60	大批大量生产（精度可由拉刀精度而定），如校正拉削后，表面粗糙度值 Ra 可降低到 0.40～0.20

粗镗(或扩)
└→半精镗(或精扩)
  └→精镗(或铰)
    └→浮动镗
	IT11～IT13
	IT8～IT9
	IT7～IT8
	IT6～IT7
		Ra 25～50
		Ra 1.60～3.20
		Ra 0.80～1.60
		Ra 0.20～0.40
			除淬火钢外的各种钢材，毛坯上已有铸出的或锻出的孔

粗镗(扩)→半精镗→磨 └→粗磨→精磨	IT7～IT8 IT6～IT7	Ra 0.20～0.80 Ra 0.10～0.20	主要用于淬火钢，不宜用于有色金属
粗镗→半精镗→精镗→金刚镗	IT6～IT7	Ra 0.50～0.20	主要用于精度要求高的有色金属
粗镗(扩)→半精镗→磨 └→粗磨→精磨	IT6～IT7 IT6～IT7 IT6～IT7	Ra 0.025～0.20 Ra 0.025～0.20 Ra 0.025～0.20	精度要求很高的孔，若以研磨代替珩磨，公差等级达 IT6 以上，表面粗糙度值 Ra 可降低到 0.16～0.01

表 5-1-3 平面加工方案及其经济精度

加工方案	经济精度公差等级	表面粗糙度/μm	适用范围
粗车 └→半精车 └→精车 └→磨	IT11～IT13 IT8～IT9 IT7～IT8 IT6～IT7	Ra≥50 Ra 3.20～6.30 Ra 0.80～1.60 Ra 0.20～0.80	适用于工件的端面加工
粗刨(或精铣) └→精刨(或精铣) └→刮研	IT11～IT13 IT7～IT9 IT5～IT6	Ra≥50 Ra 1.60～6.30 Ra 0.10～0.80	适用于不淬硬的平面(用面铣加工,可得较低的表面粗糙度)
粗刨(或精铣)→精刨(或精铣)→宽刃精刨	IT6～IT7	Ra 0.20～0.80	批量较大,宽刃精刨效率高
粗刨(或粗铣)→精刨(或精铣)→磨 └→粗磨→精磨	IT6～IT7 IT5～IT6	Ra 0.20～0.80 Ra 0.025～0.40	适用于精度要求较高的平面加工
粗铣→拉	IT6～IT9	Ra 0.20～0.80	适用于大批量生产中加工较小的不淬火平面
粗铣→精铣→磨→研磨 └→抛光	IT5～IT6 IT5 以上	Ra 0.025～0.20 Ra 0.025～0.10	适用于高精度平面的加工

(2)决定加工方法时要考虑被加工材料的性质。例如,淬火钢必须用磨削的方法加工;而有色金属则磨削困难,一般都采用金刚车或高速精密车削的方法进行精加工。

(3)选择加工方法要考虑到生产类型,即要考虑生产率和经济性的问题。在大批大量生产中可采用专用的高效率设备和专用工艺装备。例如,平面和孔可用拉削加工,轴类零件可采用半自动液压仿形车床加工,甚至在大批大量生产中可以从根本上改变毛坯的制造工艺,大大减少切削加工的工作量。例如,用粉末冶金制造油泵的齿轮、用失蜡浇注制造柴油机上的小尺寸零件等。在单件小批生产中,就采用通用设备、通用工艺装备以及一般的加工方法。

(4)选择加工方法还要考虑本厂(或本车间)的现有设备情况及技术条件,应该充分利用现有设备,挖掘企业潜力,发挥工人群众的积极性和创造性,有时虽有该类设备,但因负荷的平衡问题,还得改用其他的加工方法。

(三)加工阶段的划分

零件的加工质量要求较高时,必须把整个加工过程划分为几个阶段:

(1)粗加工阶段。在这一阶段要切除较大的加工余量,因此主要问题是如何获得高的生产率。

(2)半精加工阶段。在这一阶段应为主要表面的精加工做好准备(达到一定的加工精度,保证一定的精加工余量),并完成一些次要表面的加工(钻孔、攻螺纹、铣键槽等),一般在热处理之前进行。

(3)精加工阶段。保证各主要表面达到图样规定的质量要求。

(4)光整加工阶段。对于精度要求很高、表面粗糙度值要求很小(标准公差等级 IT6 级及 IT6 级以上,表面粗糙度 $Ra \leqslant 0.32\ \mu m$ 的零件,还要有专门的光整加工阶段。光整加工阶段以提高零件的尺寸精度和降低表面粗糙度为主,一般不用于提高形状精度和位置精度。

有时,由于毛坯余量特别大,表面特别粗糙,在粗加工前还要有去皮加工阶段,为了及时发现毛坯废品以及减少运输工作量,常把去皮加工放在毛坯准备车间进行。

(四)工序的集中与分散

1. 工序集中的特点

一个工件的加工是由许多工步组成的,如何把这些工步组成工序,是设计工艺过程时要考虑的一个问题。在一般情况下,根据工步本身的性质(例如,车外圆、铣平面等)、粗精加工阶段的划分、定位基面的选择和转换等,就把这些工步集中成若干个工序,在若干台机床上进行。但是这些条件不是固定不变的,例如,主轴箱箱体底面可以用刨加工、铣加工或磨加工,只要工作台的行程足够长,主轴箱箱体底面可以在粗铣结束后,再用另外一些动力头进行半精铣等。因此有可能把许多工步集中在一台机床上来完成。立式多工位回转工作台组合机床、加工中心和柔性生产线(FML)就是工序集中的极端情况。由于集中工序总是要使用结构更复杂,机械化、自动化程度更高的高效率机床,因此工序集中具备下列一些特点:

(1)由于采用高生产率的专用机床和工艺设备,大大提高了生产率。

(2)减少了设备的数量,相应地也减少了操作工人和生产面积。

(3)减少了工序数目,缩短了工艺路线,简化了生产计划工作。

(4)缩短了加工时间,减少了运输工作量,因而缩短了生产周期。

(5)减少了工件的安装次数,不仅有利于提高生产率,而且由于在一次安装下加工多个表面,也易于保证这些表面间的位置精度。

(6)因为采用的专用设备和专用工艺装备数量多而复杂,因此机床和工艺装备的调整、维修也很费时费事,生产准备工作量很大。

2. 工序分散的特点

当然还存在另一个可能性,那就是每一个工步(甚至走刀)都作为一个工序在一台机床上进行,这就是工序分散的极端情况。由于每一台机床只完成一个工步的加工,因此工序分散就具有下列特点：

(1)采用比较简单的机床和工艺装备调整容易。

(2)对工人的技术要求低，或只需经过较短时间的训练。

(3)生产准备工作量小。

(4)容易变换产品。

(5)设备数量多，工人数量多，生产面积大。

在一般情况下单件小批量生产只能工序集中，而大批量生产则可以集中，也可以分散。但根据目前情况及今后发展趋势来看一般多采用工序集中的原则来组织生产。

(五)加工工序的安排

1. 切削加工工序

在安排加工工序时有几个原则需要遵循：

(1)先粗后精。先安排粗加工，中间安排半精加工最后安排精加工和光整加工。

(2)先主后次。先安排主要表面的加工，后安排次要表面的加工。这里所谓主要表面是指装配基面、工作表面等；所谓次要表面是指非工作表面(如紧固用的光孔和螺孔等)。

(3)先基面后其他。加工一开始，总是先把精基面加工出来。如果精基面不止一个，则应该按照基面转换的顺序和逐步提高加工精度的原则来安排基面和主要表面的加工。例如在一般机器零件上，平面所占的轮廓尺寸比较大，用平面定位比较稳定可靠，因此在拟定工艺规程时总是选用平面作为定位精基面，总是先加工平面后加工孔。

2. 热处理工序

热处理主要用来改善材料的性能及消除内应力。一般可分为：

(1)预备热处理。安排在机械加工之前，以改善切削性能、消除毛坯制造时的内应力为主要目的。例如，对于碳质量分数超过0.5%的碳钢，一般采用退火，以降低硬度；对于碳质量分数不大于0.5%的碳钢，一般采用正火，以提高材料的硬度，使切削时切屑不粘刀，表面较光滑。由于调质(淬火后再进行500～650℃的高温回火)能得到组织细密均匀的回火索氏体，因此有时也用作预备热处理。

(2)最终热处理。安排在半精加工以后和磨削加工之前(但渗氮处理应安排在精磨之后)，主要用于提高材料的强度及硬度，如淬火。由于淬火后材料的塑性和韧性很差，有很大的内应力，易于开裂，组织不稳定，材料的性能和尺寸要发生变化等原因，所以淬火后必须进行回火。其中调质处理能使钢材既有一定的强度、硬度，又有良好的冲击韧性等综合力学性能，常用于汽车、拖拉机和机床零件的热处理，如汽车连杆、曲轴、齿轮和机床主轴等。

(3)去除内应力处理。最好安排在粗加工之后、精加工之前，如人工时效、退火。但是为了避免过多的运输工作量，对于精度要求不太高的零件，一般把去除内应力的人工时效和退

火放在毛坯进入机械加工车间之前进行。但是对于精度要求特别高的零件(例如,精密丝杠),在粗加工和半精加工过程中要经过多次去除内应力退火,在粗、精磨过程中还要经过多次人工时效。

3. 辅助工序

检验工序是主要的辅助工序,它是保证产品质量的重要措施。除了在每道工序进行中,操作者都必须自行检验外,还必须在下列情况下安排单独的检验工序。

(1)粗加工阶段结束之后。

(2)重要工序之后。

(3)零件从一个车间转到另一个车间时。

(4)特种性能(磁力探伤、密封性等)检验之前。

(5)零件全部加工结束之后。

除检验工序外,还要在相应的工序后面考虑安排去毛刺、倒棱边、去磁、清洗、涂防锈油等辅助工序。应该认识到辅助工序仍是必要的工序,缺少了辅助工序或是对辅助工序要求不严,将为装配工作带来困难,甚至使机器不能使用。例如,未去净的毛刺和锐边,将使工件不能装配,且将危及工人的安全;润滑油道中未去净的铁屑将影响机器的运行,甚至使机器损坏。

第二节　加工余量及工序尺寸

一、加工余量及其影响因素

(一)加工余量

在由毛坯变为成品的过程中,在某加工表面上切除的金属层的总厚度称为该表面的加工总余量。每一道工序所切除的金属层厚度称为工序间加工余量。对于外圆和孔等旋转表面而言,加工余量是从直径上考虑的,故称为对称余量(即双边余量),即实际所切除的金属层厚度是直径上的加工余量之半。平面的加工余量则是单边余量,它等于实际所切除的金属层厚度。

任何加工方法都不可避免地要产生尺寸的变化,因此各工序加工后的尺寸也有一定的误差。根据长期积累的经验,通过统计和分析,规定了各种加工方法的工序公差(见《金属机械加工工艺人员手册》及有关资料)。对工序公差带一般都规定为"入体"方向标注,即对于被包容面(如轴、键等),工序间公差带都取上偏差为零,即加工后的公称尺寸和上极限尺寸相等;对于包容面(如孔、键槽宽等),工序间公差带都取下偏差为零,即加工后的公称尺寸和下极限尺寸相等。但是要注意:毛坯尺寸的制造公差带常取双向布置。

根据上面所说的规定,我们可以做出如图 5-2-1、图 5-2-2 所示的加工余量及其和工序公差的关系图,从图中可以看出下列关系:

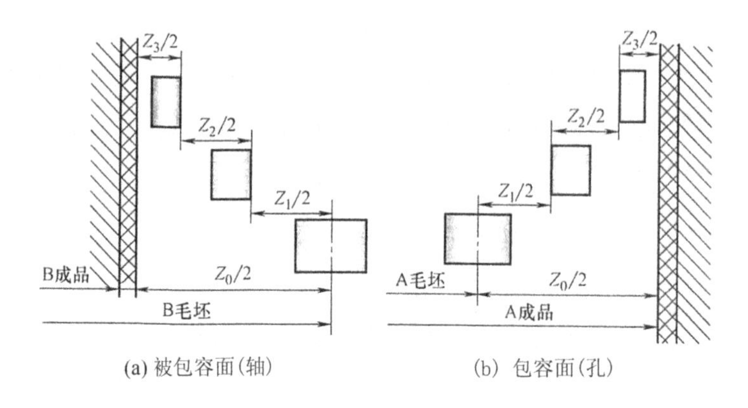

(a) 被包容面(轴)　　(b) 包容面(孔)

图 5-2-1　加工余量示意图

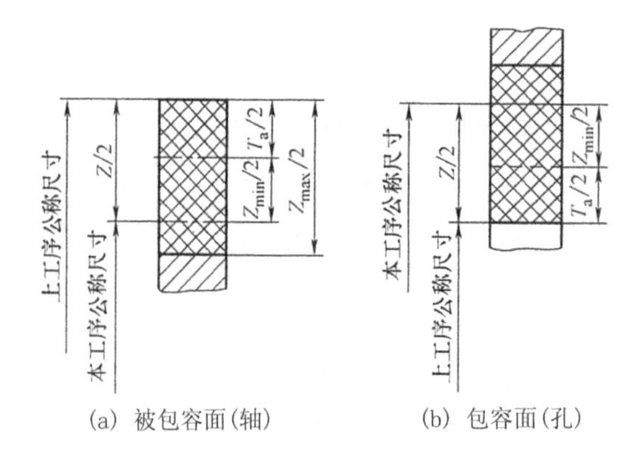

(a) 被包容面(轴)　　(b) 包容面(孔)

图 5-2-2　加工余量与工序尺寸示意图

1. 加工总余量等于各工序间余量之和

$$Z_0 = Z_1 + Z_2 + Z_3 + \cdots$$

2. 对于被包容面而言

工序间余量=上工序的公称尺寸-本工序的公称尺寸;

工序间最大余量=上工序的上极限尺寸-本工序的下极限尺寸;

工序间最小余量=上工序的下极限尺寸-本工序的上极限尺寸。

3. 对于包容面而言

工序间余量=本工序的公称尺寸-上工序的公称尺寸;

工序间最大余量=本工序的上极限尺寸-上工序的下极限尺寸;

工序间最小余量＝本工序的下极限尺寸－上工序的上极限尺寸。

上面所说的工序间余量都是计算公称工序尺寸用的，所以又称为公称余量。加工总余量的大小对制订工艺过程有一定的影响。总余量不够，不能保证加工质量；总余量过大，不但增加机械加工的劳动量而且也增加了材料、工具、电力等消耗，从而增加了成本。加工总余量的数值，一般与毛坯的制造精度有关。同样的毛坯制造方法，总余量的大小又与生产类型有关，如果批量大，总余量就可小些。由于粗加工的工序间余量的变化范围很大，半精加工和精加工的加工余量较小，所以，在一般情况下，加工总余量总是足够分配的。但是在个别余量分布极不均匀的情况下，也可能发生毛坯上有缺陷的表面层都切削不掉，甚至留在毛坯表面的情况。

（二）影响加工余量的因素

影响工序间余量的因素比较复杂，下面仅对在一次切削中应切去的部分作一说明，作为考虑工序间余量的参考。

（1）上工序的表面粗糙度（R_{ya}）。由于尺寸测量是在表面粗糙度的高峰上进行的，任何后续工序都应降低表面粗糙度，因此在切削中首先要把上工序所形成的表面粗糙度切去。

（2）上工序的表面破坏层（D_a）。由于切削加工都在表面上留下一层塑性变形层，这一层金属的组织已遭破坏，必须在本工序中予以切除。经过加工，上工序的表面粗糙度及表面破坏层切除了，又形成了新的表面粗糙度和表面破坏层。但是根据加工过程中逐步减少切削层厚度和切削力的规律，本工序的表面粗糙度和表面破坏层的厚度必然比上工序小。在光整加工中，上工序的表面粗糙度和表面破坏层是组成加工余量的主要因素。

（3）上工序的尺寸公差（T_a）。在工序间余量内包括上工序的尺寸公差。其形状和位置误差，一般都包括在尺寸公差范围内（例如，圆度和素线平行度一般包括在直径公差内，平行度可以包括在距离公差内），不再单独考虑。

（4）需要单独考虑的误差（ρ_a）。零件上有一些形状和位置误差不包括在尺寸公差的范围内，但这些误差又必须在加工中加以纠正，这时就必须单独考虑这类误差对加工余量的影响。属于这一类的误差有轴线的直线度、位置度、同轴度及平行度、轴线与端面的垂直度、阶梯轴及孔的同轴度、外圆对于孔的同轴度等。

（5）本工序的安装误差（ε_b）。这一项误差包括定位误差（包括夹具本身的误差）和夹紧误差。例如，图 5-2-3 所示，若用自定心卡盘夹紧工件外圆磨内孔时，由于自定心卡盘本身定心不准确，因而使工件中心和机床回转中心偏移了一个 e 值，使内孔的磨削余量不均匀。为了加工出内孔，就需在

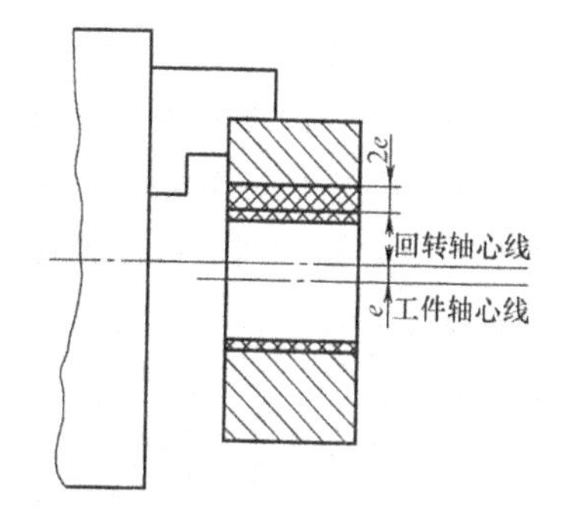

图 5-2-3　自定心卡盘装夹误差

磨削余量上增大 $2e$ 值。

由于 ρ_a 和 ε_b 具有方向性，因此，它们的合成应为向量和。根据以上分析，可以建立工序间最小余量的计算式。

对于平面加工，单边最小余量为

$$Z_{bmin}=T_a+(R_{ya}+D_a)+|\vec{\rho}_a+\vec{\varepsilon}_b|$$

对于外圆和内孔加工，双边最小余量为

$$2Z_{bmin}=T_a+2[(R_{ya}+D_a)+\sqrt{\rho_a^2+\varepsilon_b^2}]$$

当具体应用这种计算式时，还应考虑该工序的具体情况。如车削安装在两顶尖上的工件外圆时，其安装误差可取为零，此时直径上的双边最小余量为

$$2Z_{bmin}=T_a+2[(R_{ya}+D_a)+\rho_a]$$

对于浮动镗孔，由于加工中是以孔本身作为基准，不能纠正孔轴线的偏斜和弯曲，因此此时的直径双边最小余量为

$$2Z_{bmin}=T_a+2(R_{ya}+D_a)$$

对于研磨、珩磨、超精磨和抛光等光整加工工序，此时的加工要求主要是进一步降低上面工序留下的表面粗糙度，因此其直径双边最小余量（仅降低表面粗糙度）为

$$2Z_{bmin}=2R_{ya}$$

计算中所需的 R_{ya}、D_a、ε_b、ρ_a 的数值，可参阅有关的手册。

实际生产中加工余量的确定，主要参考由生产实践和试验研究所积累起来的资料，可以从一般的机械加工手册中查阅。

（三）加工余量的确定

确定加工余量有计算法、经验估计法和查表法这三种方法。

（1）计算法。在掌握影响加工余量的各种因素具体数据的条件下，用计算法确定加工余量是比较科学的。可惜的是已经积累的统计资料尚不多，计算有困难，目前应用较少。

（2）经验估计法。加工余量由一些有经验的工程技术人员或工人根据经验确定。由于主观上有怕出废品的思想，故所估加工余量一般都偏大，此法只用于单件小批量生产。

（3）查表法。此法以工厂生产实践和实验研究积累的经验为基础制成的各种表格数据为依据，再结合实际加工情况加以修正。用查表法确定加工余量，方法简便，比较接近实际，生产上广泛应用。

二、工序尺寸及其公差的确定

计算工序尺寸是工艺规程制订的主要工作之一，通常有以下几种情况：

(1)基准重合时的情况。对于加工过程中基准面没有交换的情况,工序尺寸的确定比较简单。在决定了各工序余量和工序所能达到的经济精度之后,就可以由最后一道工序开始往前推算。

如某车床主轴箱箱体的主轴孔的设计要求为:$\phi\ 180\text{J}6\left({}^{+0.018}_{-0.007}\right)$,$Ra \leqslant 0.8\ \mu\text{m}$。在成批生产条件下,其加工方案为:粗镗—半精镗—精镗—铰孔。

从机械加工手册所查得的各工序的加工余量和所能达到的经济精度,见表 5-2-1 中第二、第三列,其计算结果列于第四、第五列。其中关于毛坯的公差,可根据毛坯的类型、结构特点、制造方法和生产厂的具体条件,参照有关毛坯的手册资料确定。

表 5-2-1　工序尺寸及公差的计算

工序名称	工序双边余量/mm	工序的经济精度		下极限尺寸/mm	工序尺寸及其偏差/mm
		公差等级	公差值		
铰孔	0.2	IT6	0.025	$\phi\ 179.993$	$\phi\ 180^{+0.018}_{-0.007}$
精镗孔	0.6	IT7	0.04	$\phi\ 179.8$	$\phi\ 179.8^{+0.04}_{0}$
半精镗孔	3.2	IT9	0.10	$\phi\ 179.2$	$\phi\ 179.2^{+0.1}_{0}$
粗镗孔	6	IT11	0.25	$\phi\ 176$	$\phi\ ^{+0.25}_{0}$
毛坯孔			3	$\phi\ 170$	$\phi\ ^{+1}_{-2}$

(2)基准面在加工时经过转换的情况。在复杂零件的加工过程中,常常出现定位基准不重合或加工过程中需要多次转换工艺基准时,工序尺寸的计算就复杂多了,不能用上面所述的反推计算法,而是需要借助尺寸链的分析和计算,并对工序余量进行验算以校核工序尺寸及其上、下极限偏差。

(3)孔系坐标尺寸的计算。孔系的坐标尺寸,通常在零件图上已标注清楚。但是未标注清楚的,就要计算孔系的坐标尺寸,这类问题,可以运用尺寸链原理,作为平面尺寸链问题进行解算。

 三、尺寸链与加工工艺过程设计

工艺尺寸链旨在引入尺寸链原理解决工艺过程设计中工序尺寸的相关问题。现用图 5-2-4所示的主轴箱箱体镗孔的加工为例进行介绍。图中所示的尺寸 a、b、c 互相联系,按一定顺序首尾相接构成封闭形式的一组尺寸定义为尺寸链。其中,尺寸 a、c 是直接获得并保证的工序尺寸,即直接保证尺寸,其尺寸公差的要求直接等于加工过程中所标注的某个加工尺寸公差。也就是说,零件上这类尺寸的精度要求,可以通过直接控制某个标注方法完全相同的加工尺寸的公差而得到保证。只要这个加工尺寸精度符合其公差要求,就可保证零件在加工过程结束时得到合格的设计尺寸。尺寸 a、c 就称为尺寸链的组成环;而尺寸 b 是

间接获得并保证的尺寸，它与直接保证的工序尺寸不同，零件成品所需保证的设计尺寸，在加工过程中并不直接标出，只能靠控制其他的工序尺寸及公差，间接地予以保证。尺寸 b 就称为尺寸链的封闭环。这种由零件在加工工艺过程中的有关尺寸所形成的尺寸链，就称为工艺尺寸链。

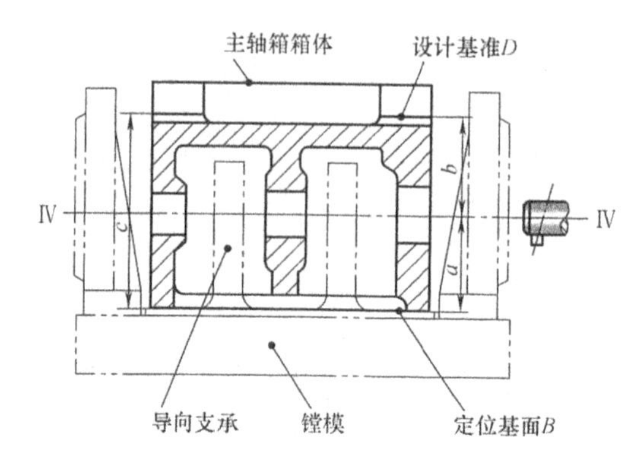

图 5-2-4　主轴箱箱体镗孔简图

工艺尺寸链在加工工艺过程设计中具有重要的作用，主要解决三方面的问题：零件各工序尺寸的确定，设计尺寸的验算，加工余量的验算。

计算工艺尺寸链可以用极值法或概率法，分为正计算问题、反计算问题及中间计算问题三类。目前生产中一般采用极值法，概率法主要用于生产批量大的自动化及半自动化生产方面，但是当尺寸链的环数较多时，即使生产批量不大也宜用概率法。

在加工工艺过程设计工作中，通常是根据已给定的封闭环的公差，决定各组成环的公差，即反计算问题。解决这类问题可以有三种方法：

(1)按等公差值的原则分配封闭环的公差，即

$$T(A_i)=\frac{T(A_0)}{n-1}$$

这种方法在计算上比较方便，但从工艺上讲是不够合理的，可以有选择地使用。

(2)按等公差等级的原则分配封闭环的公差，即各组成环的公差根据公称尺寸的大小按比例分配，或是按照公差表中的尺寸分段及某一公差等级规定组成环的公差，使各组成环的公差符合下列条件，即

$$\sum_{i=1}^{n-1}T(A_i)\leqslant T(A_0)$$

最后加以适当的调整，这种方法从工艺上讲是比较合理的。

(3)组成环的公差也可以按照具体情况来分配，这与设计工作经验有关，但实质上仍是从工艺的观点考虑的，通常取其经济加工精度，或在此基础上进行调整。

关于尺寸链计算的有关公式，请参阅《机械精度设计》教材。

第三节　数控加工工艺过程分析与设计

一、数控加工概述

数控加工是指在数控机床上进行零件加工的一种工艺方法。数控机床是用数字化信号对机床的运动及其加工过程进行控制的机床。它是一种技术密集度及自动化程度很高的机电一体化加工设备，能实现多轴联动。目前，它朝着高速高精、高可靠性和智能化等方向发展。数控加工是指在数控机床上采用数控信息控制零件和刀具位移的机械加工方法，即根据零件图样及工艺要求等原始条件，编制零件数控加工程序，并输入到数控机床的数控系统，以控制数控机床中刀具与工件的相对运动，从而完成零件的加工。它是解决零件品种多变、批量小、型面复杂、精度高、加工质量一致性等问题和实现高效化和自动化加工的有效途径。

二、数控加工工艺过程分析步骤

在设计零件数控加工工艺规程之前，需要从以下几方面逐步分析：

（一）被加工零件的加工工艺分析

根据被加工零件的特点，对零件进行全面的图样工艺分析（复杂空间曲面的图样工艺则是确定多个截面的轮廓尺寸等）、结构工艺分析和毛坯工艺分析。零件图样工艺分析主要确定零件图是否完整正确、技术要求的难易程度（包含零件的表面质量和精度）、定位基准是否可靠、尺寸标注是否合适等内容。

零件结构工艺分析主要是确定零件加工工序的集中度及各工序所用刀具的种类、规格，有利于减少机床调整，缩短辅助时间，减少编程工作量和加工劳动量，有利于保证定位刚度和刀具刚度，充分发挥数控机床的特长，提高加工精度和效率。

不同的毛坯种类适用范围也不相同，因此需要通过零件毛坯工艺分析确定毛坯的种类，如型材、锻件、铸件、焊接、冲压等半成品件。

（二）确定零件的加工方法

根据零件的技术要求及结构确定合适的加工方法。对于同一个零件上的不同加工区域或不同类型的零件，确定是否适合在数控机床上加工、适合在哪种类型数控机床上加工等信息。针对常见的典型零件，对应的加工方法如下：

（1）旋转体零件的加工。对于旋转体的零件常选择在数控车床上进行加工。此外，车床可以车旋转体端部的平面和旋转的沟槽。

(2)孔系零件的加工。对于孔的加工常选择在数控钻床、坐标镗床(精度较高)和数控加工中心及内圆磨床、珩磨机(长孔)等机床上进行数控加工。

(3)平面、简单曲面零件加工。对于平面、简单曲面常选择在数控铣床进行加工。单一进给轴运动能实现平面的加工,两坐标轴联动能实现简单曲面的加工。

(4)空间曲面零件的加工。对于复杂的空间曲面常选择在五轴数控加工中心或数控铣床上进行加工。三轴、四轴或五轴联动加工能形成空间曲面。

(5)零件上键槽的加工。旋转体上的键槽可在数控车床上进行车削加工。平面或简单曲面或孔内键槽常采用插床、拉床、铣削类机床上进行加工。

(三)确定零件的加工工艺路线

确定好零件的加工方法以后,可选择对应的数控机床,同时也需要确定能满足零件加工的夹具(车床夹具、铣床夹具、钻床夹具、镗床夹具、加工中心夹具等)。选择的夹具应在满足零件精度和技术要求的前提下,越简单越好,且又不能影响进给路线等。另外,也需要确定工艺基准,其应与设计基准一致,以保证零件的定位准确、稳定,加工测量方便,装夹次数最少。

根据加工方法、零件的结构特点、技术要求和选取的机床、夹具、工艺基准等具体生产条件来确定加工工艺路线。主要包括工序划分、工步划分、加工阶段划分和加工顺序安排。

1. 工序划分

在保证零件的加工精度和高加工效率条件下合理安排加工工序。划分工序的基本原则有工序集中原则和工序分散原则。工序分散的情况下工序内容简单,有利于选择较为合理的切削用量,便于选择通用设备,生产准备工作量较少。工序集中的情况下,减少了零件装夹次数,缩短了工艺路线等优点。在数控机床上进行零件加工,工序应尽可能集中,即在一次装夹中尽可能完成大部分或全部工序,它适合单件小批量生产。

2. 工步划分

工步的划分主要是从加工精度和效率两方面综合考虑。工序内往往需要采用不同的刀具和切削用量,对工件的不同表面进行加工。对于较复杂的工序,为了便于分析和描述,常在工序内又细分为工步。工步划分的原则主要包含以下几条:

(1)根据零件的精度要求考虑同一加工表面按粗加工、半精加工、精加工依次完成,还是全部加工表面都先粗加工后精加工分开进行。若加工尺寸精度要求较高,考虑到零件尺寸、精度、刚性等因素,可采用前者;若零件的加工表面位置精度要求较高,则建议采用后者。

(2)对于既要加工平面又要加工孔的零件,可以采用“先面后孔”的原则划分工步。先加工面可提高孔的加工精度,因为铣平面时切削力较大,工件易发生变形,而先铣平面后镗孔,则可使其变形有一段时间恢复,减少由于变形引起的对孔的精度的影响。反之,如先镗孔后铣面,则铣削平面时极易在孔口产生飞边、毛刺,进而破坏孔的精度。

(3)按所用刀具划分工步。某些机床工作台回转时间比换刀时间短,可采用刀具集中地方法划分工步,以减少换刀次数,缩短辅助时间,提高加工效率。

(4)在一次安装中,尽可能完成所有能加工的表面,有利于保证表面相互位置精度的要求。

3. 加工阶段划分

数控加工工艺与普通加工工艺相似,通常也将零件的整个加工过程划分为粗加工、半精加工、精加工和光整加工四个阶段。

4. 加工顺序安排

复杂工件的数控加工工艺路线中要经过切削加工、热处理和辅助工序。因此,在拟定工艺路线时,工艺人员要全面地把切削加工、热处理和辅助工序三者一起加以考虑。此外,数控加工工序的划分与安排要满足基面先行、先粗后精、先主后次、先面后孔、进给路线短、换刀次数少、工件刚性好等原则。

(四)确定刀具进给路线及加工工艺参数

1. 刀具进给路线

主要是确定粗加工及空行程的进给路线,因为半精加工和精加工的进给路线基本上都是按零件的轮廓进行的。确定进给路线的原则是在保证零件加工精度和表面粗糙度的条件下,尽量缩短进给路线,以提高生产率,其原则有以下五点:

(1)选择使零件在加工后变形小的路线。

(2)尽量缩短进给路线,合理选择对刀点、换刀点,减少换刀次数,并使数值计算简单,程序段数量少,以减少编程工作量。

(3)合理选取起刀点、切入点和切入方式,保证切入过程平稳。

(4)最终轮廓尽量一次进给完成,以免产生刀痕等缺陷。

(5)避免刀具与非加工面的干涉,保证加工过程安全可靠等。

2. 加工工艺参数

在确定加工工艺参数之前,应先确定加工余量。加工余量过大会影响加工工时,也浪费材料;加工余量过小,不易消除各种误差,容易造成废品。因此在满足粗加工、半精加工和精加工的加工余量时,应尽可能缩小加工余量,但也要有充分的加工余量来防止零件废品的产生。加工工艺参数指的是切削用量,包括主轴转速、进给速度和切削深度等。不同的加工方法，其切削用量也不相同。切削用量的选择应基于加工方式。粗加工时应选择尽可能大的切削深度，再根据机床动力和刚性的限制条件选取尽可能大的进给速度，最后根据刀具的寿命确定最佳的主轴转速（切削速度）。半精加工和精加工时应先保证加工质量，再兼顾切削效率和加工成本，即在精加工时应选择较小的切削深度、进给速度及较高的切削速度。

 三、整体叶轮数控加工工艺设计案例

图 5-3-1 示出了整体叶轮零件模型及主要尺寸，整体叶轮主要由叶片和轮毂构成，叶片与轮毂的交界处俗称叶根（叶片和轮毂之间为变圆弧过渡）。该叶轮有 15 个叶片，叶片的厚度为 2 mm。叶轮的加工精度和表面质量应满足设计要求．如表面粗糙度 *Ra* 值应不小于 1.6 μm。通过检测叶轮某些截面[图 5-3-1(c)]的轮廓形状来检测叶轮轮廓精度和叶片厚度是否满足要求，叶片厚度偏差应小于 0.03 mm。叶轮表面的残留高度不应大于 0.005 mm。通过对整体叶轮零件数控加工工艺过程分析，先确定叶轮毛坯、加工方法及所使用的刀具类型和机床类型、夹具、工艺基准，再确定零件的数控加工工艺路线，最后确定刀具的进给路线和加工工艺参数。整体叶轮的数控加工工艺过程见表 5-3-1。

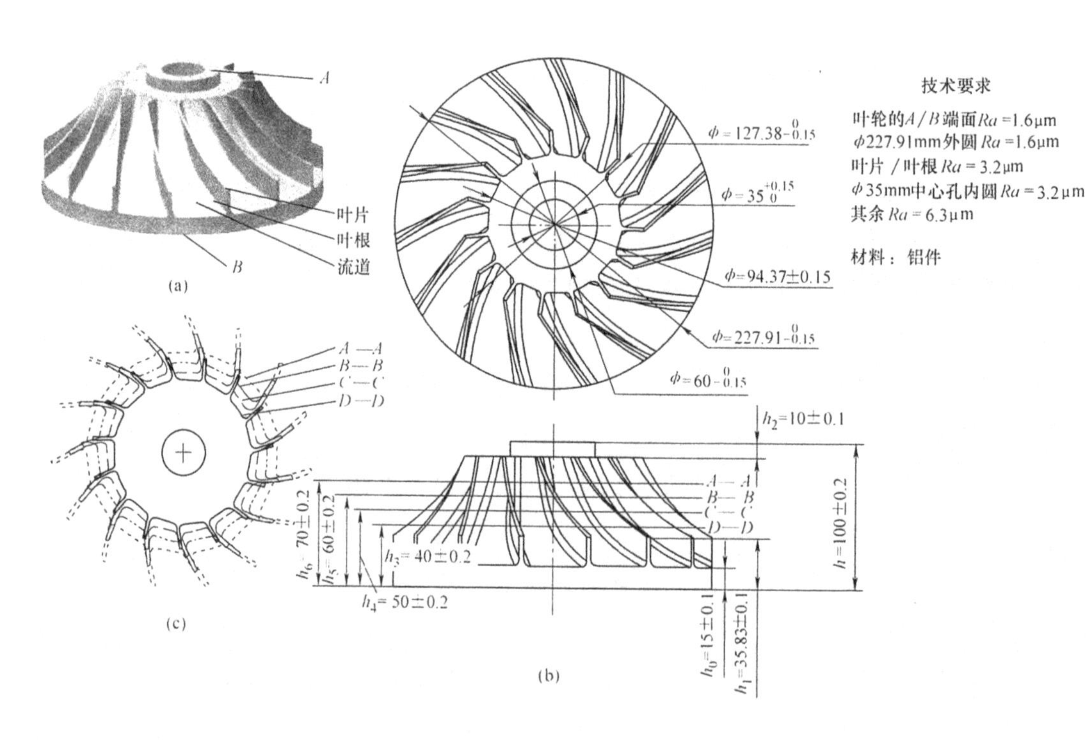

图 5-3-1　整体叶轮零件模型及其主要尺寸

表 5-3-1　整体叶轮的数控加工工艺过程(简表)

序号	工序名称	工序内容及要求	设备
1	下料	确定毛坯尺寸、类型、余量等	—
2	叶轮锥形加工	(1)粗车外圆和端部定位基准面(留余量 1 mm) (2)精车外圆和端部定位基准面 (3)粗车叶轮外轮廓(留余量 1 mm) (4)精车叶轮外轮廓 (5)钻中心孔	车削加工中心
3	打定位工艺孔	钻定位销孔(与工装相匹配)	加工中心
4	检验	检验毛坯尺寸和定位工艺孔是否满足要求	高精度检测设备
5	铣整体叶轮	(1)叶轮流道粗加工(留余量 0.5 mm) (2)叶轮流道精加工 (3)叶轮叶片/叶根精加工	五轴加工中心
6	检验	检验叶轮加工精度	
7	去定位工艺孔	车削掉定位工艺孔,满足尺寸要求	车削加工中心
8	最终检验	出具详细的检验报告	轮廓测量仪 三坐标测量机
9	包装、入库	完成零件包装并入库	

根据整体叶轮加工工艺过程,在车床和五轴加工中心上可完成整体叶轮的加工。在加工件数较少的情况下,无须大批量锻造毛坯,因此可采用车床将圆柱棒料车成整体叶轮雏形,再在五轴加工中心上完成剩余工序的加工(具有工序集中的特点)。整体叶轮形成的重要过程如图 5-3-2 所示。

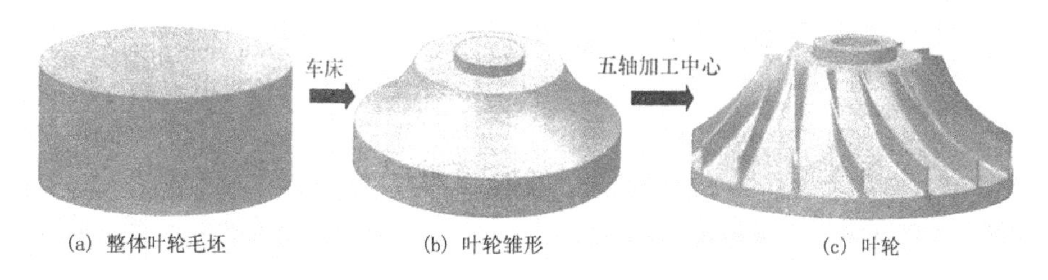

图 5-3-2　整体叶轮形成的重要过程

第四节　机械加工工艺过程的技术经济分析

一、时间定额

时间定额是在一定的技术、组织条件下制订出来的完成单件产品(如一个零件)或某项工作(如一个工序)所必需的时间。时间定额是安排生产计划、核算成本的重要依据之一,也是设计或扩建工厂(或车间)时计算设备和人员数量的重要资料。

时间定额中的基本时间可以根据切削用量和行程长度来计算;其余组成部分的时间,可取自根据经验而来的统计资料。

在制订时间定额时要防止两种偏向:一种是时间定额订得过紧,影响了工人的主动性和积极性;另一种是时间定额订得过松,反而失去了它应有的指导生产和促进生产的作用,因此制订的时间定额应该具有平均先进水平,并且应随着生产水平的发展而及时修订。

完成一个零件的一个工序的时间称为单件时间。它包括下列组成部分:

(1)基本时间($T_{基本}$)。基本时间是指直接改变工件的尺寸、形状、相对位置和表面质量所耗费的时间。对于切削加工来说,基本时间是切除金属所耗费的机动时间(包括刀具的切入和切出时间在内)。

(2)辅助时间($T_{辅助}$)。辅助时间是指在各个工序中为了保证完成基本工艺工作需要做的辅助动作所耗费的时间。所谓辅助动作包括:装、卸工件,开动和停止机床,改变切削用量,测量工件,手动进刀和退刀等手动动作。

基本时间和辅助时间的总和称为操作时间。

(3)工作地点服务时间($T_{服务}$)。工作地点服务时间是指工人在工作班时间内照管工作地点及保持工作状态所耗费的时间。例如,在加工过程中调整刀具、修正砂轮、润滑及擦拭机床、清理切屑等所耗费的时间,一般按操作时间的2%～7%来计算。

(4)休息和自然需要时间($T_{休息}$)。休息和自然需要时间是指用于照顾工人休息和生理上的需要所耗费的时间,一般按操作时间的2%来计算。

因此,单件时间是

$$T_{单件}=T_{基本}+T_{辅助}+T_{服务}+T_{休息}$$

在成批生产中,还需要考虑准备—终结时间($T_{准终}$)。准备—终结时间是成批生产中每当加工一批零件的开始和终了时,需要一定的时间做下列工作:在加工一批零件的开始时需要熟悉工艺文件,领取毛坯材料,安装刀具和夹具,调整机床和刀具等;在加工一批零件的终了时,需要拆下和归还工艺装备,发送成品等。因此在成批生产时,如果一批零件的数量为

N'，准备一终结时间为 $T_{准终}$，则每个零件所分摊到的准备—终结时间为 $\frac{T_{准终}}{N'}$。将这一时间加到单件时间中去，即得到成批生产的单件工时定额

$$T_{定额}=T_{单件}+\frac{T_{准终}}{N'}=T_{基本}+T_{辅助}+T_{服务}+T_{休息}+\frac{T_{准终}}{N'}$$

在大量生产中，每个工作地点完成固定的一个工序，所以在单件工时定额中没有准备一终结时间，即 $T_{定额}=T_{单件}$。

二、工艺过程的技术经济分析

制订机械加工工艺过程时，在同样能满足被加工零件的加工精度和表面质量的要求下，通常可以有几种不同的加工方案来实现，其中有些方案可具有很高的生产率，但设备和工夹具方面的投资较大，另一些方案则可能投资较节省，但生产率较低，因此，不同的方案就有不同的经济效果。为了选取在给定的生产条件下最经济合理的方案，对不同的工艺方案进行技术经济分析和评比就具有重要意义。

制造一个零件或一台产品所必需的一切费用的总和，就是零件或产品的生产成本。这种制造费用实际上可分为与工艺过程有关的费用和与工艺过程无关的费用两类，其中，与工艺过程有关的费用占 70%～75%。因此，对不同的工艺方案进行经济分析和评比时，就只需分析、评比它们与工艺过程直接有关的生产费用、即所谓工艺成本。工艺成本并不是零件的实际成本，它由两部分构成：可变费用和不变费用。前者包括材料费、操作费用、工人的工资、机床电费、通用机床折旧费和修理费、通用夹具和刀具费等与年产量有关并与之成正比的费用；后者包括调整工人的工资、专用机床折旧费和修理费、专用刀具和夹具费等与年产量的变化没有直接关系的费用，即当年产量在一定范围内变化时，这种费用基本上保持不变。因此，一种零件（或一道工序）的全年工艺成本 S 可用下式表示为

$$S=NV+C \tag{5-1}$$

式中：V ——每个零件的可变费用，元/件；

N——零件的生产纲领，件；

C ——全年的不变费用，元。

因此，单件工艺（或工序）成本是

$$S_i=V+\frac{C}{N} \tag{5-2}$$

可见，全年的工艺成本 S 与生产纲领 N 呈线性正比关系（图 5-4-1），而单件工艺成本 S_i 与Ⅳ呈双曲线关系（图 5-4-2），即当 N 很小时，由于设备负荷很低，单件工艺成本 S_i 会很高，这种双曲线变化关系表明：当 C 值（主要是专用设备费用）一定时，若生产纲领较小，则 $\frac{C}{N}$ 与

V 相比在成本中所占比重就较大，因此 N 的增大就会使成本显著下降，这种情况就相当于单件生产与小批量生产；反之，当生产纲领超过一定范围，使 $\frac{C}{N}$ 所占比重已很小，此时就需采用生产效率更高的方案，使 V 减小，才能获得好的经济效果，这就相当于大批量生产的情况。现以两种不同的工艺方案为例进行介绍。

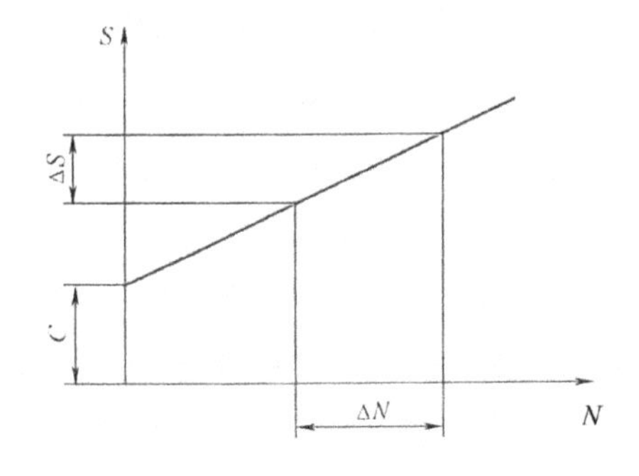

图 5-4-1　全年工艺成本 S 与生产纲领 N 的关系

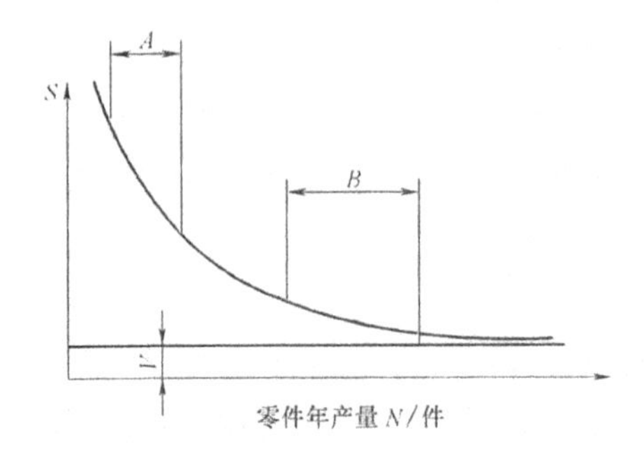

图 5-4-2　单件工艺成本 S_i 与生产纲领 N 的关系

(1)当分析、评比两种基本投资相近，或都是在采用现有设备条件下，只有少数工序不同的工艺方案时，可按式(5-2)对这两种工艺方案的单件工艺成本进行分析与对比。

$$S_{i\,\text{I}}=V_{\text{I}}+\frac{C_{\text{I}}}{N}\qquad S_{i\,\text{II}}=V_{\text{II}}+\frac{C_{\text{II}}}{N}$$

当年生产纲领变化时，则由图 5-4-3 知，两种方案可按临界产量 N_0 合理地选取经济方案Ⅰ或Ⅱ。

当两个工艺方案有较多的工序不同时，就应该按式(5-1)分析、对比这两个工艺方案的全年工艺成本，即

$$S_{\text{I}}=NV_{\text{I}}+C_{\text{I}}\qquad S_{\text{II}}=NV_{\text{II}}+C_{\text{II}}$$

当年生产纲领变化时，则由图 5-4-4 知，可按两直线交点的临界产量 N_0 分别选定经济方案Ⅰ或Ⅱ。此时，有

$$N_cV_{\text{I}}+C_{\text{I}}=N_cV_{\text{II}}+C_{\text{II}}$$

$$N_c=\frac{C_{\text{II}}-C_{\text{I}}}{V_{\text{I}}-V_{\text{II}}}$$

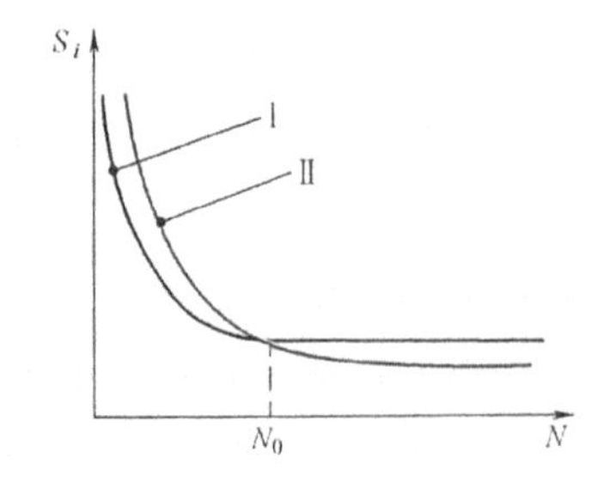

图 5-4-3　两种工艺方案单件工艺成本的比较

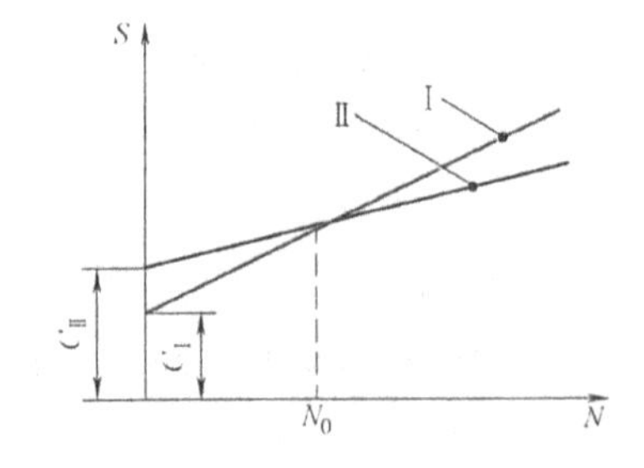

图 5-4-4　两种工艺方案全年工艺成本的比较

(2)当两个工艺方案的基本投资差额较大时，通常就是由于工艺方案中采用了高生产率的价格昂贵的设备或工艺装备，即用较大的基本投资而提高劳动生产率使单件工艺成本降低，因此，在进行评比时就必须同时考虑到这种投资的回收期限，回收期越短则经济效果就越好。

第五节　机器装配工艺规程设计

机器的装配是整个机器制造过程中的最后一个阶段，它包括装配、调整、检验和试验等工作。机器或产品的质量，是以机器或产品的工作性能、使用效果和寿命等综合指标来评定的。装配工作任务之所以繁重就在于产品的质量最终由它来保证；而且又因为装配工作占有大量的劳动量，因此对生产任务的完成、人力与物力的利用和资金的周转又有直接的影响。

一、机械装配生产类型及其特点

机械装配的生产类型按装配工作的生产批量大致可分为大批大量生产、成批生产及单件小批生产三种。生产类型支配着装配工作且各具特点，诸如在组织形式、装配方法、工艺装备等方面都有不同。为使装配工作大幅度地提高其工艺水平，必须注意各种生产类型的特点及现状，研究其本质联系，才能抓住重点，有的放矢地进行工作。为了简洁起见，现将各种生产类型的装配工作的特点列于表 5-5-1。

由表 5-5-1 可以看出，对于不同的生产类型，它的装配工作的特点都有其内在的联系，而装配工艺方法亦各有侧重。例如，大量生产汽车或拖拉机的工厂，它们的装配工艺主要是互换法装配，只允许有少量简单的调整，工艺过程必须划分得很细，即采用分散工序原则，以便达到高度的均衡性和严格的节奏性。在这样的装配工艺基础上和专用高效工艺装备的物质基础上，才能建立移动式流水线以至于自动装配线。

表 5-5-1　各种生产类型装配工作的特点

生产类型	大批量生产	成批生产	单件小批量生产
装配工作特点	产品固定，生产活动经常反复，生产周期一般较短	产品在系列化范围内变动，分批交替投产或多品种同时投产，生产活动在一定时期内重复	产品经常变换，不定期重复生产，生产周期一般较长
组织形式	多采用流水装配线： 有连续移动、间隔移动及可变节奏等移动方式，还可采用自动装配机或自动装配线	产品笨重批量不大的产品多采用固定流水装配，批量较大时采用流水装配，多品种平行投产时用多品种可变节奏流水装配	多采用固定装配或固定式流水装配进行总装，同时对批量较大的部件也可采用流水装配

续表

生产类型	大批量生产	成批生产	单件小批量生产
装配工艺方法	按互换法装配，允许有少量简单的调整，精密偶件成对供应或分组供应装配，无任何修配工作	主要采用互换法，但灵活运用其他保证装配精度的装配工艺方法，如调整法、修配法及合并法以节约加工费用	以修配法及调整法为主，互换件比例较少
工艺过程	工艺过程划分很细，力求达到高度的均衡性	工艺过程的划分须适合于批量的大小，尽量使生产均衡	一般不订详细工艺文件，工序可适当调度，工艺也可灵活掌握
工艺装备	专业化程度高，宜采用专用高效工艺装备，易于实现机械化自动化	通用设备较多，但也采用一定数量的专用工、夹、量具，以保证装配质量和提高工效	一般通用设备及通用工、夹、量具
手工操作要求	手工操作比重小，熟练程度容易提高，便于培养新工人	手工操作比重较大，技术水平要求较高	手工操作比重大，要求工人有高的技术水平和多方面的工艺知识
应用实例	汽车、拖拉机、内燃机、滚动轴承、手表、缝纫机、电气开关	机床、机车车辆、中小型锅炉、矿山采掘机械	重型机床、重型机器、汽轮机、大型内燃机、大型锅炉

二、达到装配精度的工艺方法

在长期的装配实践中，人们根据不同的机器和不同生产类型的条件，创造了许多巧妙的装配工艺方法。这种保证装配精度的工艺方法可以归纳为四大类，即互换法、选配法、修配法和调整法，现详述如下。

(一)互换法

互换法的实质就是用控制零件加工误差来保证装配精度的一种方法。换言之，就是零件加工公差按下面两种原则来规定：

(1)有关零件公差之和应小于或等于装配公差，这一原则可以用公式表示为

$$T_0 \geqslant \sum_{i=1}^{n} T_i = T_1 + T_2 + \cdots + T_n \tag{5-3}$$

式中：T_0 ——装配公差；

T_i ——各有关零件的制造公差。

显然，在这种装配方法中，零件是完全可以互换的，因此它又称为“完全互换法”。

(2)有关零件公差值二次方之和的二次方根小于或等于装配公差，即

$$T_0 \geqslant \sqrt{\sum_{i=1}^{n} T_i^2} = \sqrt{T_1^2 + T_2^2 + \cdots + T_n^2} \tag{5-4}$$

显然，与式(5-3)相比，按式(5-4)计算时，零件的公差可以放大些，使加工容易而经济，同时仍能保证装配精度。

按式(5-3)制订零件公差，适用于任何生产类型。按式(5-4)制订零件公差，只适用于大批大量生产类型，其依据是概率理论。当符合一定条件时，也能达到“完全互换法”的效果，否则，可能有一部分被装配的制品不符合装配精度要求，此时就称为“不完全互换法”。

完全互换法的优点是：

①装配过程简单，生产率高。

②对工人技术水平要求不高，易于扩大生产。

③便于组织流水作业及自动化装配。

④容易实现零、部件的专业协作，降低成本。

⑤备件供应方便。

(二)选配法

在成批或大量生产条件下，若组成零件不多而装配精度很高时，采用完全互换法或不完全互换法，都将使零件的公差过严，甚至超过了加工工艺的现实可能性。例如，内燃机的活塞与缸套的配合，滚动轴承内外环与滚珠的配合等。在这种情况下，就不宜甚至不能只依靠零件的加工精度来保证装配精度，而可以用选配法。选配法是将配合件中各零件仍按经济精度制造(即制造公差放大了)，然后选择合适的零件进行装配，以保证规定的装配精度要求。

选配法按其形式不同有三种，即直接选配法、分组装配法及复合选配法。

1. 直接选配法

直接选配法是由装配工人在许多待装配的零件中，凭经验挑选合适的互配件装配在一起。这种方法在事先不对零件进行测量和分组，而是在装配时直接由工人试凑装配，挑选合适的零件，故称为直接选配法。其优点是简单，但工人挑选零件可能要花费较长时间，而且装配质量在很大程度上取决于工人的技术水平。因此这种选配法不宜采用在节拍要求严格的大批量流水线装配中。

2. 分组装配法

分组装配法是直接选配法的发展。这种方法事先将互配零件测量分组，装配时按对应组进行装配，以达到装配精度要求。

(1)分组选配法的优点。

①零件加工公差要求不高，而能获得很高的装配精度。

②同组内的零件仍可以互换，具有互换法的优点，故又称为“分组互换法”。

(2)分组选配法的缺点。

①增加了零件存储量。

②增加了零件的测量、分组工作并使零件的储存、运输工作复杂化。

(3)采用分组装配的注意事项。

①配合件的公差应相等,公差的增加要同一方向,增大的倍数就是分组数。这样才能在分组后按对应组装配而得到预定的配合性质(间隙或过盈)。

如图 5-5-1 所示,以轴孔的配合为例,设轴与孔的公差按完全互换法的要求分别为 $T_{轴}$、$T_{孔}$,并令 $T_{轴}=T_{孔}+T_0$,装配后得到最大间隙为 $S_{i\max}$,最小间隙为 $S_{i\min}$。

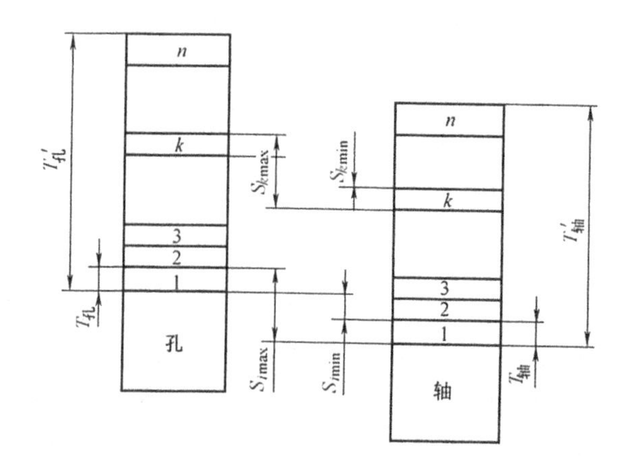

图 5-5-1　轴孔分组装配图

由于公差 T 太小,加工困难,故用分组装配法。为此,将轴、孔公差在同一方向放大到经济可行的地步,设放大了 n 倍,即 $T'=nT$。零件加工完毕后,将轴与孔按尺寸分为 n 组,故每组公差仍为 $T=\dfrac{T'}{n}$。装配时按对应组装配,现以第 k 组为例,轴孔对应组装配后得到的最大与最小间隙为

$$S_{k\max}=[S_{l\max}+(k-1)T_{孔}-(k-1)T_{轴}]=S_{i\max}$$

$$S_{k\min}=[S_{l\min}+(k-1)T_{孔}-(k-1)T_{轴}]=S_{i\min}$$

可见无论哪一个对应组,装配后得到的配合精度与性质不变,都满足原设计要求。

如果轴与孔的公差不相等,就不能使各组获得相同的配合性质。

②配合件的表面粗糙度、几何公差必须保持原设计要求,不能随着公差的放大而降低表面粗糙度要求和放大几何公差。

③要采取措施,保证零件分组装配中都能配套,不产生某一组零件由于过多或过少,无法配套而造成积压和浪费。

④分组数不宜过多,否则将使前述两项缺点更加突出而增加费用。

⑤应严格组织对零件的精密测量、分组、识别、保管和运送等工作。

3. 复合选配法

复合选配法是上述两种方法的复合，即零件预先测量分组，装配时再在各对应组中凭工人经验直接选配。这一方法的特点是配合件的公差可以不相等。由于在分组的范围中直接选配，因此既能达到理想的装配质量，又能较快地选择合适的零件，便于保证生产节奏。在汽车发动机装配中，气缸与活塞的装配大都采用这种方法，一般汽车与拖拉机发动机的活塞均由活塞制造厂大量生产供应，同一规格的活塞其裙部尺寸要按椭圆的长轴分组。

（三）修配法

在单件小批生产中，装配精度要求高而且组成件多时，完全互换法或不完全互换法均不能采用。例如，车床主轴顶尖与尾架顶尖的等高性、转塔车床的刀具孔与车头主轴的同轴度都要求很高，而它们的组成件都较多。假使采用完全互换法，则有关零件的有关尺寸精度势必达到极高的要求；若采用不完全互换法，则由于公差值放大不多也无济于事，在单件小批生产条件下更无条件采用不完全互换法，在这些情况下修配法将是较好的方法而被广泛采用。

通常，修配法是指在零件上预留修配量，在装配过程中用手工锉、刮、研等方法修去该零件上的多余部分材料，使装配精度满足技术要求。修配法的优点是能够获得很高的装配精度，而零件的制造精度要求可以放宽。缺点是增加了装配过程中的手工修配工作，劳动量大，工时又不易预定，不便于组织流水作业，而且装配质量依赖于工人的技术水平。

采用修配法时应注意：

(1)应正确选择修配对象。首先应选择那些只与本项装配精度有关而与其他装配精度项目无关的零件作为修配对象；然后再选择其中易于拆装且修配面不大的零件作为修配件。

(2)应该通过计算，合理确定修配件的尺寸及其公差，既要保证它具有足够的修配量，又不要使修配量过大。

为了弥补手工修配的缺点，应尽可能考虑采用机械加工的方法来代替手工修配，例如采用电动或气动修配工具，或用“精刨代刮”“精磨代刮”等机械加工方法。

随着这种思想的进一步发展，人们创造了所谓“综合消除法”，或称“就地加工法”。这种方法的典型例子是：转塔车床对转塔的刀具孔进行“自镗自”，这样就直接保证了同轴度的要求。因为装配累积误差完全在零件装配结合后，以“自镗自”的方法予以消除，因而得名。

这种方法广泛应用于机床制造中，如龙门刨床的“自刨自”、平面磨床的“自磨自”、立式车床的“自车自”等。

由于修配法有其独特的优点，又采用了各种减轻装配工作量的措施，因此除了在单件小批生产中被广泛采用外，在成批生产中也采用较多。至于合并法或综合消除法，其实质都是减少或消除累积误差，这种方法在各类生产中都有应用。

（四）调整法

调整法与修配法在原则上是相似的，但具体方法不同。这种方法用一个可调整的零件，在装配时调整它在机器中的位置或增加一个定尺寸零件（如垫片、垫圈、套筒等）以达到装配精度。上述两种零件，都起到补偿装配累积误差的作用，故称为补偿件，这两种调整法分别称为可动补偿件调整法和固定补偿件调整法。

图 5-5-2 表示了保证装配间隙（以保证齿轮轴向游动的限度）的三种方法：互换法，以尺寸 A_1、A_2 的制造精度保证装配间隙 A_0[图 5-5-2(a)]；加入一个固定的垫圈来保证装配间隙 A_0[图 5-5-2(b)]；加入一个可动的套筒来达到装配间隙 A_0[图 5-5-2(c)]。

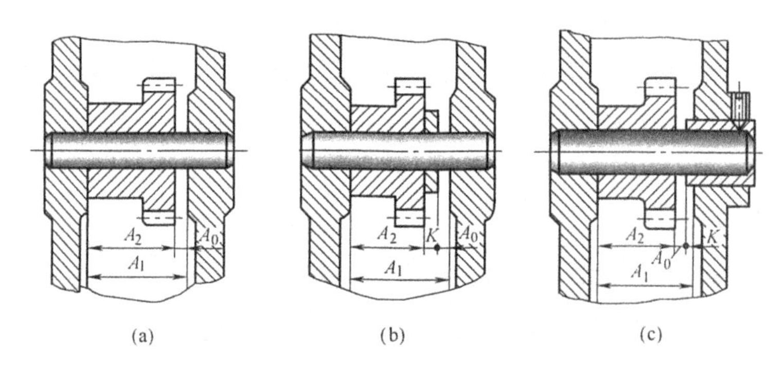

图 5-5-2　保证装配间隙的方法

1. 调整法的优点

（1）能获得很高的装配精度，在采用可动件调整法时，可达到理想的精度，而且可以随时调整由于磨损、热变形或弹性变形等原因所引起的误差。

（2）零件可按经济精度要求确定加工公差。

2. 调整法的缺点

（1）往往需要增加调整件，这就增加了零件的数量，增加了制造费用。

（2）应用可动调整件时，往往要增大机构的体积。

（3）装配精度在一定程度上依赖于工人的技术水平，对于复杂的调整工作，工时较长，时间较难预定，因此不便于组织流水作业。

因此调整法的应用，应根据不同的机器、不同的生产类型予以妥善地考虑。在大批量生产条件下采用调整法，应该预先采取措施，尽量使调整方便迅速。例如用调整垫片时，应准备几档不同规格的垫片。利用螺孔间隙时，应事先进行计算以免产生调整量不够的情形。由于螺孔间隙有限，在机构复杂时，计算也非常复杂，不易准确，故在机械结构允许时，可采用长圆孔，以扩大调整量。

三、装配尺寸链

1. 装配尺寸链的基本概念

在装配图上把对某项精度指标有关的零件尺寸依次排列，构成一组封闭的链形尺寸，就称为装配尺寸链(图 5-5-3)。在装配尺寸链中，每个尺寸都是尺寸链的组成环，它们是进入装配的零件或部件的有关尺寸，如 $A_{垫}$、$A_{尾座}$、$A_{主轴箱}$都组成环，而精度指标常作为封闭环，如 A_0。显然，封闭环不是一个零件或一个部件上的尺寸，而是不同零件或部件的表面或轴线之间的相对位置尺寸，它是装配后形成的。在本例中，$A_{垫}$、$A_{尾座}$是增环，$A_{主轴箱}$则是减环。

各组成环都有加工误差，所有组成环的误差累积就形成封闭环的误差。因此，应用装配尺寸链就便于说明累积误差对装配精度的影响，并可列出计算公式，进行定量分析，确定合理的装配方法和零件的公差。

图 5-5-3 所示的装配尺寸链示例属于"线性尺寸链"，它是由彼此平行的直线尺寸所组成的，这是在一般机器中极常见的，因而是应用极广的一种装配尺寸链。

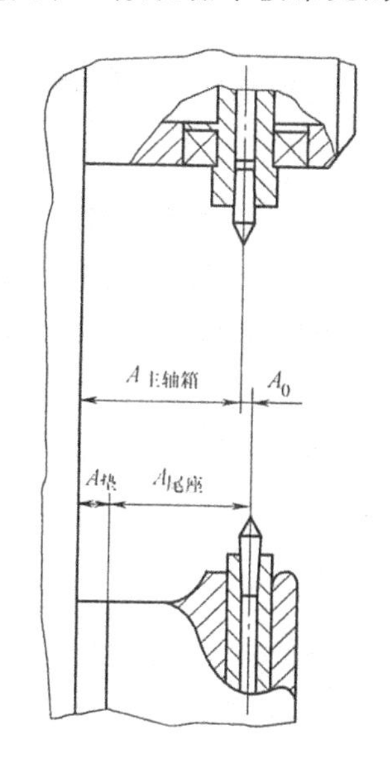

图 5-5-3　装配尺寸链(直线尺寸链)示例

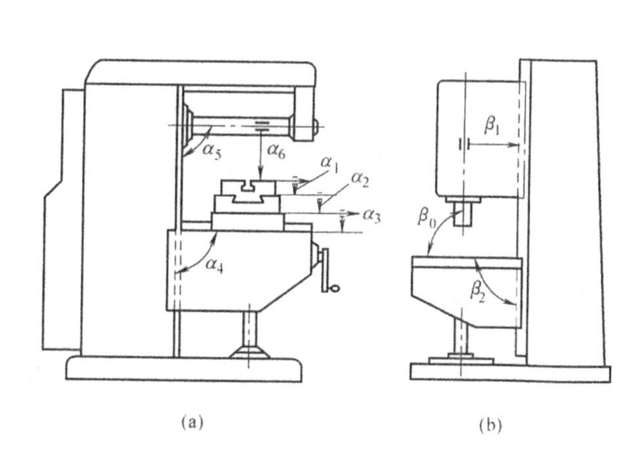

图 5-5-4　角度装配尺寸链示例

在万能卧式铣床总装时，要求保证的最终精度指标之一是主轴回转中心线对工作台台面的平行度要求。立式铣床或立式钻床总装时，则要求保证主轴回转中心线对工作台台面的垂直度。在这种情况下，封闭环与组成环的几何特征不是直线而是平行度或垂直度，总之它们之间的关系是角度关系，故属于"角度尺寸链"，这种尺寸链也是常见的，如图 5-5-4 所示。

此外，在装配中有时也会遇到"平面尺寸链"。这种尺寸链虽然也是由若干直线尺寸所组成，但它们彼此不一定完全平行。车床溜板箱部件进入总装时就遇到这类装配尺寸链。

图 5-5-5 所示为溜板箱与大拖板的装配示意图。图中，P_6表示大拖板中齿轮的分度圆半径，P_4是它的轴心到结合面间的距离，P_5是它的轴心与紧固孔中心间的距离，P_1代表溜板箱中齿轮的分度圆半径，P_2、P_3 的含义分别与 P_4、P_5相同，叙述从略。为了保证齿轮啮合有一定的间隙，在尺寸链中以 P_0 表示(可通过有关齿轮参数折算得到)。因此，在装配时需要将溜板箱沿其装配结合面相对于大拖板移动到适当的位置，然后用螺钉紧固(即调整装配法)，再打定位销。然而，溜板箱上的螺孔中心线与大拖板上的通孔中心线之间的偏移量 P_k受到通孔大小的限制，即调节量有一定的限度，为此，可通过这一平面尺寸链来计算。假使计算结果说明调节量不够，则需扩大通孔直径，或者紧缩其他组成环的公差。

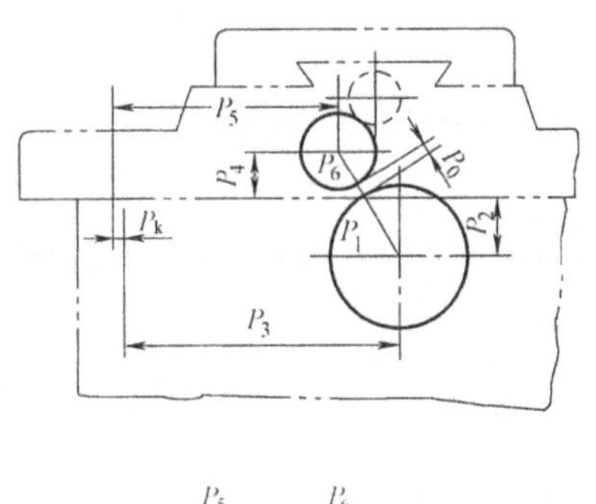

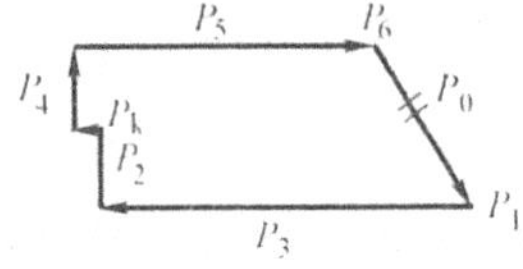

图 5-5-5 平面尺寸链示例

应用装配尺寸链分析与解决装配精度问题，其关键步骤有三：第一是建立装配尺寸链，也就是根据封闭环查明组成环；第二是确定达到装配精度的方法，也称为解装尺寸链(问题)的方法；第三是做出必要的计算。最终目的是确定经济的、至少是可行的零件加工公差，第二和第三步骤往往是需要交叉进行的。例如对某一装配尺寸链问题，开始时选用了完全互换法来解决，经过计算而发现对组成环的精度要求太高，于是考虑采用其他的装配方法，从而又要进行相应的计算。因此，这两个步骤可以合称为装配尺寸链(问题)的解算。

2. 装配尺寸链的建立

(1)建立装配尺寸链的基本原理和方法。如上所述，正确地建立装配尺寸链是关键步骤之首，因为它是解算装配尺寸链问题的依据。对于初学者来说，在装配尺寸链的建立中，往往产生的困难和问题是：第一找不到封闭环；第二把不相干的尺寸排列到尺寸链中去。找不到封闭环的原因，是未能在装配图上发现装配时可能产生的精度问题，也就是不了解结构的装配精度要求。把不相干的尺寸列入尺寸链，其原因是没有注意运用装配基准这一概念。至于复杂的机械结构和复杂的装配问题，要能正确建立其装配尺寸链，还需要有一定的装配实践知识。为此，对初学者来说，需要从简单的着手，明确建立装配尺寸链的基本原理与方法，运用到实际中去，积累装配知识，才能达到熟练和融会贯通的地步。

装配尺寸链的封闭环是在装配之后形成的，而且这一环是具有装配精度要求的。装配尺寸链中的组成环，是对装配精度要求发生直接影响的那些零件或部件(在总装时部件作为一个整体进入总装)上的尺寸或角度(在线性尺寸链时是尺寸，在角度尺寸链时是角度)。作为组成环的那些零件或部件，在进入装配中，各个零件的装配基准贴接(基准面相接或在轴

孔配合时使轴线相重合)，从而就形成了尺寸相接或角度相接的封闭图形，即装配尺寸链。

(2)最短路线(最少环数)原则。装配尺寸链中的组成环是由各组成零件的装配基准相连接而联系着的，因此，对于一个既定的机械结构，对其中某一项装配精度(即封闭环)有关的组成环应该是一定的，简化或近似的分析则是另一回事，多出的组成环往往是和此封闭环没有直接关系的，甚至是毫无关联的尺寸。例如图 5-5-6(a)所示的变速箱，其中 A_0 代表轴向间隙，是必须保证的一个装配精度，哪些零件上的哪些轴向尺寸与 A_0 有关呢？只有正确地查明有关尺寸，才能正确地建立与 A_0 有关的装配尺寸链。在图上直接标列了许多零件尺寸，其目的是让读者去寻找有关尺寸。图 5-5-6(b)与图 5-5-6(c)列出了两种不同的装配尺寸链，前者是错误的，后者是正确的。前者的错误所在是将变速箱箱盖上的两个尺寸 B_1 和 B_2 都列入了尺寸链中。很明显，箱盖上只有凸台高度 A_2 这个尺寸与 A_0 直接有关，而尺寸 B_1 的大小只影响箱盖法兰的厚度，而与 A_0 的大小并无直接关系。在图 5-5-6(c)上把 B_1 和 B_2 去除，而以 A_2 一个尺寸取代之，这就正确了。比较正确与错误，便可发现，正确的装配尺寸链，其路线最短，换言之，即环数最少，此即所谓最短路线原则，又称最少环数原则。

再仔细分析这一例子可见，要满足这一原则，又必须做到一个零件上只允许一个尺寸列入装配尺寸链，简言之，即“一件一环”。所以，图 5-5-6(b)的错误就在于把箱盖上的两个尺寸 B_1 和 B_2 都列入尺寸链中，而没有注意到只有把 A_2 一个尺寸列入该尺寸链才有直接的意义。通过 B_1 和 B_2 来间接获得凸台高度尺寸 A_2，只有在加工工艺上有意义，即基准转换，而在机械结构的设计上则无意义。不符合最少环数原则的后果是容易理解的，即由于组成环数无必要的增多，所能分配到的公差就减小，从而使零件加工的精度要求提高而成本增加。

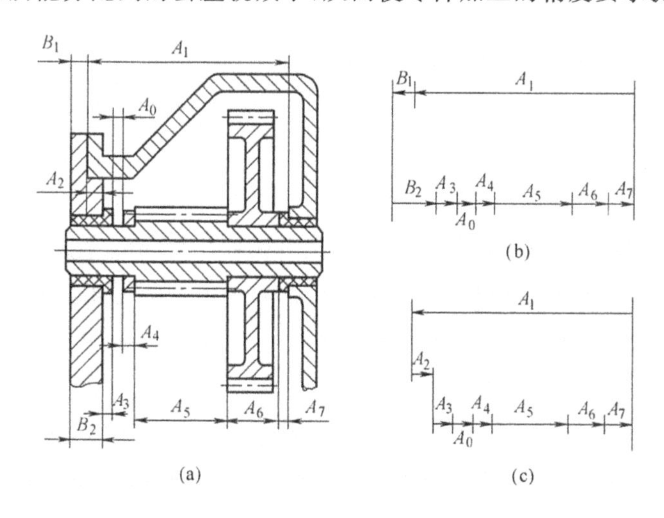

图 5-5-6　装配尺寸链组成的最小环数原则示例

符合最短路线原则的那些尺寸，就是零件图上应该标注的尺寸，称为“设计尺寸”，它们都有一定的精度要求，是通过装配尺寸链的解算而规定的。在零件机械加工中，由于工艺上原因而需要通过其他尺寸来间接保证设计尺寸时，才需要经过尺寸换算而产生“工艺尺寸”。

3. 装配尺寸链的计算方法

(1)极值法的补充。不论哪一种装配尺寸链问题，解算尺寸链的基本原则只有两类：极值法和概率法。有关极值法的计算公式已有详述，在此再做一些补充。有关概率法的原理及计算方法将在后面说明。

装配尺寸链的计算(工艺尺寸链亦如此)存在两种情形，习惯上称作“正面计算”和“反面计算”。正面计算就是已知组成环(公称尺寸及其偏差)，要求计算封闭环(公称尺寸及其偏差)。反面计算就是已知封闭环，要求计算组成环。

第一种情形发生在已有产品装配图和全部零件图的情况下，用以验证组成环公差、公称尺寸及其偏差的规定是否正确，是否满足装配精度指标。

第二种情形产生在产品设计阶段，即根据装配精度指标确定组成环公差、标注组成环公称尺寸及其偏差，然后才能将这些已确定的公称尺寸及基偏差标注到零件图上。

毫无疑问，正面计算是极为容易的，它仅仅是将一个已经解决的“尺寸链问题”的答案做一次验算而已。反面计算，才真正是解尺寸链问题的计算。

反面计算中，在确定组成环公差时，已学过三种方法，即等精度法、等公差法和根据具体情况确定法。这里介绍一种所谓的“中间计算法”(或称“相依尺寸公差法”)。中间计算法是将一些比图 5-6-6 装配尺寸链组成的最小环数原则示例较难以加工和不宜改变其公差的组成环的公差预先肯定下来，只将极少数或一个比较容易加工或在生产上受限制较少的组成环作为试凑对象。这样，试凑工作大为简化。这个环称为“相依尺寸”，意思是该环的尺寸相依于封闭环和其他组成环的尺寸及公差。于是得：

$$T(A_0)=T(A_y)+\sum_{i=1}^{n-2}T(A_i) \tag{5-5}$$

式中：A_y——相依尺寸；

$T(A_i)$、$T(A_y)$、$T(A_0)$——组成环(除相依尺寸以外)、相依尺寸及封闭环的公差。

根据同样理由可得到计算公称尺寸及相依尺寸上下极限偏差的公式：

公称尺寸

$$A_0=\sum_{i=1}^{m}\overrightarrow{A}_i-\sum_{i=m+1}^{n-1}\overleftarrow{A}_i$$

若相依尺寸是增环，则

上极限偏差

$$ES(\overrightarrow{A}_y)=ES(A_0)-\sum_{i=1}^{m-1}ES(\overrightarrow{A}_i)+\sum_{i=m+1}^{n-1}EI(\overleftarrow{A}_i) \tag{5-6}$$

下极限偏差

$$EI(\overrightarrow{A}_y)=EI(A_0)-\sum_{i=1}^{m-1}EI(\overrightarrow{A}_i)+\sum_{i=m+1}^{n-1}ES(\overleftarrow{A}_i) \tag{5-7}$$

若相依尺寸是减环，则

上极限偏差

$$ES(\overleftarrow{A}_y)=-EI(A_0)+\sum_{i=1}^{m}EI(\overrightarrow{A}_i)-\sum_{i=m+1}^{n-2}ES(\overleftarrow{A}_i) \tag{5-8}$$

下极限偏差

$$EI(\overleftarrow{A}_y)=-ES(A_0)+\sum_{i=1}^{m}ES(\overrightarrow{A}_i)-\sum_{i=m+1}^{n-2}EI(\overleftarrow{A}_i) \tag{5-9}$$

式中：ES ——尺寸的上极限偏差；

EI ——尺寸的下极限偏差；

$\overrightarrow{A}_i$ ——增环；

$\overleftarrow{A}_i$ ——减环；

m ——增环数；

n ——包括相依尺寸和封闭环在内的总环数。

(2)概率计算法。极值法的优点是简单可靠，但缺点是：它是根据极端情况出发，推导出封闭环与组成环的关系式，因此计算得到的组成环公差过于严格。在封闭环要求高，组成环数目很多时，这种情况就更加严重。公差过小就意味着加工成本高，甚至在现实的加工条件下无法达到。其实，根据概率理论，每个组成环尺寸处在极限情况的机会是很少的，在组成环较多，而且在大批量生产条件下，这种极端情况的出现机会已小到没有考虑的必要，在这种情况下，完全可以按概率论的原理来计算尺寸链。

加工尺寸除了正态分布外还有非正态分布，因此在应用概率法计算尺寸链时，就存在正态分布和非正态分布两类情况。后者的计算要比前者复杂。为了由简到繁地把问题说清，故这里先介绍正态分布情况下的概率计算法。

以图5-5-7为例，一个键装入轴的槽中，根据设计要求，需要保证一定的间隙。

设键的宽度公称尺寸以 A_1 表示，轴的槽宽公称尺寸以 A_2 表示，间隙公称尺寸以 A_0 表示。假定尺寸 A_1 与 A_2 的公差 $T(A_1)$ 与 $T(A_2)$ 都是对称分布的，尺寸分散均呈正态分布，则尺寸的平均值就是基本值。这样，装配后得到的间隙 A_0 的尺寸分散均也呈正态分布，$T(A_0)$ 也是对称的，尺寸平均值也就是基本值 A_0，如图5-5-7(b)所示。

根据概率理论，可得组成环 A_1、A_2 与封闭环 A_0 三者的方均根误差关系式

$$\sigma(A_0)=\sqrt{\sigma(A_1)^2+\sigma(A_2)^2}$$

由此推广到有 $n-1$ 个组成环的情形，则有

$$\sigma(A_0)=\sqrt{\sum_{i=1}^{n-1}\sigma(A_i)^2} \tag{5-10}$$

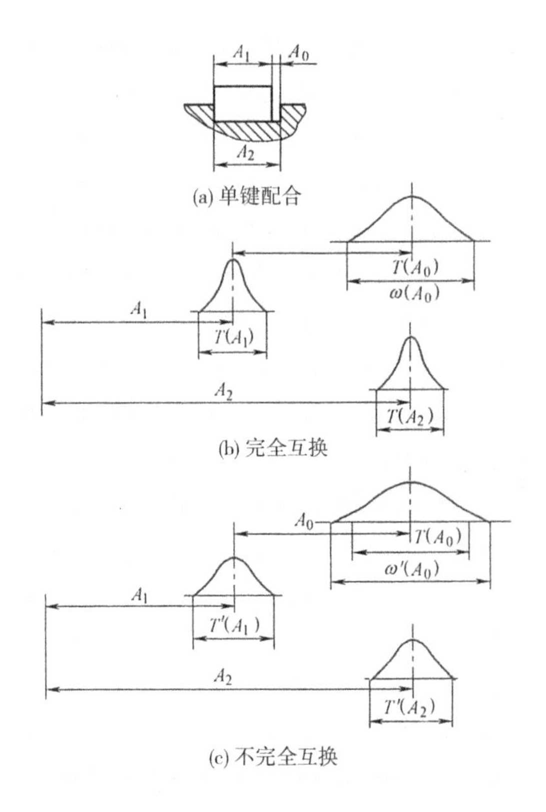

(a) 单键配合
(b) 完全互换
(c) 不完全互换

图 5-5-7　装配尺寸链概率计算法

因为对于正态分布，其随机误差即尺寸分散范围 ω 与方均根偏差 σ 间的关系可取为 $\omega=6\sigma$，从而，各组成环的尺寸分散范围为 $\omega(A_i)=6\sigma(A_i)$。封闭环的尺寸分散范围为 $\omega(A_0)=6\sigma(A_0)$。为此，当取 $T(A_i)=\omega(A_i)$ 和 $T(A_0)=\omega(A_0)$ 时，根据式(5-10)便得到

$$T(A_0)=\sqrt{\sum_{i=1}^{n-1}T\ (A_i)^2} \tag{5-11}$$

即封闭环公差等于各组成环公差二次方和的二次方根。

前面已假设各组成环的公差是对称分布的，因而得到的封闭环公差当然也是对称分布的。所以封闭环的上、下极限偏差极易得到，即

$$ES(A_0)=+\frac{T(A_0)}{2} \tag{5-12}$$

$$EI(A_0)=-\frac{T(A_0)}{2} \tag{5-13}$$

假使各组成环的公差不是对称分布的，则可以将它们改为对称分布，同时改用平均尺寸作为公称尺寸，再进行计算。为避免换算平均尺寸的麻烦，可采用所谓的“中间偏差”，其要点如下：

在直线尺寸链的情形下，即

$$A_0 = \sum_{i=1}^{m} \overrightarrow{A}_i + \sum_{i=m+1}^{n-1} \overleftarrow{A}_i$$

求出各组成环中间偏差 $\Delta(A_i)$

$$\Delta(A_i) = \frac{1}{2}\left[ES(A_i) + EI(A_i)\right] \tag{5-14}$$

再求出封闭环中间偏差 $\Delta(A_0)$和上、下极限偏差，得

$$\Delta(A_0) = \sum_{i=1}^{m} \Delta(\overrightarrow{A}_i) - \sum_{i=m+1}^{n-1} \Delta(\overleftarrow{A}_i) \tag{5-15}$$

$$ES(A_0) = \Delta(A_0) + \frac{1}{2}T(A_0) \tag{5-16}$$

$$EI(A_0) = \Delta(A_0) - \frac{1}{2}T(A_0) \tag{5-17}$$

用概率法做反向计算时，可按下式先作估计，即

$$T_{平均} = \frac{T(A_0)}{\sqrt{n-1}} = \frac{\sqrt{n-1}}{n-1}T(A_0) \tag{5-18}$$

式中：n——包括封闭环在内的总环数。

若 $T_{平均}$基本上满足经济精度的要求，则可按各组成环加工的难易程度合理调配公差。显然，在概率法中试凑各组成环的公差，比在极大极小法中要麻烦得多，为此，更需要利用“相依尺寸公差法”。则

$$T(A_0) = \sqrt{T(A_y)^2 + T(A_i)^2}$$

从而得到

$$T(A_y) = \sqrt{T(A_0)^2 - T(A_i)^2} \tag{5-19}$$

这样，就可避免试凑，立即求得相依尺寸公差 $T(A_y)$。

用概率计算法所得到的好处是能够放大组成环公差，这一点从式(5-14)即可看出，它比用极大极小法求得的组成环平均公差要大 $\sqrt{n-1}$ 倍。这里需要说明，当取 $T(A_0)=\omega(A_0)=6\sigma(A_0)$时，封闭环尺寸合格的装配制品占总的 99.73%，只有 0.27%的制品不合格。这样小的概率，可认为是不会出现的，因此，用概率计算法来解算装配尺寸链，也可看作是完全互换法。只有当封闭环公差小于其尺寸分散带 $\omega'(A_0)$时，则将随着它们之间的相差程度而使不合格装配制品的概率增大。图 5-5-7(c)就表示了这种情况。比较图 5-5-7(c)和图 5-5-7(b)，即可看出，由于 $T(A_0)<\omega'(A_0)$时，即 $T(A_0)<6\sigma(A_0)$，不合格制品的概率就会增大，例如，当$T(A_0)=5\sigma(A_0)$时，不合格品的概率是 1.24%；当 $T(A_0)=4\sigma(A_0)$时，不合格的概率将达到 4.56%。凡此情况，就属于“不完全互换法”。采用不完全互换法时，组成环公差放大了，虽使零件加工成本降低，但是，为了处理不合格的装配制品，将使装配费用增加。因此有必要进行经济核算，权衡得失。

四、装配工艺规程的制订

(一)制订装配工艺规程的基本原则

装配工艺规程是用文件形式规定的装配工艺过程,它是指导装配工作的技术文件,也是进行装配生产计划及技术准备的主要依据。对于设计或改建一个机器制造厂,它是设计装配车间的基本文件之一。

进一步来讲,机器及其部、组件装配图,尺寸链分析图,各种装配夹具的应用图、检验方法图及它们的说明,零件机械加工技术要求一览表,各个“装配单元”及整台机器的运转,试验规程及其所用设备图,以至于装配周期图表等,均属于装配工艺规程范围内的文件。这一系列文件和日常应用的装配过程卡片及工序卡片构成一整套掌握产品装配技术、保证产品质量的技术资料。

1. 基本原则

由于机器的装配在保证产品质量、组织工厂生产和实现生产计划等方面均有其特点,故着重提出如下四条原则:

(1)保证产品装配质量,并力求提高其质量。

(2)钳工装配工作量尽可能小。

(3)装配周期尽可能缩短。

(4)所占车间生产面积尽可能小,即力争单位面积上具有最大生产率。

2. 含义

(1)机器的装配是整个机器制造过程的最后一个阶段,机器的质量最终由装配来保证。装配工作完成得好坏,诸如对进入装配的零部件是否仔细检验,清洗、去毛刺等准备工作是否彻底,零部件的连接是否准确和施力大小是否恰当,运动部分的接触情况及间隙大小是否调整得当等一系列工作的好坏都是影响机器质量的重要因素。不准确的装配,即使在高质量的零件条件下,也会装出没有工作能力的坏机器。对于重大产品的关键部分,若有一丝疏忽,将会导致严重后果。准确、仔细地按一定规范进行装配就能达到预定的质量要求,并且还可争取最大的精度储备,以延长机器的使用寿命,装配出一部分高档产品。

另外,机器的设计质量和零件制造质量(包括材料和热处理)都会在装配过程中反映出来。因此要抓住装配质量,就要从产品分析开始,直至运转试验,鉴定出厂为止。在产品分析时,研究保证装配精度及质量的方法,可以发现对零件机械加工的全部要求,而且可促进全面分析整个产品制造的优质、高产和低成本问题。

(2)装配工作的钳工劳动量很大,大量的人力与时间花费在清洗、修配、调整、校平、配合、连接以及整个过程中的经常检验和运输吊装工作上。

由于上述原因，装配周期往往较长，使企业资金周转缓慢；又使零件及部件积压，占据了生产面积。

为此，在制订装配工艺规程时，必须尽力采取各种技术和组织措施，合理安排装配工序或作业计划，以减轻劳动强度、提高装配效率、缩短装配周期和节省生产面积。

作为符合上述装配工艺原则的典型例子是大量生产汽车或拖拉机的工厂，在那里，组件、部件装配采取平行作业，总装配采用流水作业，在强制移动的装配线上进行；装配工作的机械化程度高，装配车间的平面布置极为紧凑，装配周期以分钟来计算。

（二）装配工艺规程的内容、制订方法与步骤

制订装配工艺规程的步骤，大致可划分为四个阶段。现将这四个阶段中的内容、注意事项以及必要的说明一并叙述如下。

1. 产品分析

（1）研究产品图样和装配时应满足的技术要求。

（2）对产品结构进行“尺寸分析”与“工艺分析”。前者即装配尺寸链分析与计算，后者是指结构装配工艺性、零件的毛坯制造及加工工艺性分析。

（3）将产品分解为可以独立进行装配的“装配单元”，以便组织装配工作的平行、流水作业。

上述工作中的第（1）和第（2）项内容基本上与制订机械加工工艺过程相同，故不再赘述。

（4）装配工艺对机器结构的要求。机器的装配工艺性是指机器的结构符合装配工艺上的要求，装配工艺对机器结构的要求主要有下列三个方面：

①机器结构能被分解成若干独立的装配单元。

②装配中的修配工作和机械加工工作应尽可能少。

③装配与拆卸都方便。

图 5-5-8(a)所示为带轮轴（图上未画出带轮）装入箱体的情况，原结构设计的装配工艺性不好，装配时必须先将轴插入箱体左端孔内，才能装上齿轮、套以及右端的轴承，当装上以后，必须使两个轴承同时进入箱体孔内，这样就使装配工作发生困难。后来，设计者将左端阶梯形轴承孔的非配合部分直径略微放大些，能够使齿轮与右端轴承通过；另外再将轴的中间最大直径圆柱部分长度加大 3～5 mm[图 5-5-8(b)]，这样就消除了旧结构的缺点，带来的优点是带轮轴上的全部零件均能事先装在轴上，形成一个完整的装配单元，总装时又能顺利地将它插入箱体孔，右端和左端轴承先后依次进入轴承孔内。

（5）装配单元的划分。关于装配单元的划分，一般分为五个等级，图 5-5-9 表示了划分装配单元的构思，它称为装配单元系统图。在图上，按纵向分成五个等级的装配单元：零件、合

件、组件、部件和机器。

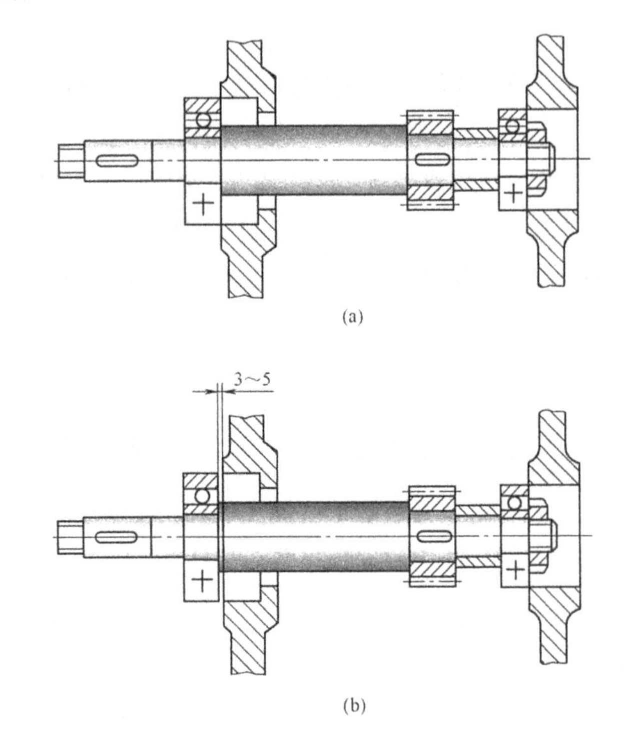

图 5-5-8 装配工艺性实例之一

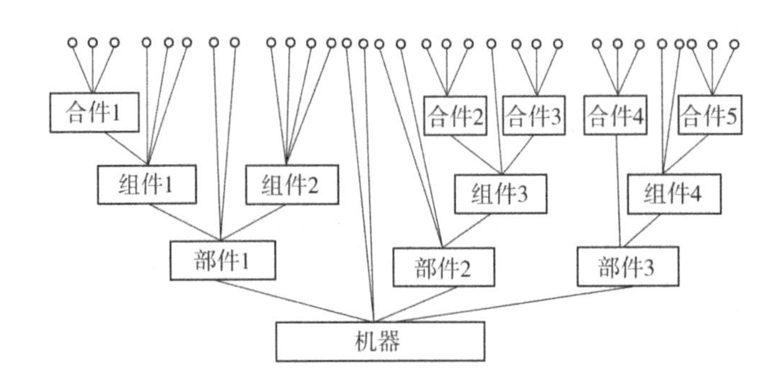

图 5-5-9 装配单元系统图示意

零件——组成机器的基本元件，一般零件都是预先装成合件、组件或部件才进入总装，直接装入机器的零件较少。

合件——合件可以是若干零件永久连接(焊、铆等)或者是连接在一个“基准零件”上少数零件的组合，合件组合后，有的可能还需要加工。例如发动机连杆小头孔中压入衬套后再经精镗孔，在前面提到的“合并加工法”中，假使组成零件数较少也属于合件。图 5-5-10(a)所示，即称为合件，其中蜗轮属于“基准零件”。

组件——组件是指一个或几个合件和几个零件的组合。图 5-5-10(b)所示属于组件，其

中蜗轮与齿轮合件即是先前装好的一个合件，阶梯轴即为基准零件。

部件——一个或几个组件、合件或零件的组合。

机器——又称产品，它是由上述全部装配单元结合而成的整体。

由图 5-5-9 可以看出，同一等级的装配单元在进入总装之前互不相关，故可同时独立地进行装配，实行平行作业。在总装配时，只要选定一个零件或部件作为基础，首先进入总装，其余零、部件相继就位，实现流水作业。这样就可缩短装配周期，又便于制订装配作业计划和布置装配车间。而且装配单元的划分，又便于制订各个单元的技术规范和装配规程，便于累积装配技术经验。例如许多工厂或研究所对于一些典型的组合件或部件，在总结生产经验、使用经验和研究成果的基础上，编制了典型装配工艺规程（包括装配工艺参数等技术数据），这些新产品的设计与装配工艺规程的制订极为有用。这些典型组合件或部件有：各种滑动轴承、滚动轴承、精密机床主轴、高速磨头；各种齿轮及蜗杆传动部件；管接头及密封件等。

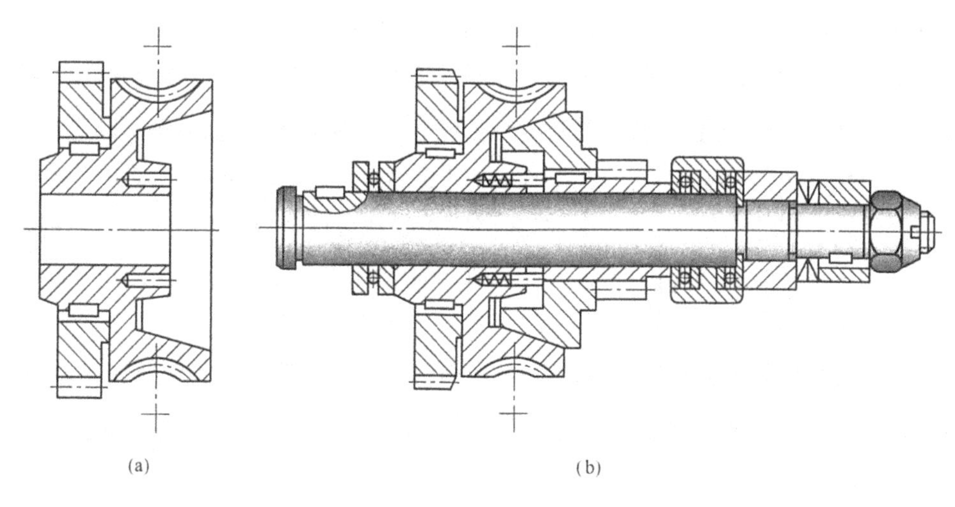

(a)　　(b)

图 5-5-10　合件和组件示例

2. 装配组织形式的确定

装配组织形式一般分为固定和移动两种。固定装配可直接在地面上或在装配台架上进行。移动装配又分连续移动和间歇移动，可在小车上或输送带上进行。

装配组织形式的选择主要取决于产品结构特点（尺寸大小与质量等）和生产批量。由于装配工作的各个方面均有其内在联系的规律性，所以装配组织形式一旦确定，也就相应地确定了装配方式，诸如运输方式、工作地的布置等。至于对装配工艺基本内容，一般是无关的，但是对工序的划分、工序的集中或分散，则有很大关系。

3. 装配工艺过程的确定

与装配单元的级别相应，分别有合件、组件、部件装配和机器的总装配过程。这些装配过程是由一系列装配工作以最理想的施工顺序来完成的，为此，首先有必要叙述装配工作的基本内容以及它们的作用和有关要点。

(1)装配工作的基本内容。

①清洗。进入装配的零件必须进行清洗，以去除制造、储藏、运输过程中所黏附的切屑、油脂和灰尘。零、部件在装配过程中，经过刮削、运转磨合后也要进行清洗。清洗工作对保证和提高机器装配质量、延长产品使用寿命有着重要的意义。特别是对机器的关键部分，如轴承、密封、润滑系统、精密偶件等，则更为重要。

清洗工艺的要点主要是清洗液(如煤油、汽油等石油溶剂，碱液和各种化学清洗液等)、清洗方法(如擦洗、浸洗、喷洗和超声波清洗等)及其工艺参数(如温度、压力等)。清洗工艺的选择，须根据工件的清洗要求、工件材料、批量大小、油脂、污物性质及其黏附情况等因素予以确定。此外，还需注意工件清洗后应具有一定的中间防锈能力。清洗液应与清洗方法相适应，并有相应的设备和劳动保护要求。

②刮削。刮削工艺的特点是切削量小、切削力小、热量产生也少、又因为无须用大的装夹力来装夹工件，所以装夹变形也小，因此，刮削方法可以提高工件尺寸精度和几何精度，降低表面粗糙度和提高接触刚度；装饰性刮削刀花可美化外观，但刮削工作的劳动量大。因此目前已广泛采用机械加工来代替刮削，然而，刮削工艺还具有用具简单、不受工件形状和位置及设备条件的限制等优点，便于灵活应用，因此在机器装配或修理中，仍是一种重要的工艺方法。例如机床导轨面、密封结合面、内孔、轴承或轴瓦以致蜗轮齿面等还较多地采用刮削方法。

③平衡。旋转体的平衡是装配过程中的一项重要工作，尤其是对于转速高、运转平稳性要求高的机器，对其零、部件的平衡要求更为严格，而且还有必要在总装后在工作转速下进行整机平衡。

旋转体的平衡有静平衡和动平衡两种方法。一般的旋转体可作为刚性体进行平衡，其中直径大、长度小者(如飞轮、带盘等)，一般只需进行静平衡；对于长度较大者(如鼓状零件或部件)则须进行动平衡。工作转速在一阶临界转速75%以上的旋转体，应以挠性旋转体进行平衡，例如汽轮机的转子便是一个典型的例子。

④过盈连接。在机器中过盈连接采用甚多，大都是轴、孔的过盈配合连接。对于过盈连接件，在装配前应清洗洁净；对于重要机件还需要检查有关尺寸公差和几何公差，有时为了保证严格的过盈量，采用单配加工(汽轮机的叶轮与轴连接)，则在装配前有必要检查单配加工中的记录卡片，严格进行复检。

过盈连接的装配方法常用的是压入(轴向)配合法。压入配合法在装配中要把配合表面的微观不平度挤平，所以实际过盈量有所减小。一般的机械常用压入配合法，重要和精密机械常用热胀或冷缩配合法。

⑤螺纹连接。在机械结构中广泛采用螺纹连接。螺纹连接的质量除受到加工精度的影响外，还与装配技术有很大关系。例如拧紧螺母的次序不对、施力不均匀，将使部件变形，降低装配精度。对于运动部件上的螺纹连接，若紧固力不足，会使连接件的寿命大大缩短，以致造成事故。为此，对于重要的螺纹连接，必须规定预紧力的大小。对于中、小型螺栓，常用定力矩法（用定力矩扳手）或扭角法控制预紧力。如需精确控制，则可根据连接的具体结构，采用千分尺或在螺栓光杆部分装设应变片，精确测量螺栓伸长量。

⑥校正。校正是指各零部件间相互位置的找正、找平及相应的调整工作。一般都发生在大型机械的基体件装配和总装配中。例如重型机床床身的找平、活塞式压缩机气缸与十字头滑道的找正中心（对中）、汽轮发电机组各轴承座的对正轴承中心、水压机立柱的垂直度校正以及棉纺机架的找平（平车）等。

常用校正的方法有平尺、角尺、水平仪校正，拉钢丝校正，光学校正，近年来又有激光校正等方法。

（2）装配工艺方法及其设备的确定。由上述可知，根据机械结构及其装配技术要求便可确定装配工作内容，为完成这些工作需要选择合适的装配工艺及相应的设备或工夹量具。例如对过盈连接，采用压入配合还是热胀（或冷缩）配合法，采用哪种压人工具或哪种加热方法及设备，诸如此类，需要根据结构特点、技术要求、工厂经验及具体条件来确定。对于新建工厂，则可收集有关资料或参考有关手册（如《机械工程手册》），根据生产类型等因素予以确定。

（3）装配顺序的确定。不论哪一等级的装配单元的装配，都要选定某一零件或比它低一级的装配单元作为基准件，首先进入装配工作；然后根据结构具体情况和装配技术要求考虑其他零件或装配单元装入的先后次序。总之要有利于保证装配精度，以及使装配连接、校正等工作能顺利进行。一般规律是：先下后上，先内后外，先难后易，先重大后轻小，先精密后一般。

运用尺寸链分析方法，有助于确定合理的装配顺序。车床床身最重，它是总装配的基准件，溜板箱部件结构最复杂，有好几组装配尺寸链的封闭环集中在该部件中，所以在总装配中须要首先予以考虑和安排。

以上是指零件和装配单元进入装配的次序安排。关于装配工作过程，应注意安排：

①零件或装配单元进入装配的准备工作。主要是注意检验，不让不合格品进入装配；注意倒角，清除毛刺，防止表面受伤；进行清洗及干燥等。

②基准零件的处理。除安排上述工作外，要注意安放水平及刚度，只能调平不能强压，防止因重力或紧固变形而影响总装精度。为此要注意安排支承的安放、基准件的调平等工作。

③检验工作。在进行某项装配工作中和装配完成后，都要根据质量要求安排检验工作，

这对保证装配质量极为重要。对于重大产品的部装、总装后的检验还涉及运转和试验的安全问题。要注意安排检验工作的对象，主要有：运动副的啮合间隙和接触情况，如导轨面、齿轮、蜗轮等传动副，轴承等；过盈连接、螺纹连接的准确性和牢固情况，各种密封件和密封部位的装配质量，防止"三漏"（漏水、漏气、漏油）；润滑系统、操纵系统等的检验，为产品试验做好准备。

4. 装配工艺规程文件的整理与编写

有关装配工艺范围内的全套文件名称已在前面提到，这里着重讲装配工艺流程图。在装配单元系统图的基础上，再结合装配工艺方法及顺序的确定，发展了装配工艺流程图，该图的基本形式如图 5-5-11 所示。

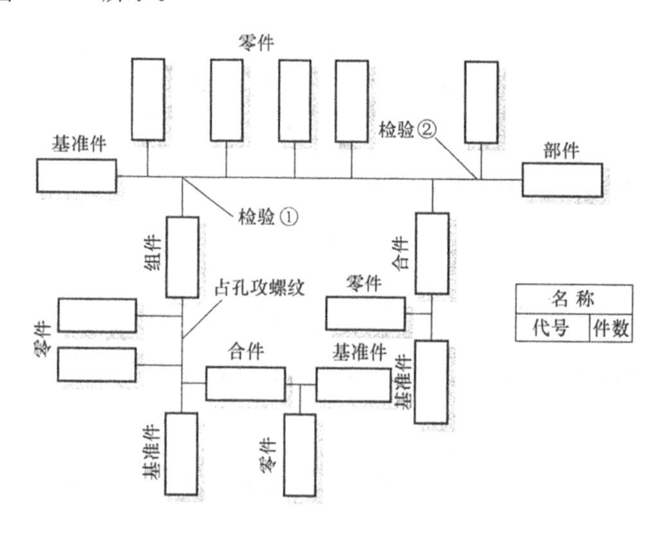

图 5-5-11 装配工艺流程示意图

由图可以看出该部件的构成及其装配过程。该部件的装配是由基准件开始，沿水平线自左向右装配成部件为止。进入部装的各级单元，依次是：一个零件、一个组件、三个零件、一个合件、一个零件。在过程中有两个检验工序。上述一个组件的构成及其装配过程也可从图上看出，它是以基准件开始由一条向上的垂线一直引到装成组件为止，然后由组件再引垂线向上与部装水平线衔接。进入该组件装配的有一个合件、两个零件，在装配过程中有钻孔和攻螺纹的工作。至于两个合件的组成及其装配过程也可明显地看出，无须赘述。

思考题与习题

1. 什么是生产过程、工艺过程和工艺规程？

2. 何为工序、工步、走刀？

3. 零件获得尺寸精度、形状精度、位置精度的方法有哪些？

4. 不同生产类型的工艺过程各有何特点？

5. 试简述工艺规程的设计原则、设计内容及设计步骤。

6. 拟定工艺路线须完成哪些工作？

7. 试简述粗、精基准的选择原则。为什么在同一尺寸方向上粗基准通常只允许用一次？

8. 一般情况下，机械加工过程都要划分为几个阶段进行，为什么？

9. 试简述按工序集中原则、工序分散原则组织工艺过程的工艺特征，各适用于什么场合？

10. 题图5-1所示尺寸链中（图中 A_0、B_0、C_0、D_0 是封闭环），哪些组成环是增环？哪些组成环是减环？

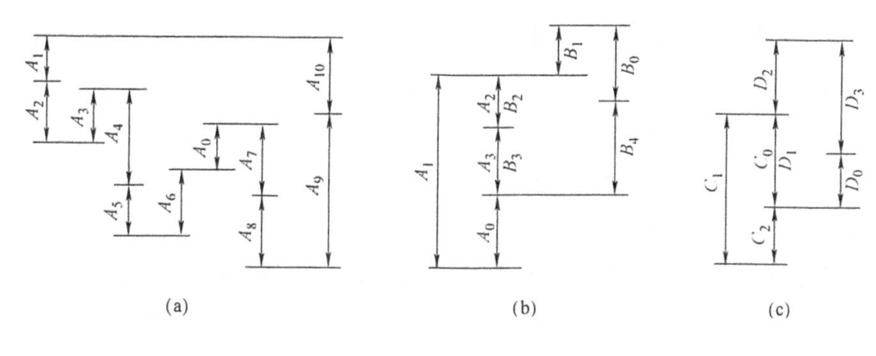

题图 5-1

11. 什么是加工余量、工序余量和总余量？

12. 试分析影响工序余量的因素，为什么在计算本工序加工余量时必须考虑本工序装夹误差的影响？

13. 试分析比较用极值法解算尺寸链与用统计法解算尺寸链的本质区别。

14. 什么是完全互换装配法？什么是统计互换装配法？试分析其异同，各适用于什么场合？

第六章　机床夹具原理与设计

夹具的设计在加工过程中有着重要地位。只有设计出合理的夹具，才能高效地加工出合格的产品。

第一节　机床夹具概述

机床夹具是机械加工工艺系统的重要组成部分，是机械制造中的一项重要工艺装备。工件在机床上进行加工时，为保证加工精度和提高生产率，必须使工件在机床上相对刀具占有正确的位置，完成这一功能的辅助装置称为机床夹具。

一、工件的装夹方法

在机床上进行加工时，必须先把工件安装在准确的加工位置上，并将其可靠固定，以确保工件在加工过程中不发生位置变化，才能保证加工出的表面达到规定的加工要求（尺寸、形状和位置精度），这个过程称为装夹。简言之，确定工件在机床上或夹具中占有准确加工位置的过程称为定位；在工件定位后用外力将其固定，使其在加工过程中保持定位位置不变的操作称为夹紧。装夹就是定位和夹紧过程的总和。

工件在机床上的装夹方法主要有两种：

1. 用找正法装夹工件

把工件直接放在机床工作台上或放在单动卡盘、机用虎钳等机床附件中，根据工件的一个或几个表面用划针或指示表找正工件准确位置后再进行夹紧，也可以先按加工要求进行加工面位置的划线，然后再按划出的线痕进行找正实现装夹。这类装夹方法劳动强度大、生产效率低、要求工人技术等级高、定位精度较低。由于常常需要增加划线工序，所以增加了生产成本，但由于只需使用通用性很好的机床附件和工具，因此能适用于加工各种不同零件的各种表面，特别适于单件、小批量生产。

2. 用夹具装夹工件

工件装在夹具上，不再进行找正，便能直接得到准确加工位置的装夹方式。例如

图 6-1-1(a)所示的一批工件，除键槽外其余各表面均已加工合格，现要求在立式铣床上铣出保证图示加工要求的键槽。若采用找正法装夹工件，则须先进行划线，划出槽的位置，再将工件安装在立式铣床的工作台上，按划出的线痕进行找正，找正完成后用压板或台虎钳夹紧工件。然后根据槽的线痕位置调整铣刀相对工件的位置，调整好后才能开始加工。加工中还需先试切一段行程，测量尺寸，根据测量结果再调整铣刀的相对位置，直至达到要求为止。加工第二个工件时又须重复上述步骤。这种装夹方法不但费工费时，而且加工出一批工件的加工误差分散范围较大。采用图 6-1-1(b)所示的夹具装夹，则不需要进行划线就可把工件直接放入夹具中去。工件的 A 面支承在两支承板 2 上；B 面支承在两齿纹顶支承钉 3 上；端面靠在平头支承钉 4 上，这样就确定了工件在夹具中的位置，然后旋紧螺母 9 通过螺旋压板 8 把工件夹紧，完成了工件的装夹过程。下一个工件进行加工时，夹具在机床上的位置不动，只需松开夹紧螺母 9 进行装卸工件即可。

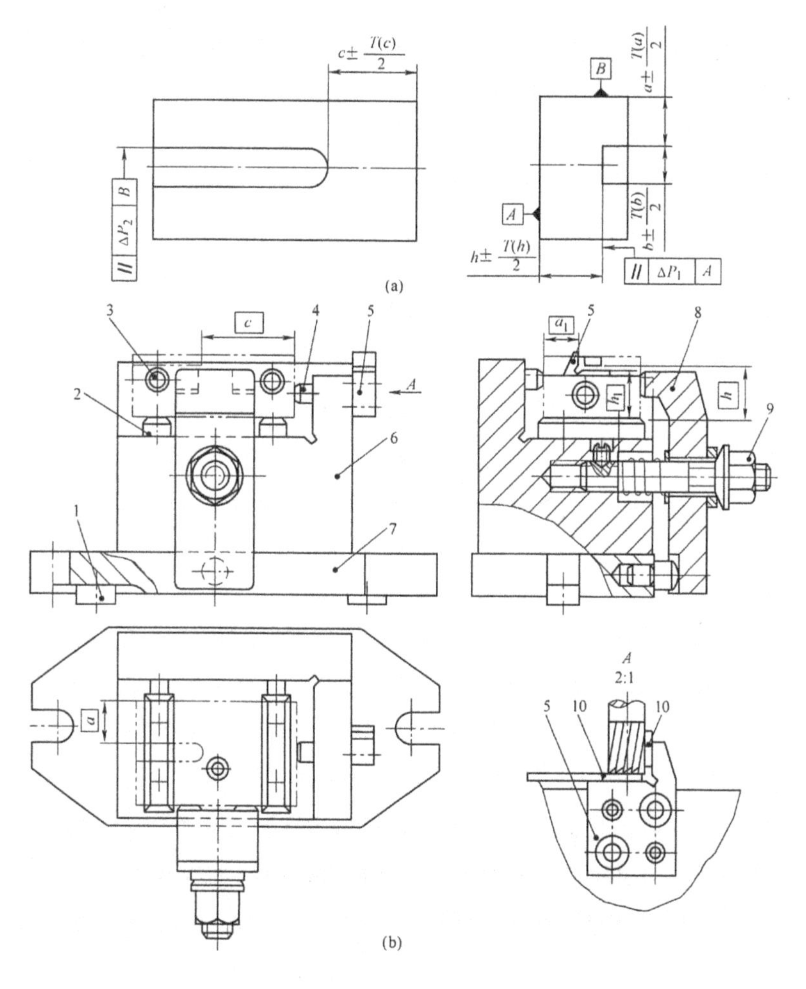

图 6-1-1　铣槽工序用的铣床夹具

1—定位键　2—支承板　3—齿纹顶支承钉　4—平头支承钉　5—侧装对刀块

6—夹具底座　7—底板　8—螺旋压板　9—夹紧螺母　10—对刀塞尺

二、机床夹具的工作原理和在机械加工过程中的作用

1. 夹具的主要工作原理

用图 6-1-2 来说明图 6-1-1(b)所示的铣槽夹具的主要工作原理。图中表示铣槽夹具安装在立式铣床的工作台上的情况。夹具上支承板 2 的支承工作面与夹具底板 7 的底面[图 6-1-1(b)]保持平行,当夹具安装在铣床工作台上后,就相应保证了支承板 2 的支承工作面与铣床工作台台面的平行。因为工件的 A 面是支承在支承板 2 的工作面上的,因而最终达到了铣出的槽底面与 A 面平行的要求。夹具利用两定位键 1[图 6-1-1(b)]与铣床工作台的 T 形槽配合,保证了与铣床纵向进给方向平行。夹具的两个齿纹顶支承钉 3 的支承工作面([图 6-1-1(b)])与两定位键侧面保持平行,也就使支承钉 3 的支承工作面与铣床纵向进给方向平行。由于工件以 B 面与两支承钉 3 的支承工作面相接触,因而最终保证了铣出的槽的侧面与工件 B 面平行.以上就是夹具保证工件加工表面的位置精度的工作原理。

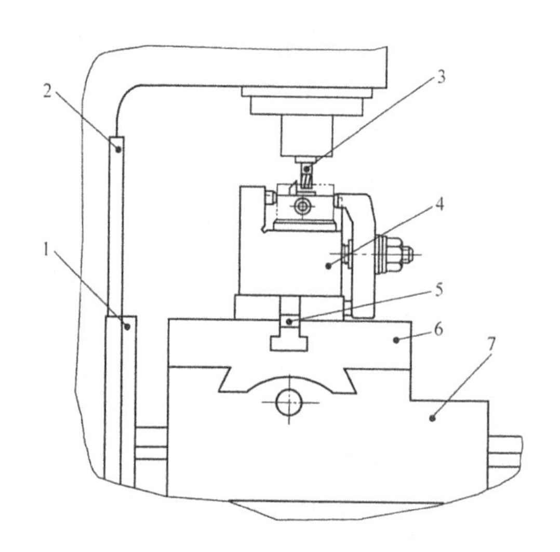

图 6-1-2 铣槽夹具在立式铣床上的工作原理图

1—铣床床身 2—铣床升降台 3—立铣刀 4—铣槽夹具

5—夹具的定位键 6—铣床工作台 7—铣床溜板

从图 6-1-1(b)可见夹具上装有对刀块 5,利用对刀塞尺 10 塞入对刀块工作面与立铣刀切削刃之间来确定铣刀相对夹具的位置,此时可相应横向调整铣床工作台的位置和垂直升降工作台来达到刀具相对对刀块的正确位置。由于对刀块的两个工作面与相应夹具定位支承板 2 和齿纹顶支承钉 3 的各自支承面已保证 h_1 和 a_1 尺寸,因而最终保证铣出槽的 $h\pm[T(h/2]$和 $a\pm[T(a)/2]$尺寸。至于槽的长度的位置尺寸 $c+[T(c)/2]$,则依靠调整铣

床工作台纵向进给的行程挡块的位置，使立式铣床工作台纵向进给的终结位置保证铣刀距支承钉 4 的距离等于 c。由于工件以端面与支承钉 4 的工作面相接触，因而最终使铣出槽的长度位置达到 $c \pm [T(c)/2]$尺寸的要求。加工一批工件时，只要在允许的刀具尺寸磨损限度内，都不必调整刀具位置，不需进行试切，直接保证加工尺寸要求。这就是用夹具装夹工件时，采用调整法达到尺寸精度的工作原理。

2. 夹具的作用

夹具是机械加工中不可缺少的一种工艺装备，应用十分广泛。它能起下列作用：

(1)保证稳定可靠地达到各项加工精度要求。

(2)缩短加工工时，提高劳动生产率。

(3)降低生产成本。

(4)减轻工人劳动强度。

(5)可由较低技术等级的工人进行加工。

(6)能扩大机床工艺范围。

三、夹具的分类与组成

1. 夹具的分类

图 6-1-3 所示是夹具的几种分类方法，按工艺过程不同，夹具可分为机床夹具、检验夹具、装配夹具、焊接夹具等。机床夹具是本书讨论的对象。按机床种类的不同，机床夹具又可分为车床夹具、铣床夹具、钻床夹具等；按所采用的夹紧动力源的不同又可分为手动夹具、气动夹具等。下面着重讨论按夹具结构与零部件的通用性程度来分类的方法。

自定心卡盘、单动卡盘、机用虎钳、电磁工作台这一类已属于机床附件的夹具，其结构的通用化程度高，可适用于多种类型不同尺寸工件的装夹，又能适应在各种不同机床上使用，由于它们已由专门的机床附件厂生产供应，因此在本章中不再进行介绍。

通用可调夹具和成组夹具统称为可调夹具，它们的结构通用性很好，只要对可调夹具上的某些零部件进行更换和调整，便可适应多种相似零件的同种工序使用。

随行夹具是自动或半自动生产线上使用的夹具，虽然它只适用于某一种工件，但毛坯装上随行夹具后，可从生产线开始一直到生产线终端在各位置上进行各种不同工序的加工。根据这一点，随行夹具的结构也具有适用于各种不同工序加工的通用性。

组合夹具的零部件具有高度的通用性，可用来组装成各种不同的夹具，但一经组装成一个夹具以后，其结构是专用的，只适用于某个工件的某道工序的加工。目前，组合夹具已开始出现向结构通用化方向发展的趋势。

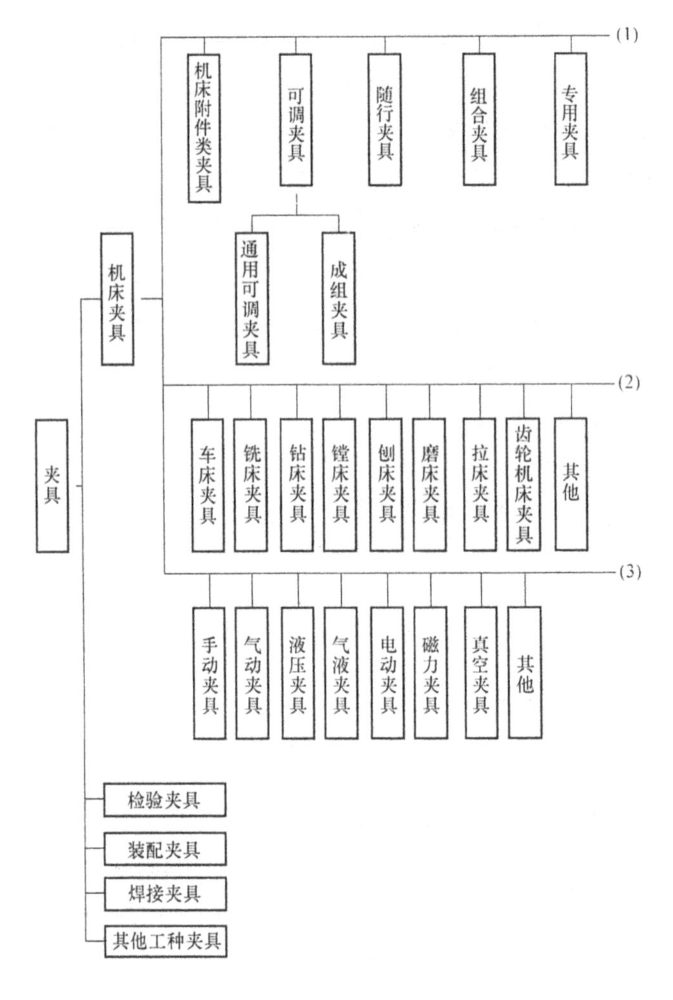

图 6-1-3　夹具分类

2. 夹具的组成

图 6-1-4 所示是具有分度功能的钻床夹具。图 6-1-4(a)所示为工件，要求沿圆周钻 16 个等分 ϕ 2 mm 的孔，孔轴线距左端面的位置尺寸为 L。在图 6-1-4(b)所示的夹具中，工件以内孔在心轴 5 上定位，端面紧靠在分度轮(棘轮)3 的平面上，夹紧螺母 7 通过开口垫圈 6 夹紧工件。钻模板 2 上装有钻套 4，其导引钻头的孔轴线距分度板平面的位置尺寸为 L，以保证钻出孔达到位置尺寸加工的要求。钻好一孔后，顺时针转动手柄 1，带动棘轮连同工件一起转动。棘轮(齿数为 16)把棘爪 9 压下，使棘爪与第二齿啮合，带动工件转过 22.5°，继续钻第二孔。如此重复一周，就可完成 16 等分的钻孔。由于工件材料是黄铜，孔径又小，因此分度装置没有锁紧机构，加工中依靠工人用手紧握手柄 1 并略向逆时针方向转动，使棘轮的径向齿面紧靠住棘爪，以防止分度板在加工过程中转动。夹具以夹具体 10 的底面安装在钻床工作台上，根据钻头能顺利伸入钻套导引孔来调整夹具的位置，调整好后

再用压板将其压紧在工作台上。

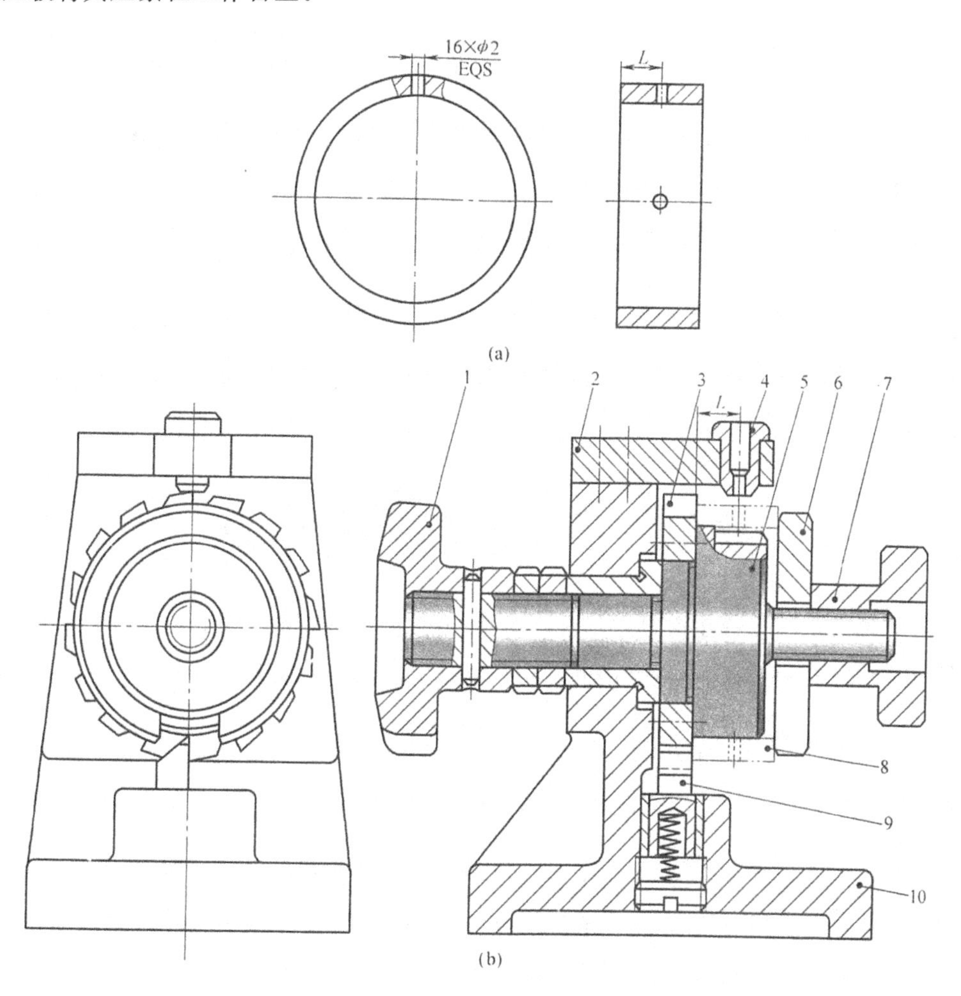

图 6-1-4　分度钻床夹具

1—分度操纵手柄　2 一钻模板　3—分度轮(棘轮)　4—钻套　5—定位心轴　6—开口垫圈　7—夹紧螺母　8—工件　9—对定机构(棘爪)　10—夹具体

根据图 6-1-1 和图 6-1-4 可归纳出夹具的主要组成部分有：

(1)定位元件。如图 6-1-1 中的支承板 2、支承钉 3 和 4,图 6-1-4 中的 3 和 5 都是定位元件。它们以定位工作面与工件的定位基准面相接触、配合或对准,使工件在夹具中占有准确位置,起到定位作用。

(2)夹紧装置。如图 6-1-1 中的压板 8 和夹紧螺母 9 等组成的螺钉压板部件;图 6-1-4 中的开口垫圈 6 和螺母 7 都是能将外力施加到工件上来克服切削力等外力作用,使工件保持在正确定位位置上不动的夹紧装置或夹紧元件。

(3)对刀元件。如图 6-1-1 的对刀块 5。根据它来调整铣刀相对夹具的位置。

(4)导引元件。如图 6-1-4 的钻套 4。它导引钻头加工,决定了刀具相对夹具的位置。

(5)其他装置。如图 6-1-4 中由棘爪 9 和棘轮 3 组成的分度装置。利用它进行分度加工。

(6)连接元件和连接表面。图 6-1-1 中的定位键 1 与铣床工作台的 T 形槽相配合决定夹具在机床上的相对位置,它就是连接元件。图 6-1-1 和图 6-1-4 中与机床工作台面接触的夹具体的底面则是连接表面。此外,图 6-1-1 中夹具体两侧的 U 形耳座,可供 T 形螺柱穿过,并用螺母把夹具紧固,其 U 形槽面也属于连接表面。

(7)夹具体。它是夹具的基础元件,夹具上其他各元件都分别装配在夹具体上形成一个整体,如图 6-1-1(b)中由夹具底座 6 和夹具底板 7 焊接成的夹具体和图 6-1-4 中的铸造夹具体 10。

第二节　工件在夹具中的定位

定位的目的是使工件在夹具中相对于机床、刀具占有确定的正确位置,并且应用夹具定位工件,还能使同一批工件在夹具中的加工位置达到很好的一致性。

 一、基准的概念

定位方案的分析与确定,必须按照工件的加工要求,合理地选择工件的定位基准。

零件是由若干表面组成的,这些表面之间必然有尺寸和位置之间的要求,这就引出了基准的概念。所谓基准就是零件上用来确定点、线、面位置时,作为参考的其他的点、线、面。根据基准的功用不同,可分为设计基准和工艺基准两大类。

1. 设计基准

设计基准是在零件图上用来确定其他点、线、面的位置的基准。例如,图 6-2-1 中的主轴箱箱体,顶面 B 的设计基准是底面 D;孔Ⅳ的设计基准在垂直方向是底面 D,在水平方向是导向面 E;孔Ⅱ的设计基准是孔Ⅲ和孔Ⅳ的轴线(在图样上应标注 R_2 及 R_3 两个尺寸)。设计基准是由该零件在产品结构中的功用来决定的。

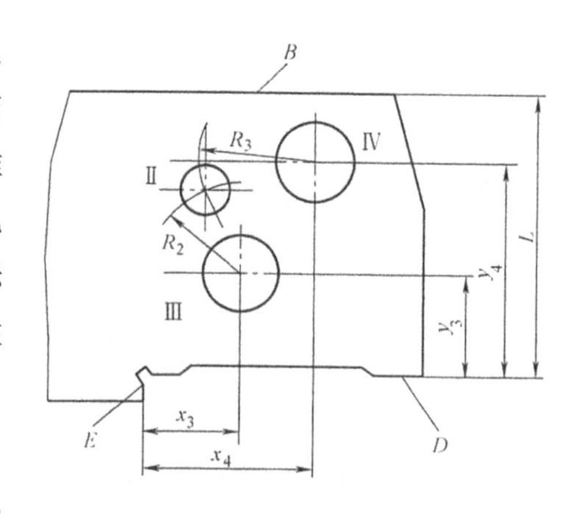

图 6-2-1　主轴箱箱体

2. 工艺基准

工艺基准是在加工及装配过程中使用的基准。按照用途的不同又可分为以下几类:

(1)定位基准。定位基准是在加工中使工件在机床或夹具上占有正确位置所采用的基准。例如,在镗床上镗图 6-2-1 所示的主轴箱箱体的孔时,若以底面 D 和导向面 E 定位,此时,底面 D 和导向面 E 就是加工时的定位基准。

(2)测量基准。测量基准是在检验时使用的基准。例如,在检验车床主轴时,用支承轴颈表面作测量基准。

(3)装配基准。装配基准是在装配时用来确定零件或部件在产品中位置所采用的基准。例如,主轴箱箱体的底面 D 和导向面 E、活塞的活塞销孔、车床主轴的支承轴颈都是它们的装配基准。

(4)调刀基准。调刀基准是在加工中用以调整加工刀具位置时所采用的基准。

二、六点定位原理

如图 6-2-2(a)所示,任一刚体在空间都有六个自由度,即 x、y、z 三个坐标轴的移动自由度 x、y、z,以及绕此三个坐标轴的转动自由度 x、y、z。假设工件也是一个刚体,要使它在机床上(或夹具中)完全定位,就必须限制它在空间的六个自由度。如图 6-2-2(b)所示,用六个定位支承点与工件接触,并保证支承点合理分布,每个定位支承点限制工件的一个自由度,便可将工件六个自由度完全限制,工件在空间的位置也就被唯一地确定。由此可见,要使工件完全定位,就必须限制工件在空间的六个自由度,即工件的“六点定位原理”。

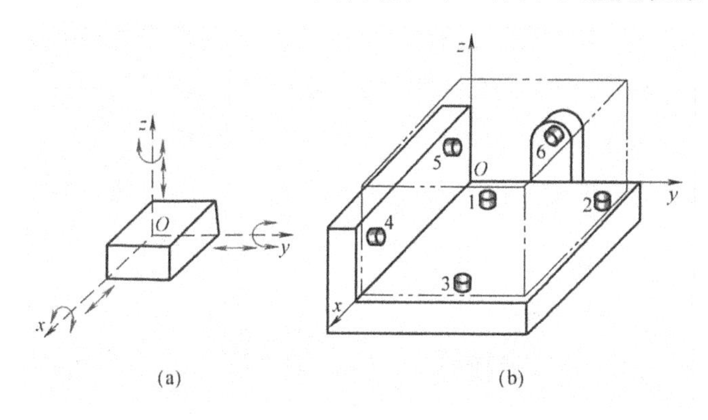

图 6-2-2 工件在空间中的自由度

在应用工件“六点定位原理”进行定位问题分析时,应注意如下几点:

(1)定位就是限制自由度,通常用合理布置定位支承点的方法来限制工件的自由度。

(2)定位支承点限制工件自由度的作用,应理解为定位支承点与工件定位基准面始终保持紧贴接触。若二者脱离,则意味着失去定位作用。

(3)一个定位支承点仅限制一个自由度,一个工件仅有六个自由度,所设置的定位支承点数目,原则上不应超过六个。

(4)分析定位支承点的定位作用时,不考虑力的影响。工件的某一自由度被限制,是指工件在这一方向上有确定的位置,并非指工件在受到使其脱离定位支承点的外力时,不能运动,欲使其在外力作用下不能运动,是夹紧的任务;反之,工件在外力作用下不能运动,即被夹紧,也并非是说工件的所有自由度都被限制了。所以,定位和夹紧是两个概念,不能混淆。

(5)定位支承点是由定位元件抽象而来的,在夹具中,定位支承点总是通过具体的定位元件体现,至于具体的定位元件应转化为几个定位支承点,需结合其结构进行分析。

三、常见的定位方式和定位元件

下面分析各种典型表面的定位方法和相应的定位元件。

(一)工件以平面定位

在切削加工中,利用工件上的一个或几个平面作为定位基面来定位工件的方式,称为平面定位。如箱体、机座、支架、板盘类零件等,多以平面为定位基准。所用的定位元件称为基本支承,包括固定支承、可调支承和自位支承。

(1)固定支承。它指高度尺寸固定,不能调整的支承,包括固定支承钉和固定支承板两类。固定支承钉用于较小平面的支承,而固定支承板用于较大平面的支承。图 6-2-3 表示了四种固定支承钉。图 6-2-3(a)所示为平头支承钉,用于已加工平面;图 6-2-3(b)所示为球头支承钉,用于未加工平面,以便保证良好的接触;图 6-2-3(c)所示为网纹头支承钉,用于未加工平面,可减小实际接触面积,增大摩擦,使定位稳定可靠,但由于槽中易积屑,故多用于侧面定位;图 6-2-3(d)所示是带套筒的支承钉,用于大批大量生产,便于磨损后更换。

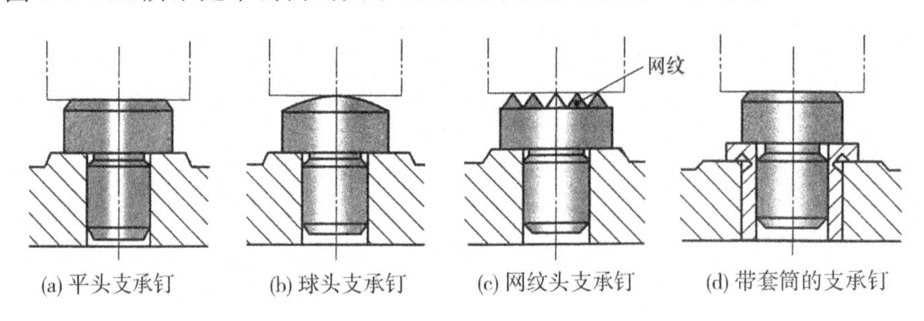

图 6-2-3　各种固定支承钉

固定支承板多用于工件上已加工表面的定位,有时可用一块支承板代替两个支承钉。图 6-2-4 所示是固定支承板的结构图,其中 A 型结构简单,但埋头螺钉处易堆积切屑,故用于工件侧面或顶面定位。而 B 型支承板可克服这一缺点,主要用于工件的底面定位。

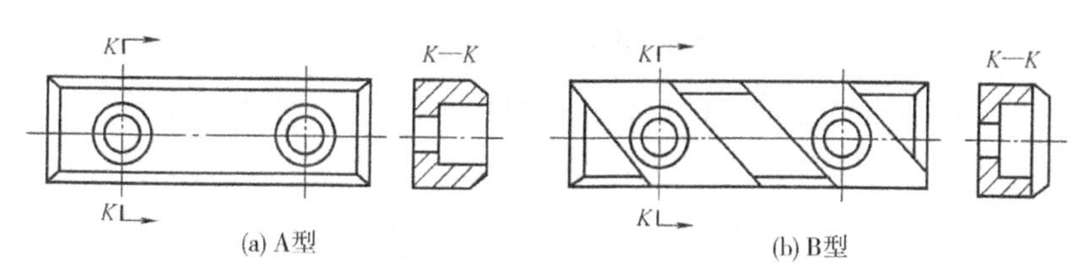

图 6-2-4　固定支承板

(2)可调支承。它指顶端位置可在一定高度范围内调整的支承。多用于未加工平面的定位,以调节和补偿各批毛坯尺寸的误差,一般每批毛坯调整一次。图 6-2-5 表示了两种可调支承的基本形式,均由螺钉及螺母组成。支承高度调整后,用螺母锁紧工件。

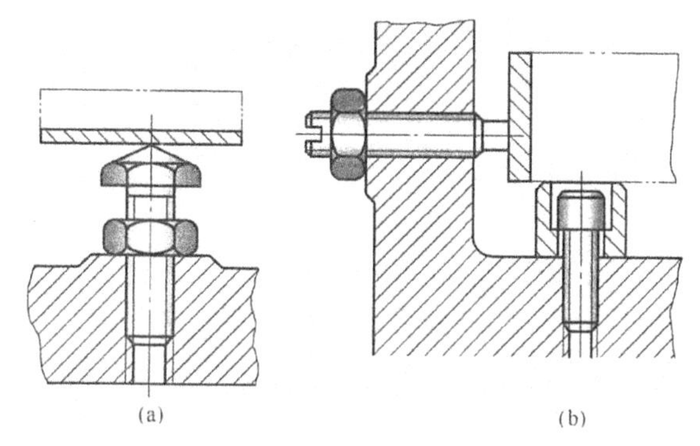

图 6-2-5　可调支承

(3)自位支承。指支承本身的位置在定位过程中能自动适应工件定位基准面位置变化的一类支承。自位支承能增加与工件定位面的接触点数目,使单位面积压力减小,故多用于刚度不足的毛坯表面或不连续的平面的定位。此时,虽增加了接触点的数目,但未发生过定位。图 6-2-6 所示为几种自位支承的结构形式,其中图 6-2-6(a)和图 6-2-6(b)所示为双接触点,图 6-2-6(c)所示为三接触点,无论哪一种,都只相当于一个定位支承点,限制工件的一个自由度。

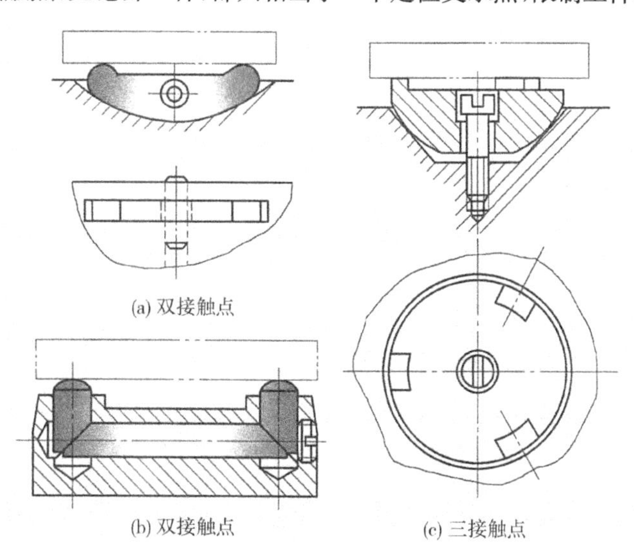

图 6-2-6　自位支承

(4)辅助支承。在生产中,有时为了提高工件的刚度和定位稳定性,常采用辅助支承。如图 6-2-7 所示的阶梯零件,当用平面 1 定位铣平面 2 时,于工件右部底面增设辅助支承 3,可避免加工过程中工件的变形。

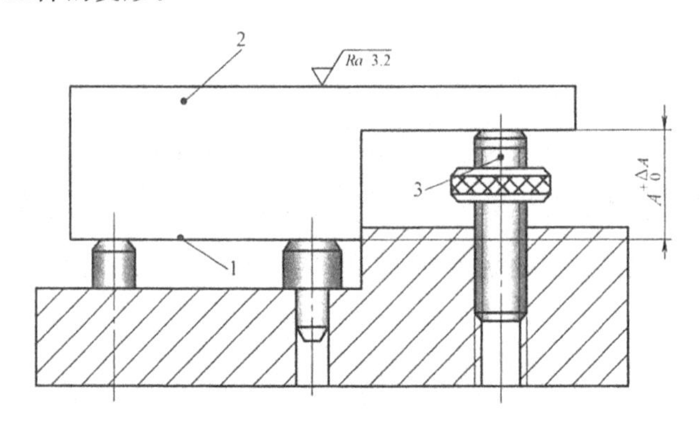

图 6-2-7 辅助支承的作用

辅助支承的结构形式很多,如图 6-2-8 所示。无论采用哪一种,都应注意,辅助支承不起定位作用,即不应限制工件的自由度,同时更不能破坏基本支承对工件的定位,因此,辅助支承的结构都是可调并能锁紧的。

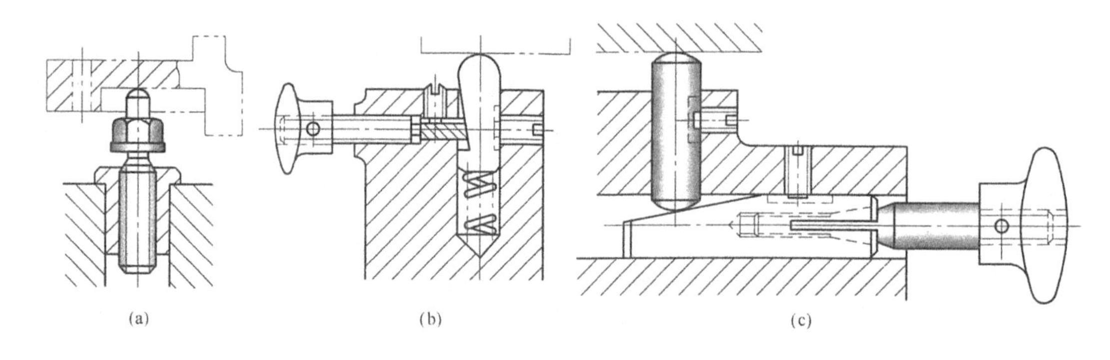

图 6-2-8 辅助支承

(二)工件以圆孔定位

有些工件,如套筒、法兰盘、拨叉等以孔作为定位基准,此时采用的定位元件有定位销、圆锥销、定位心轴等。

(1)定位销。定位销的结构如图 6-2-9 所示。其中图 6-2-9(a)、(b)、(c)是将定位销以 H7/r6 或 H7/n6 配合,直接压入夹具体孔中;图 6-2-9(d)是用螺栓经中间套以 H7/n6 与夹配合,以便于更换。定位销头部应做出 15°的倒角或圆角,以便于装入工件定位孔。定位销工作部分直径可按 h5、h6、g5、g6、f6、f7 制造。定位销主要用于直径小于 50 mm 的中小孔定位。

直径小于 16 mm 的定位销，用 T7A 材料，淬火至 53～58HRC；直径大于 16 mm 的定位销，用 20 钢，渗碳淬火至 53～58HRC。

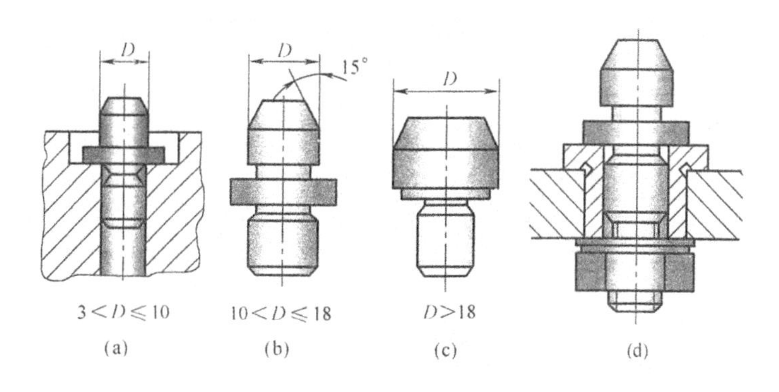

图 6-2-9　定位销

(2)圆锥销。常用于工件孔端的定位，其结构如图 6-2-10 所示。图 6-2-10(a)用于精基准，图 6-2-10(b)用于粗基准，可限制工件三个自由度。

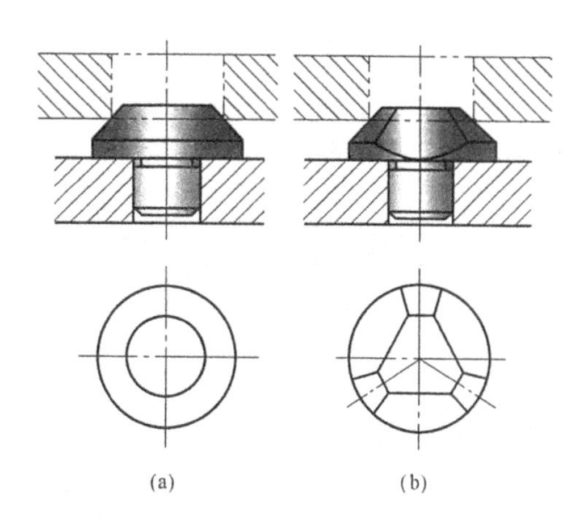

图 6-2-10　圆锥销定位

(3)定位心轴。公称尺寸按 e8 制造，如图 6-2-11 所示，长度约为工件孔长度的一半。工作部分 2 的直径以定位孔上极限尺寸为公称尺寸，按 r6 制造。这类心轴定心精度高，但装卸费时，有时易损伤工件孔，多用于定心精度要求高的情况；图 6-2-11(c)为小锥度心轴，锥度为 1/(500～100)。定位时，工件楔紧在心轴上，定心精度很高(可达 0.005～0.01 mm)，多用于车或磨同轴度要求高的盘类零件，可获得较高的定位精度。

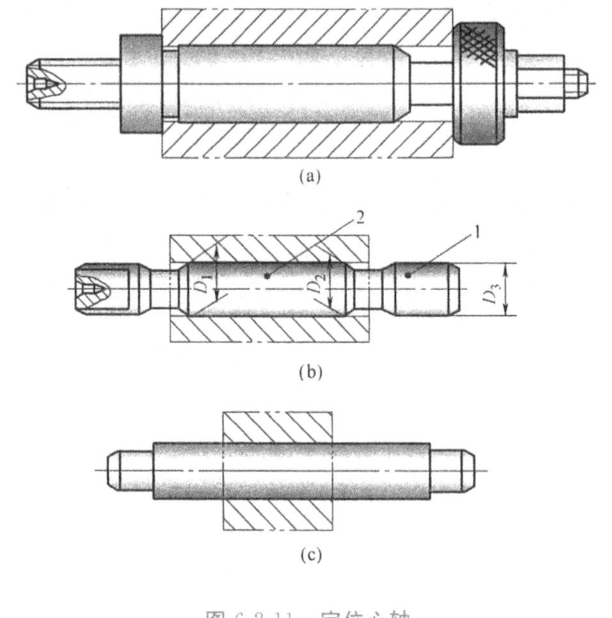

图 6-2-11　定位心轴

1—安装部分　2—工作部分

(三)工件以外圆柱面定位

工件以外圆柱面定位在生产中是常见的,如轴套类零件等。常用的定位元件有 V 形块、定位套、半圆定位座等。

(1)V 形块。V 形块是用得最广泛的外圆表面定位元件。典型的 V 形块结构如图 6-2-12 所示,其中图 6-2-12(b)、(c)所示为长 V 形块,用于定位基准面较长或分为两段时的情况。

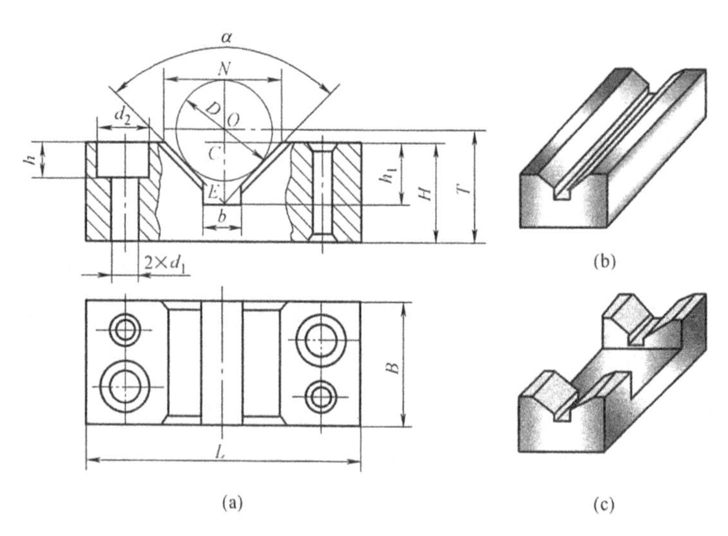

图 6-2-12　典型的 V 形块结构

在V形块上定位时,工件具有自动对中作用。V形块的材料用20钢,渗碳淬火至60~64HRC,渗碳深度为0.8~1.2 mm。

V形块的结构尺寸已经标准化,其两斜面的夹角有60°、90°和120°三种。设计非标准V形块时,可按图6-2-12(a)进行有关尺寸计算。V形块的基本尺寸包括:

D——标准心轴直径,即工件定位用外圆直径,mm;

H——V形块高度,mm;

N——V形块的开口尺寸,mm;

T——对标准心轴而言,V形块的标准高度,通常可作为检验用,mm;

α——V形块两工作平面间的夹角,(°)。

设计V形块应根据所需定位的外圆直径D计算,先设定α、N和H值,再求T值。T值必须标注,以便于加工和检验。其值的计算为

$$T=H+\frac{D}{2\sin\frac{\alpha}{2}}-\frac{N}{2\tan\frac{\alpha}{2}} \tag{6-1}$$

式中:H——V形块高度,mm。对于大直径工件,$H\leqslant0.5D$;对于小直径工件,$H\leqslant1.2D$。

N——V形块的开口尺寸,mm。当$\alpha=90°$时,$N=(1.09\sim1.13)D$;当$\alpha=120°$时,$N=(1.45\sim1.52)D$。

(2)定位套筒。定位套筒的结构形式如图6-2-13所示。它装在夹具体上,用以支承外圆表面,起定位作用。这种定位方法,定位元件结构简单,但定心精度不高,当工件外圆与定位孔配合较松时,还易使工件偏斜,因而,常采用套筒内孔与端面一起定位,以减少偏斜。若工件端面较大,为避免过定位,定位孔应做短一些。

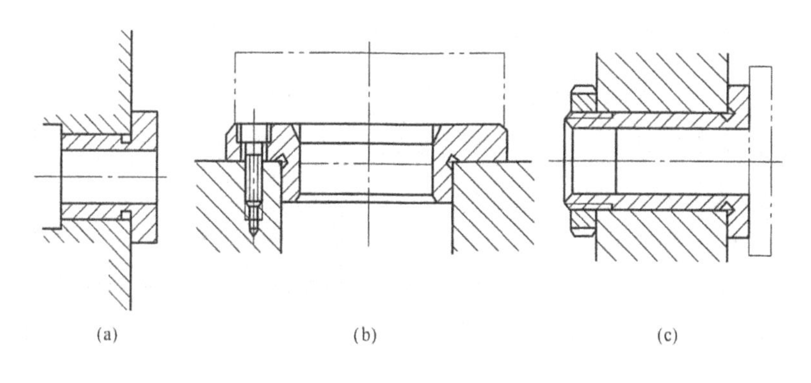

图6-2-13　定位套筒

(3)半圆孔定位座。将同一圆周面的孔分成两半圆,下半圆部分装在夹具体上,起定位作用,上半圆部分装在可卸式或铰链式盖上,起夹紧作用,如图6-2-14所示。工作表面是用

耐磨材料制成的两个半圆衬套，并镶在基体上，以便于更换。半圆孔定位座适用于大型轴类工件的定位。

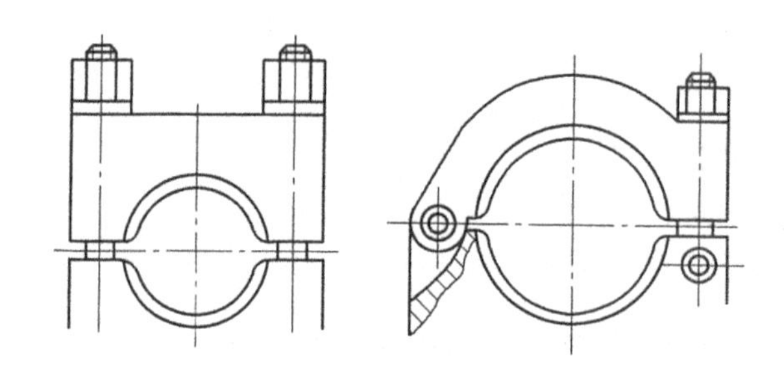

图 6-2-14　半圆孔定位座

(4)外圆定心夹紧机构。在实现定心的同时，能将工件夹紧的机构，称为定心夹紧机构，如自定心卡盘、弹簧夹头等。图 6-2-15 所示是几种弹簧夹头的结构示意图，图 6-2-15(a)所示是拉式弹簧夹头，图 6-2-15(b)所示是推式弹簧夹头，图 6-2-15(c)所示是不动式弹簧夹头。不动式弹簧夹头的优点是，夹紧工件时工件不会发生轴向移动，但结构复杂些。

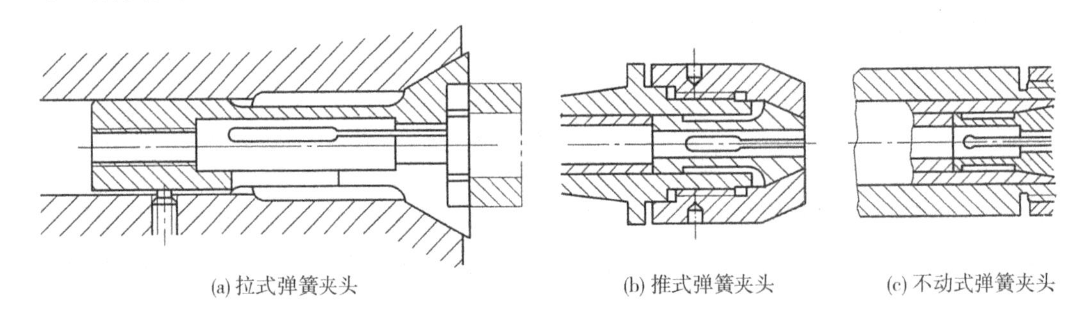

(a) 拉式弹簧夹头　(b) 推式弹簧夹头　(c) 不动式弹簧夹头

图 6-2-15　弹簧夹头

(四)组合定位分析

实际生产中工件的形状千变万化，各不相同，往往不能用单一定位元件定位单个表面就可解决定位问题，而是要用几个定位元件组合起来同时定位工件的几个定位面。复杂的机器零件都是由一些典型的几何表面(如平面、圆柱面、圆锥面等)进行各种不同组合而形成的，因此一个工件在夹具中的定位，实质上就是把前面介绍的各种定位元件作不同组合来定位工件相应的几个定位面，以达到工件在夹具中的定位要求，这种定位分析就是组合定位分析。

组合定位分析要点如下：

(1)几个定位元件组合起来定位一个工件相应的几个定位面，该组合定位元件能限制工件的自由度总数等于各个定位元件单独定位各自相应定位面时所能限制自由度的数目之和，不会因组合后而发生数量上的变化，但它们限制了哪些方向的自由度却会随不同组合情

况而改变。

(2)组合定位中，定位元件在单独定位某定位面时原起限制工件移动自由度的作用可能会转化成起限制工件转动自由度的作用。但一旦转化后，该定位元件就不再起原来限制工件移动自由度的作用了。

(3)单个表面的定位是组合定位分析的基本单元。

例如，图 6-2-16 所示的三个支承钉定位一平面时，就以平面定位作为定位分析的基本单元，限制 $\vec{z}$、$\widehat{x}$、$\widehat{y}$ 三个方向自由度，而不再进一步去探讨这三个方向的自由度分别由哪个支承钉来限制。否则易引起混乱，对定位分析毫无帮助。

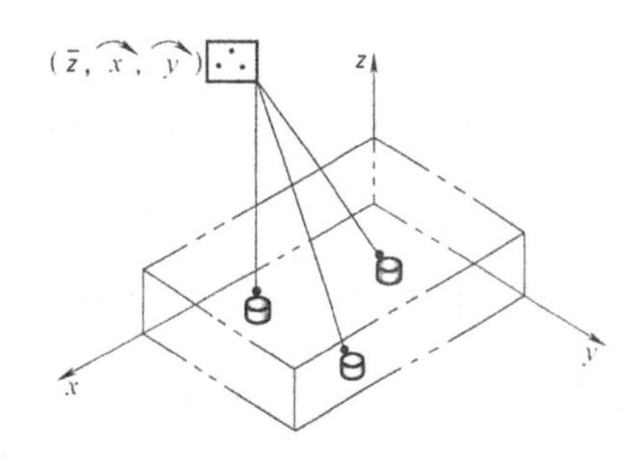

图 6-2-16　三个支承钉定位某一平面

第三节　定位误差分析

按照定位基本原理进行夹具定位分析，重点是解决单个工件在夹具中占有准确加工位置的问题。但要使一批工件在夹具中占有准确加工位置，还必须对一批工件在夹具中定位时会不会产生误差进行分析计算，即定位误差的分析与计算。

 一、调刀基准的概念

在零件加工前对机床进行调整时，为了确定刀具的位置，还要用到调刀基准，由于最终的目的是确定刀具相对工件的位置，所以调刀基准往往选在夹具上定位元件的某个工作面。因此它与其他各类基准不同，不是体现在工件上，而是体现在夹具中，是通过夹具定位元件的定位工作面来体现的。因此调刀基准应具备两个条件：第一，它是由夹具定位元件的定位工作面体现的；第二，它是在加工精度参数（尺寸、位置）方向上调整刀具位置的依据。若加工精度参数是尺寸时，则夹具图上应以调刀基准标注调刀尺寸。

选取调刀基准时，应尽可能不受夹具定位元件制造误差的影响。例如图 6-3-1 所示的定位心轴，1 是定位部分，2 是与夹具体配合部分。选取定位心轴的轴线 OO 为调刀基准时，可不受定位外圆直径制造误差的影响。即使在夹具维修后更换了定位心轴，虽然定位外圆直径发生变化，但 OO 轴线位置仍不变（假设不考虑定位心轴上 1 与 2 的同轴度误差）。若选用定位外圆上母线 A 为调刀基准时，则由于外圆直径制造误差的影响，将使调刀尺寸产生 ΔA 的变化。

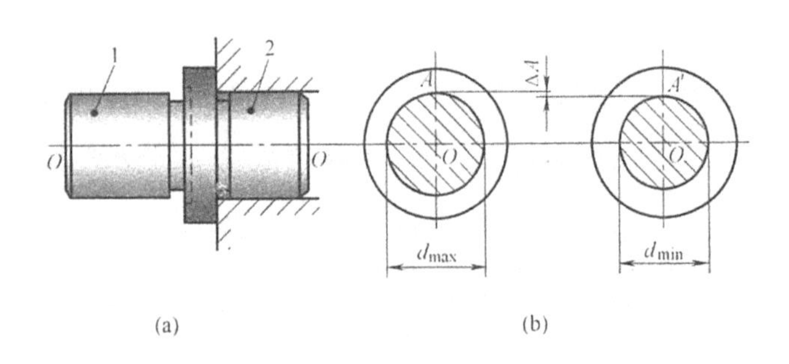

图 6-3-1　调刀基准的选取

图 6-3-2(a)所示是零件图(或工序图)。在其上钻孔 ϕd,要求保证 L_1尺寸和 ϕd 孔轴线对内孔轴线的对称度。图 6-3-2(b)所示是加工 ϕd 孔的钻床夹具部分视图,为保证 L_1的尺寸要求,工件以 A'端面紧靠心轴 2 的端面 A 定位。使导引钻头的钻套轴线到心轴 2 的端面 A 的位置尺寸调整成相应的 L_j尺寸(一般应为 L_1的平均尺寸),即可保证钻出一批工件 ϕd 孔轴线的位置尺寸 L_1。这时工件 L_1尺寸的设计基准是 A'端面,定位基准也是 A'端面,二者重合。夹具上的调刀基准则是定位心轴 2 的 A 端面。对于对称度要求,工件内孔 ϕD_1轴线$O'O'$是设计基准,工件以内孔在心轴 2 上定位,内孔轴线 O'O' 又是定位基准。而定位心轴轴线 OO 则是调刀基准。在图 6-3-2(b)的夹具俯视图中可以看出,为保证 ϕd 孔轴线对工件内孔轴线 $O'O'$的对称,必须保证钻套轴线对定位心轴 2 的轴线 OO 对称(垂直相交)。

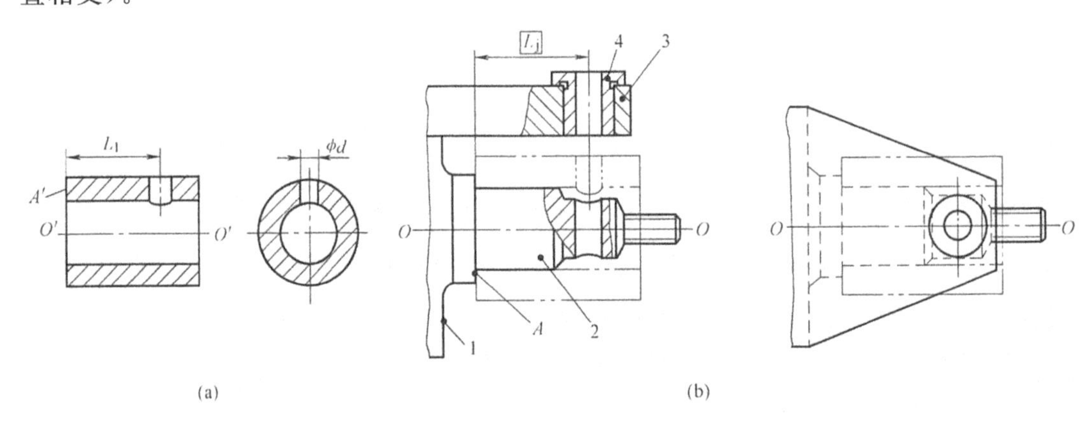

图 6-3-2　钻孔夹具装夹加工时的基准分析

1—夹具体　2—定位心轴　3—钻模板　4—固定钻套

由上面的分析可知,设计基准和定位基准都是体现在工件上的,而调刀基准却是由夹具定位元件的定位工作面来体现的。从上面的示例中还可归纳出调刀基准的特点及其与相应定位基准的对应关系,如图 6-3-3 所示。

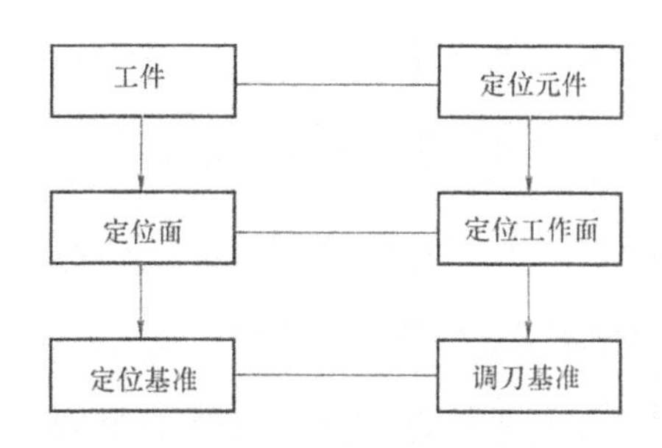

图 6-3-3　调刀基准与定位基准的关系

 二、定位误差及产生原因

当夹具在机床上的定位精度已达到要求时，如果工件在夹具中定位得不准确，将会使设计基准在加工尺寸方向上产生偏移。往往导致加工后工件达不到要求。设计基准在工序尺寸方向上的最大位置变动量，称为定位误差，以 Δ_{dw}表示。

下面讨论产生定位误差的原因。

1. 定位基准与设计基准不重合产生的定位误差

图 6-3-4 所示零件，底面 3 和侧面 4 已加工好，现需加工台阶面 1 和顶面 2。

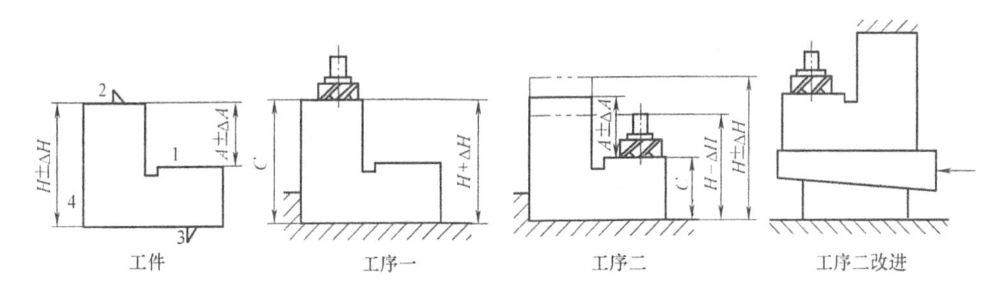

图 6-3-4　基准不重合产生的定位误差

工序一：加工顶面 2，以底面和侧面定位，此时，调刀基准是与底面 3 相接触的定位平面，而定位基准和设计基准都是底面 3，二者与调刀基准重合。加工时，使刀具调整尺寸与工序尺寸一致，即 $C=H\pm\Delta H$(对于一批工件来说，可视为常量)，则定位误差 $\Delta_{dw}=0$。

工序二：加工台阶面 1。定位同工序一，此时定位基准为底面 3，与调刀基准重合，而设计基准为顶面 2，即定位基准与设计基准不重合。即使本工序刀具以底面为基准调整得绝对准确，且无其他加工误差，仍会由于上一工序加工后顶面 2 在 $H\pm\Delta H$(范围内变动，导致加工尺寸 $A\pm\Delta A$(变为 $A\pm\Delta A\pm\Delta H$，其误差为 $2\Delta H$，显然该误差完全是由于定位基准与设计基准不重合引起的，称为“基准不重合误差”，以 Δ_{jb}表示，即 $\Delta_{jb}=2\Delta H$。如果将定位基准到设计基准间的尺寸称为联系尺寸，则基准不重合误差就等于联系尺寸的公差。

图 6-3-4 中，工序二改进方案使基准重合了($\Delta_{jb}=0$)。这种方案虽然提高了定位精度，但夹具结构复杂，工件安装不便，并使加工稳定性和可靠性变差，因而有可能产生更大的加工误差。因此，从多方面考虑，在满足加工要求的前提下，基准不重合的定位方案在实践中也可以采用。

2. 定位副制造不准确产生的基准位移误差

如图 6-3-5(a)所示，工件以内孔轴线 O 为定位基准，套在心轴 O_1 上，铣上平面，工序尺寸为 $H_0^{+\Delta H}$。尺寸 H 的设计基准为内孔轴线 O，设计基准与定位基准重合，而调刀基准是定位心轴轴线 O_1。从定位角度看，此时内孔轴线与心轴轴线重合，即设计基准与定位基准以及调刀基准重合，$\Delta_{jb}=0$。但实际上，定位心轴和工件内孔都有制造误差，而且为了便于工件套在心轴上，还应留有配合间隙，故安装后孔和轴的中心必然不重合[图 6-3-5(b)]，使得定位基准 O 相对于调刀基准 O_1 发生位置变动。

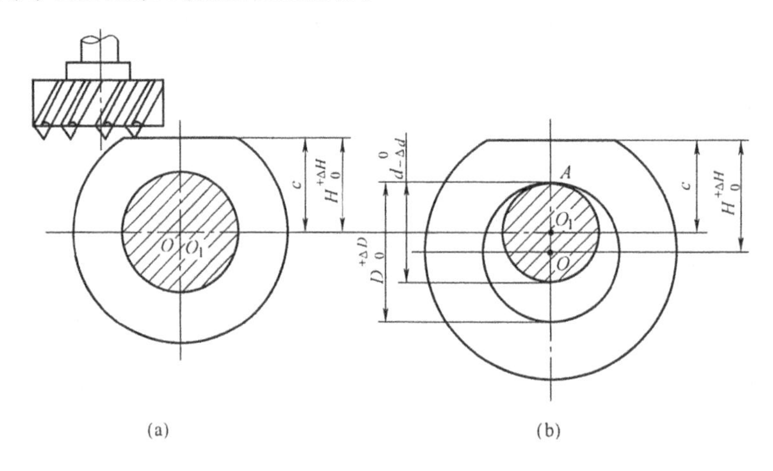

图 6-3-5　基准位移产生的定位误差

设孔径为 $D_0^{+\Delta D}$，轴径为 $d_{-\Delta d}^{0}$，最小间隙为 $\Delta=D-d$。当心轴如图 6-3-5(b)水平放置时，工件孔与心轴始终在上母线 A 单边接触。则定位基准 O 与调刀基准 O_1 间的最大和最小距离分别为

$$\overline{OO_1}_{\max}=\overline{OA}_{\max}-\overline{O_1A}_{\min}=\frac{D+\Delta D}{2}-\frac{d-\Delta d}{2}$$

$$\overline{OO_1}_{\min}=\overline{OA}_{\min}-\overline{O_1A}_{\max}=\frac{D}{2}-\frac{d}{2}$$

因此，由于基准发生位移而造成的加工误差为

$$\Delta_{jw}=\overline{OO_1}_{\max}-\overline{OO_1}_{\min}=\left(\frac{D+\Delta D}{2}-\frac{d-\Delta d}{2}\right)-\left(\frac{D}{2}-\frac{d}{2}\right)$$

$$=\frac{\Delta D}{2}+\frac{\Delta d}{2}=\frac{1}{2}(\Delta D+\Delta d)$$

即此定位误差为内孔公差 ΔD 与心轴公差 Δd 之和的一半，且与最小配合间隙 Δ 无关。

若将工件定位工作面与夹具定位元件的定位工作面合称为“定位副”，则由于定位副制造误差，也直接影响定位精度。这种由于定位副制造不准确，使得定位基准相对于夹具的调刀基准发生位移而产生的定位误差，称为“基准位移误差”，用 Δ_{jw} 表示。

上例中，若心轴垂直放置，则工件孔与心轴可能在任意边随机接触，此时定位误差(即孔轴配合的最大间隙)为

$$\Delta_{jw} = \Delta D + \Delta d + \Delta \tag{6-2}$$

三、保证加工精度的条件

机械加工过程中，产生加工误差的因素很多。若规定工件的加工允差为 $\delta_{工件}$，并以 $\Delta_{夹件}$ 表示与采用夹具有关的误差，以 $\Delta_{加工}$ 表示除夹具外，与工艺系统其他一切因素(诸如机床误差、刀具误差、受力变形、热变形等)有关的加工误差，则为保证工件的加工精度要求，必须满足

$$\delta_{工件} \geqslant \Delta_{夹具} + \Delta_{加工}$$

此不等式即为保证加工精度的条件，称为采用夹具加工时的误差计算不等式。

上式中的 $\Delta_{夹具}$ 包括了有关夹具设计与制造的各种误差，如工件在夹具中定位、夹紧时的定位夹紧误差、夹具在机床上安装时的安装误差、确定刀具位置的元件和引导刀具的元件与定位元件之间的位置误差等。因此，在夹具的设计与制造中，要尽可能设法减少这些与夹具有关的误差。这部分误差所占的比例越大，留给补偿其他加工误差的比例就越小。其结果不是降低了零件的加工精度，就是增加了加工难度，导致加工成本增加。

所以，减少与夹具有关的各项误差是设计夹具时必须认真考虑的问题之一。制订夹具公差时，应保证夹具的定位、制造和调整误差的总和不超过工序公差的 1/3。

第四节　工件在夹具中的夹紧

工件在定位元件上定位后，必须采用一定的装置将工件压紧夹牢，使其在加工过程中不会因受切削力、惯性力或离心力等作用而发生振动或位移，从而保证加工质量和生产安全，这种装置称为夹紧装置。机械加工中所使用的夹具一般都必须有夹紧装置，在大型工件上钻小孔时，可不单独设计夹紧装置。

一、夹紧装置的组成及基本要求

图 6-4-1 所示为夹紧装置组成示意图，它主要由以下三部分组成：

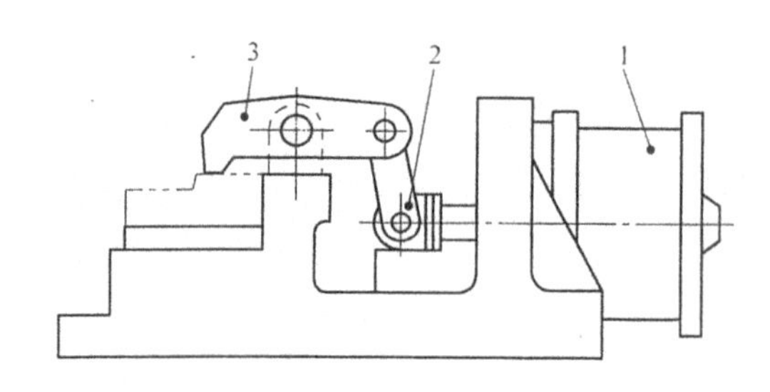

图 6-4-1　夹紧装置组装示意图

1—气缸　2—杠杆　3—压板

1. 刀源装置

产生夹紧作用力的装置。所产生的力称为原始力，如气动、液动、电动等，图中的力源装置是气缸 1。对于手动夹紧来说，力源来自人力。

2. 中间传力机构

介于力源和夹紧元件之间传递力的机构，如图中的杠杆 2。在传递力的过程中，它能起到如下作用：

(1)改变作用力的方向。

(2)改变作用力的大小，通常是起增力作用。

(3)使夹紧实现自锁，保证力源提供的原始力消失后，仍能可靠地夹紧工件，这对手动夹紧尤为重要。

3. 夹紧元件

夹紧装置的最终执行元件，与工件直接接触完成夹紧作用，如图中的压板 3。

必须指出，夹紧装置的具体组成并非一成不变，须根据工件的加工要求、安装方法和生产规模等条件来确定。但无论其具体组成如何，都必须满足如下基本要求：

(1)夹紧时不能破坏工件定位后获得的正确位置。

(2)夹紧力大小要合适，既要保证工件在加工过程中不移动、不转动、不振动，又不能使工件产生变形或损伤工件表面。

(3)夹紧动作要迅速、可靠，且操作要方便、省力、安全。

(4)结构紧凑，易于制造与维修。其自动化程度及复杂程度应与工件的生产纲领相适应。

二、夹紧力的确定

设计夹紧机构，必须首先合理确定夹紧力的三要素：方向、作用点和大小。

1. 夹紧力方向的确定

确定夹紧力作用方向时，应与工件定位基准的配置及所受外力的作用方向等结合起来

考虑，其确定原则是：

(1)夹紧力的作用方向应垂直于主要定位基准面。图 6-4-2 所示工件是以 A、B 面作为定位基准镗孔 C，要求保证孔 C 轴线垂直于 A 面。为此应选择 A 面为主要定位基准，夹紧力 F_Q作用方向应垂直于 A 面。这样，无论 A 面与 B 面有多大的垂直度误差，都能保证孔 C 轴线与 A 面垂直。否则，如图示夹紧力方向垂直于 B 面，则因 A、B 面间有垂直度误差，使镗出的孔 C 轴线不垂直于 A 面，产生垂直度误差。

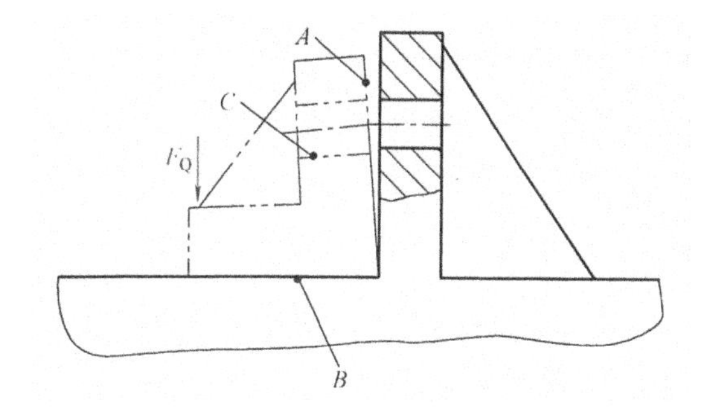

图 6-4-2　夹紧力作用方向不垂直于主要定位基准面

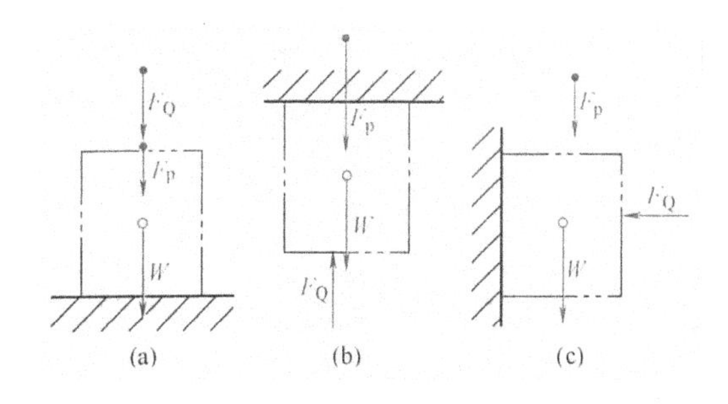

图 6-4-3　夹紧力方向与夹紧力大小的关系

(2)夹紧力作用方向应使所需夹紧力最小。这样可使机构轻便、紧凑，工件变形小，对手动夹紧可减轻工人劳动强度。图 6-4-3 表示了夹紧力 F_Q、切削力 F_P 及工件重力 W 之间三种不同方向的关系。其中图 6-4-3(a)所需夹紧力最小，较为理想；图 6-4-3(b)所需夹紧力 $F_Q \geqslant F_P + W$，要比图 6-4-3(a)大得多；图 6-4-3(c)完全靠摩擦力克服切削力和重力，故所需夹紧力 $F_Q \geqslant \dfrac{F_P + W}{\mu}$（$\mu$ 为工件与定位元件间的摩擦系数），所需夹紧力最大。所以，最理想的夹紧力的作用方向是与重力、切削力方向一致。

(3)夹紧力作用方向应使工件变形尽可能小。由于工件不同方向上的刚度是不一致的，不同的受力面也会因其面积不同而变形各异，夹紧薄壁工件时，尤应注意这种情况。如图 6-4-4所示套筒的夹紧，用自定心卡盘夹紧外圆显然要比用特制螺母从轴向夹紧工件的变形要大得多。

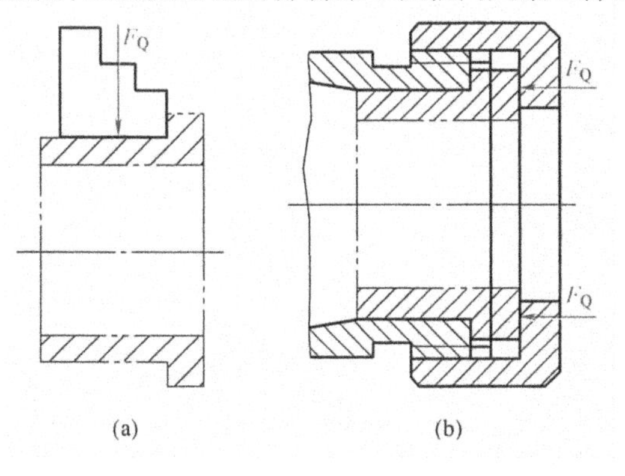

图 6-4-4　套筒夹紧

2. 夹紧力作用点的确定

它对工件的可靠定位、夹紧后的稳定和变形有显著影响，选择时应依据以下原则：

(1)夹紧力的作用点应落在支承元件或几个支承元件形成的稳定受力区域内。图 6-4-5(a)中，夹紧力作用在支承面范围之外，工件发生倾斜，因而不合理，而图 6-4-5(b)则是合理的。

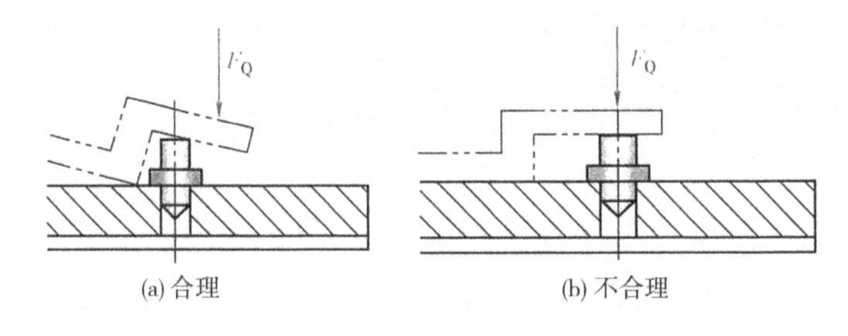

图 6-4-5　夹紧作用点应在支承面内

(2)夹紧力作用点应落在工件刚性好的部位。如图 6-4-6 所示，将作用在壳体中部的单点改为在工件外缘处的两点夹紧，工件的变形大大改善，夹紧也更可靠。此项原则对刚性差的工件尤为重要。

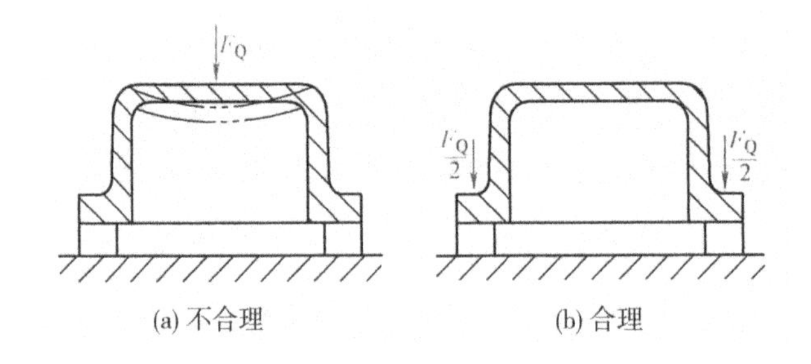

图 6-4-6　夹紧力作用点应落在刚性较好的部位

(3)夹紧力作用点应尽可能靠近加工面。这可减小切削力对夹紧点的力矩，从而减轻工件振动。图 6-4-7(a)中，若压板直径过小，则对滚齿时的防振不利。图 6-4-7(b)中工件形状特殊，加工面距夹紧力 F_{Q1} 作用点甚远，这时应增设辅助支承，并附加夹紧力 F_{Q2}，以提高工件夹紧后的刚度。

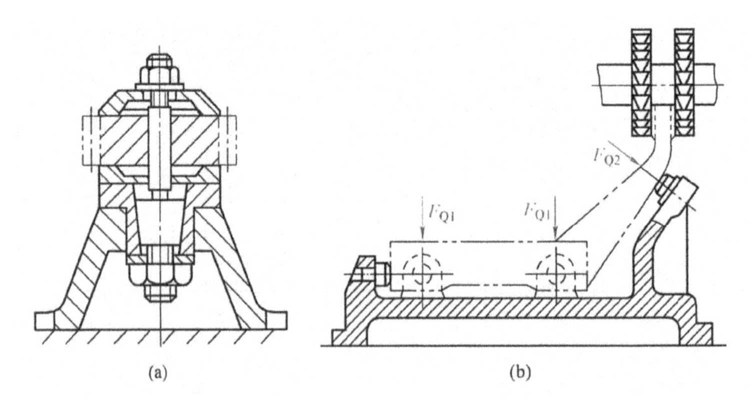

图 6-4-7　夹紧力应靠近加工表面

3. 夹紧力的大小

夹紧力的大小可根据切削力、工件重力的大小、方向和相互位置关系具体计算。为安全起见，计算出的夹紧力应乘以安全系数 K，故实际夹紧力一般比理论计算值大 2～3 倍。

进行夹紧力计算时，通常将夹具和工件看作一个刚性系统，以简化计算。根据工件在切削力、夹紧力（重型工件要考虑重力，高速时要考虑惯性力）作用下处于静力平衡，列出静力平衡方程式，即可算出理论夹紧力。

一般来说，手动夹紧时不必算出夹紧力的确切值，只有机动夹紧时，才进行夹紧力计算，以便决定动力部件（如气缸、液压缸直径等）的尺寸。

三、典型夹紧机构

夹紧机构是夹紧装置的重要组成部分，因为无论采用何种动力源装置，都必须通过夹紧机构将原始力转化为夹紧力。各类机床夹具应用的夹紧机构多种多样，以下介绍几种利用机械摩擦实现夹紧，并可自锁的典型夹紧机构。

1. 斜楔夹紧

图 6-4-8(a)所示为斜楔夹紧的钻模，以原始作用力 F_p 将斜楔推入工件和夹具之间实现夹紧。

取斜楔为研究对象，其受力如图 6-4-8(b)所示：工件对它的反作用力 F_Q（等于夹紧力，但方向相反），由 F_Q 引起的摩擦力为 F_1，它们的合力 $F_{Q1}=F_Q+F_1$；夹具体对它的反作用力为 F_R，由 F_R 引起的摩擦力为 F_2，它们的合力 $F_{R1}=F_R+F_2$。图中 φ_1 和 φ_2 为摩擦角，分别是 F_{Q1} 与 F_Q 和 F_{R1} 与 F_R 的夹角。

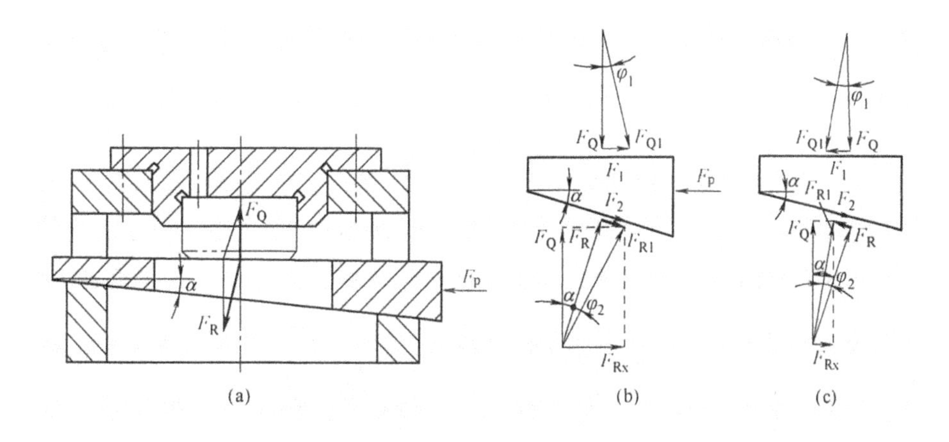

图 6-4-8　斜楔夹紧原理及受力分析

夹紧时，F_P、F_Q、F_R 三力平衡，有

$$F_P=F_Q\tan\varphi_1+F_Q\tan(\alpha+\varphi_2)$$

故夹紧力

$$F_{Q}=\frac{F_{P}}{\tan\varphi_{1}+\tan(\alpha+\varphi_{2})} \tag{6-3}$$

工件夹紧后 F_P 力消失，则斜楔应能自锁。如图 6-4-8(c)所示，这时斜楔受到合力 F_{Q1} 和 F_{R1} 作用，其中 F_{R1} 的水平分力 F_{Rx} 有使斜楔松开的趋势，欲阻止其松开而自锁，须使摩擦力 $F_{F1}\geqslant F_{Rx}$，亦即

$$F_{Q}\tan\varphi_{1}\geqslant F_{Q}\tan(\alpha-\varphi_{2})$$

因两处摩擦角很小，故有 $\tan\varphi_1\approx\varphi_1$，$\tan(\alpha-\varphi_2)\approx(\alpha-\varphi_2)$。则上式可写作 $\varphi_1>\alpha-\varphi_2$ 或写出斜楔夹角的自锁条件

$$\alpha<\varphi_{1}+\varphi_{2} \tag{6-4}$$

一般钢与铁的摩擦系数 $\mu=0.1\sim0.15$，则 $\varphi_1=\varphi_2=\varphi=5°\sim7°$，故当 $\alpha\leqslant10°\sim14°$ 时，即可实现自锁。通常为安全起见，取 $\alpha=5°\sim7°$。

斜楔夹紧的特点：

(1)有增力作用。若定义扩力比 $i_p=\dfrac{F_Q}{F_P}$，则根据夹紧力计算式(6-3)，$i_p\approx3$，且 α 越小增力作用越大。

(2)夹紧行程小。设当斜楔水平移动距离为 s 时，其垂直方向的夹紧行程为 h。则因 $h/s=\tan\alpha$ 及 $\tan\alpha\leqslant1$，故 $h\ll s$ 且 α 越小，其夹紧行程也越小。

(3)结构简单，但操作不方便。

根据以上特点，斜楔夹紧很少用于手动操作的夹紧装置，而主要用于机动夹紧，且毛坯质量较高的场合。有时，为解决增力和夹紧行程间的矛盾，可在动力源不间断情况下，增大 α 为 15°～30°，或可采用双升角形式，大升角用于夹紧前的快速行程，小升角用于夹紧中的增力和自锁。

2. 螺旋夹紧

由于螺旋夹紧结构简单、夹紧可靠，所以在夹具中得到了广泛的应用。图 6-4-9 所示是最简单的单螺旋夹紧机构。夹具体上装有螺母 2，转动螺杆 1，通过压块 4 将工件夹紧。螺母为可换式，螺钉 3 用于防止其转动。压块 4 可避免螺杆头部与工件直接接触，并造成压痕。螺旋夹紧的扩力比 $i_p=\dfrac{F_Q}{F_P}=80$，远比斜楔夹紧力大。同时螺旋夹紧行程不受限制，所以在手动夹紧中应用极广。但螺旋夹紧动作慢、辅助时间长、效率低，为此出现了许多快速螺旋夹紧机构。在实际生产中，螺旋、压板组合夹紧比单螺旋夹紧用得更为普遍。

3. 偏心夹紧

偏心夹紧机构是由偏心件作为夹紧元件，直接夹紧或与其他元件组合实现对工件的夹

紧，常用的偏心件有圆偏心和偏心轴偏心两种。

图 6-4-10 所示是一种常见的偏心轮—压板夹紧机构。当顺时针转动手柄 2 使偏心轮 3 绕轴 4 转动时，偏心轮的圆柱面紧压在垫板 1 上，由于垫板的反作用力，使偏心轮上移，同时抬起压板 5 右端，而左端下压夹紧工件。

由于圆偏心夹紧时的夹紧力小，自锁性能不是很好，且夹紧行程小，故多用于切削力小，无振动，工件尺寸公差不大的场合，但是圆偏心夹紧机构是一种快速夹紧机构。

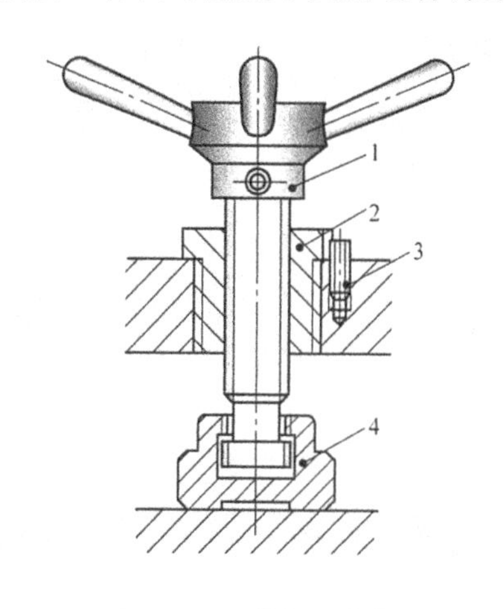

图 6-4-9　单螺旋夹紧

1—螺杆　2—螺母　3—螺钉　4—压块

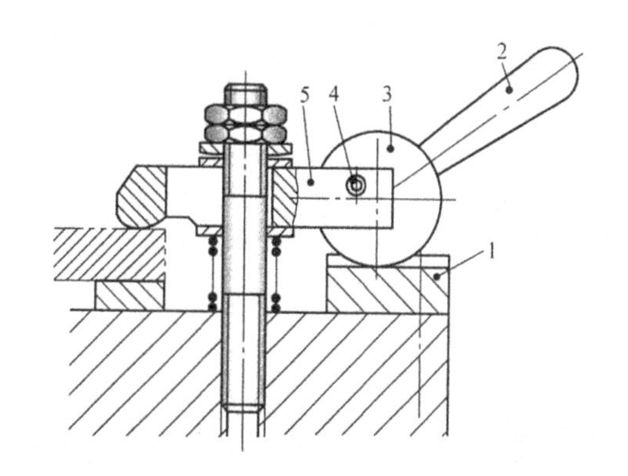

图 6-4-10　偏心轮·压板夹紧机构

1—垫板　2—手柄　3—偏心轮　4—轴　5—压板

第五节　各类机床夹具

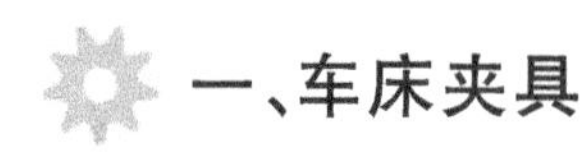

一、车床夹具

这类夹具一般都装在车床主轴上并带动工件回转。车床上除使用像顶尖、自定心卡盘、单动卡盘、花盘等通用夹具外，常按工件的加工需要，设计一些专用夹具。

图 6-5-1 所示为花盘角铁式车床夹具，工件 6 以两孔在圆柱定位销 2 和削边销 1 上定位，底面直接在夹具体 4 的角铁平面上定位，两螺钉压板分别在两定位销孔旁把工件夹紧。导向套 7 用来引导加工轴孔的刀具，8 是平衡块，用以消除回转时的不平衡。夹具上还设置有轴向定程基面 3，它与圆柱定位销保持确定的轴向距离，以控制刀具的轴向行程。该夹具以主轴外圆柱面作为安装定位基准。

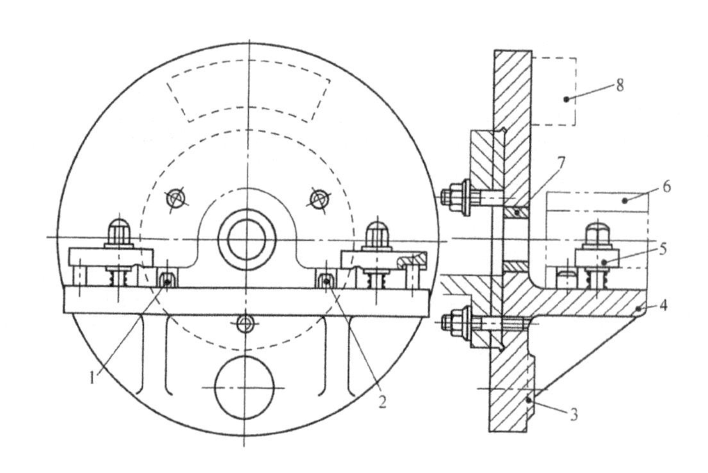

图 6-5-1 花盘角铁式车床夹具

1—削边销 2—圆柱定位销 3—轴向定程基面 4—夹具体 5—压块
6—工件 7—导向套 8—平衡块

车床夹具的设计特点是：

(1)整个车床夹具随机床主轴一起回转，所以要求它结构紧凑，轮廓尺寸尽可能小，质量小，而且重心应尽可能靠近回转轴线，以减小惯性力和回转力矩。

(2)应有平衡措施消除回转中的不平衡现象，以减少振动等不利影响。平衡块的位置应根据需要可以调整。

(3)与主轴端联结部分是夹具的定位基准，所以应有较准确的圆柱孔(或锥孔)，其结构形式和尺寸，依具体使用的机床主轴端部结构而定。

(4)高速回转的夹具，应特别注意使用安全，如尽可能避免带有尖角或凸出部分；夹紧力要足够大，且自锁可靠等。必要时回转部分外面可加罩壳，以保证操作安全。

二、铣床夹具

1. 铣床夹具的分类

铣床夹具的种类很多，按工件的进给方式，可以分为以下三类：

(1)直线进给式铣床夹具。这类夹具安装在做直线进给运动的铣床工作台上。如图 6-5-2所示的料仓式铣床夹具，工件先装在料仓 5 里，由圆柱销 12 和削边销 10 对工件 ϕ 22 mm和 ϕ 10 mm 两孔和端面定位。然后将料仓装在夹具上，利用销 12 的两圆柱端 11 和 13，及销 10 的两圆柱端分别对准夹具体上对应的缺口槽 8 和 9。最后拧紧螺母 1，经钩形压板 2 推动压块 3 前进，并使压块上的孔 4 套住料仓上的圆柱端 11，继续向右移动压块，直至将工件全部夹紧。

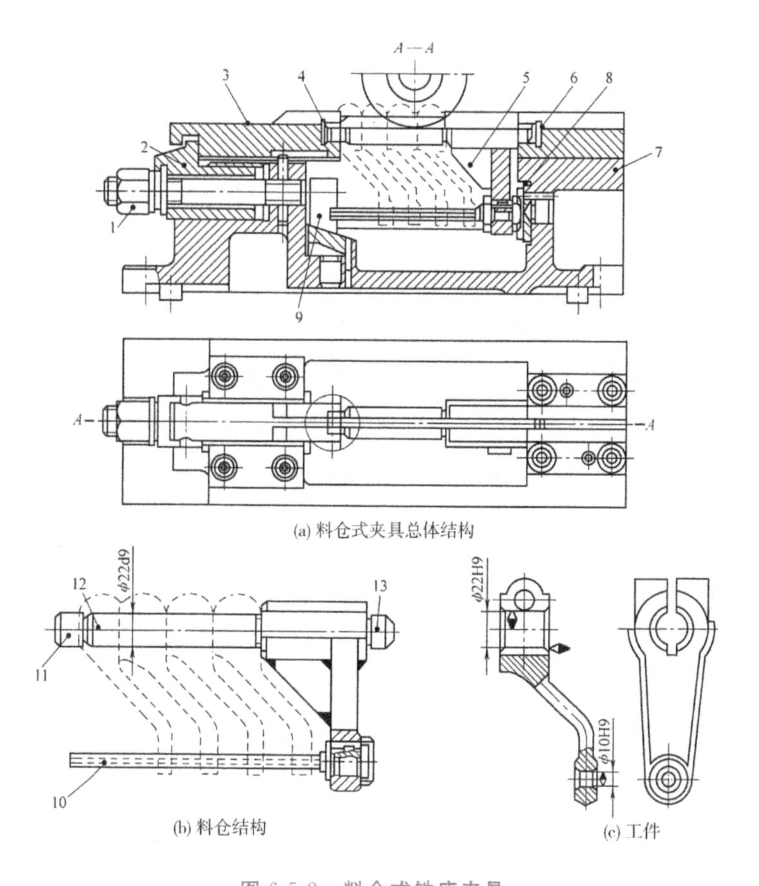

(a) 料仓式夹具总体结构

(b) 料仓结构

(c) 工件

图 6-5-2　料仓式铣床夹具

1—螺母　2—钩形压板　3—压块　4、6—压块孔　5—料仓　7—夹具体

8、9—缺口槽　10—削边销　11、13—圆柱端　12—圆柱销

(2)圆周进给式铣床夹具。一般用于立式圆工作台铣床或鼓轮式铣床等。加工时,机床工作台做回转运动。这类夹具大多是多工位或多件夹具。

(3)靠模铣床夹具。在铣床上用靠模铣削工件的夹具,可用来在一般万能铣床上加工出所需要的成形曲面,扩大了机床的工艺用途。

2. 铣床夹具的设计特点

无论是上述哪类铣床夹具,它们都具有如下设计特点:

(1)铣床加工中切削力较大,振动也较大,故需要较大的夹紧力,夹具刚性也要好。

(2)借助对刀装置确定刀具相对夹具定位元件的位置,此装置一般固定在夹具体上。图 6-5-3 所示是标准对刀块结构,图 6-5-3(a)所示是圆形对刀块,在加工水平面内的单一平面时对刀用;图 6-5-3(b)所示是方形对刀块,在调整铣刀两相互垂直凹面位置时对刀用;图 6-5-3(c)所示是直角对刀块,在调整铣刀两相互垂直凸面位置时对刀用;图 6-5-3(d)所示是侧装对刀块,安装在侧面,在加工两相互垂直面或铣槽时对刀用。标准对刀块的结构尺寸,可参阅国家标准 JB/T 8031.3—1999《机床夹具零件及部件　直角对刀块》。

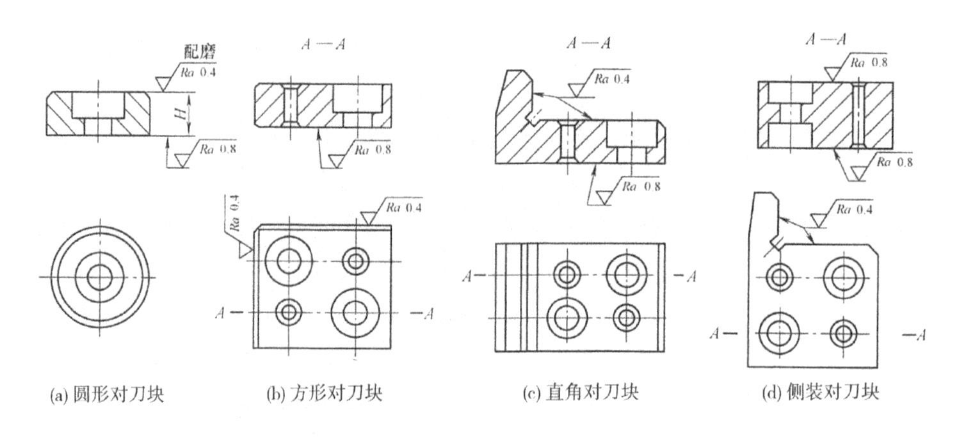

图 6-5-3 标准对刀块结构

(3)借助定位键确定夹具在工作台上的位置。图 6-5-4(a)所示是标准定位键结构。图 6-5-4(b)所示定位键上部的宽度与夹具体底面的槽采用 H7/h6 或 H8/h8 配合;下部宽度依据铣床工作台 T 形槽规格决定,也采用 H7/h6 或 H8/h8 配合。二定位键组合,起到夹具在铣床上的定向作用,切削过程中也能承受切削转矩,从而增加了切削稳定性。

(4)由于铣削加工中切削时间一般较短,因而单件加工时辅助时间相对长,故在铣床夹具设计中,需特别注意缩短辅助时间。

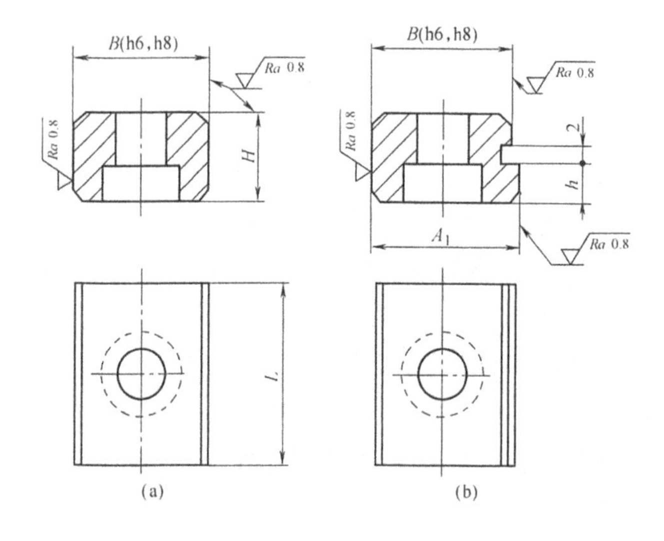

图 6-5-4 标准定位键结构

三、钻床夹具

钻床夹具简称“钻模”,它是用在钻床上,借助钻模导套保证钻头与工件之间正确位置的夹具。这种夹具在结构上一般都有与定位元件有一定尺寸要求的钻套和一个安装钻套的钻模板,通过钻套引导刀具进行精确的加工。

1. 钻模的种类

根据被加工孔的分布情况和钻模板的特点，有以下几种形式的钻模。

(1)固定式钻模。在使用过程中，钻模的位置固定不动。用于摇臂钻床，可加工平行孔系；用于立式钻床，一般只能加工一个孔，或在机床主轴上加装多轴传动头，实现孔系加工。

(2)滑动式钻模。钻模板固定在可以上下滑动的滑柱上，并通过滑柱与夹具体相连接。这是一种标准的可调夹具，其基本组成部分，如夹具体、滑柱等已标准化。

图 6-5-5 所示是一种生产中广泛应用的滑柱式钻模，该钻模用于同时加工形状对称的两工件的四个孔。工件以底面和直角缺口定位，为使工件可靠地与定位座 4 中央的长方形凸块接触，设置了四个滑动支承 3。转动手柄 5，小齿轮 6 带动滑柱 7 及与滑柱阳连的钻模板 1 向下移动，通过浮动玉板 2 将工件夹紧。钻模板上有四个固定式钻套 8，用于引导钻头。

这种钻模操作方便、迅速，转动手柄使钻模板升降，不仅有利于装卸工件，还可用钻模板夹紧工件，且自锁性能好。

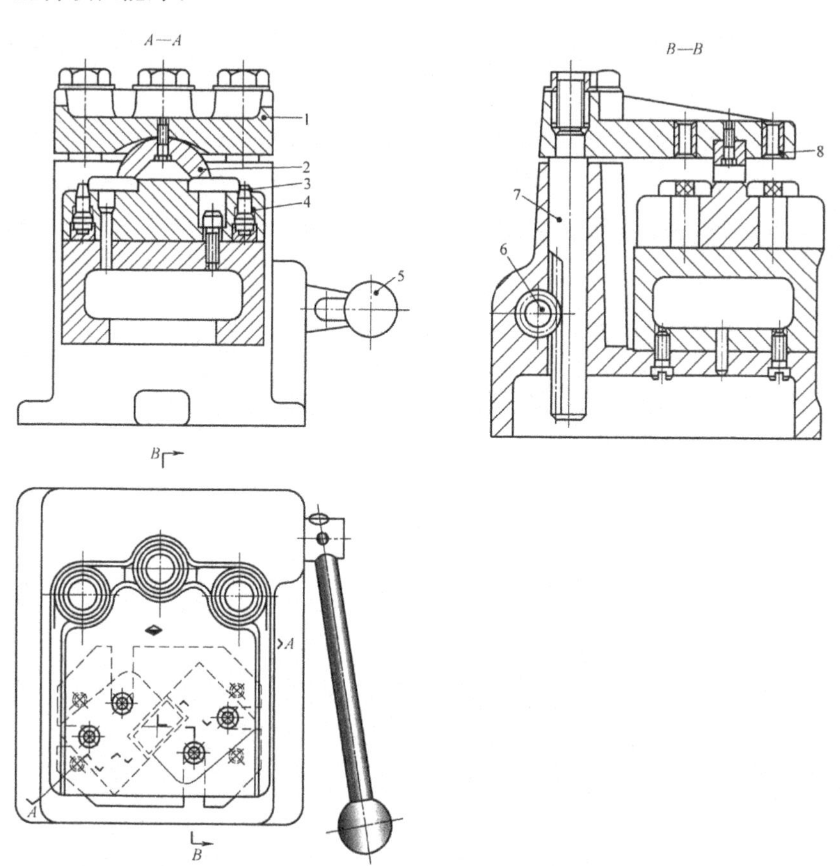

图 6-5-5　滑柱式钻模

1—钻模板　2—浮动压板　3—滑动支承　4—定位座　5—手柄　6—小齿轮

7—滑柱　8—固定式钻套

(3)回转式钻模。钻模体可按一定的分度要求绕某一固定轴转动。常用于加工同一圆周上的平行孔系,或分布在圆周上的径向孔。按固定轴的放置有立轴、卧轴和斜轴三种基本回转形式。

(4)移动式钻模。用于单轴立式钻床,先后钻削工件同一表面上的多个孔。一般工件和被加工孔的孔径都不大,属于小型夹具。

(5)翻转式钻模。整个夹具可以带动工件一起翻转,加工工件不同表面的孔系,甚至可加工定位基准面上的孔。

(6)盖板式钻模。一般用于加工大型工件上的小孔。钻模本身仅是一块钻模板,上面装有定位、夹紧元件和钻套,加工时将其覆盖在工件上即可。

在上述各种形式的钻模中,钻模板和钻套是它们共有的,并区别于其他夹具的特有元件。钻模板是供安装钻套用的,要求有一定的强度和刚度,以防变形而影响钻套的位置与导引精度。钻模板的结构及其在夹具上的连接形式,取决于工件的结构形状、加工精度和生产效率等因素。常见的钻模板,按其可动与否,可分为固定式、铰链式、可卸式和悬挂式四种。图 6-5-6 所示是一种可卸式钻模板,可卸式钻模板 4 依靠装在夹具体 1 对角线方向上的导柱 6 和 8 套入钻模板上的导套 7 的孔来定位。当工件在夹具体上定好位后,将两活节螺栓 2 竖直并嵌入钻模板两端的耳槽中,拧紧螺母 3,既可将钻模板与夹具连成一体,又可将工件夹紧在两者之间。可卸式钻模板常用于其他类型钻模板装卸工件不便的场合。

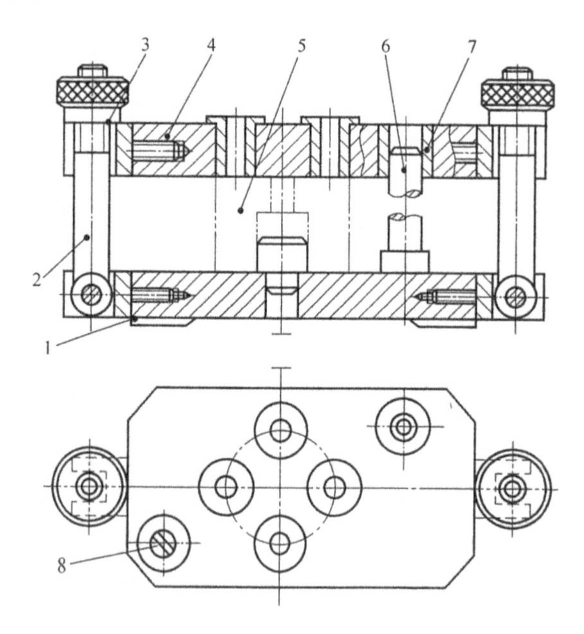

图 6-5-6　可卸式钻模板

1—夹具体　2—活塞螺栓　3—螺母　4—可卸式钻模板　5—工件　6、8—导柱　7—导套

2. 钻套的种类

钻套的结构和尺寸已经标准化了。根据使用特点，有下列四种形式的钻套。

（1）固定钻套。固定钻套是直接装在钻模板上的相应孔中，磨损后不能更换，因此主要用于小批生产量条件下单纯用钻头钻孔。图 6-5-7 所示是两种结构形式的固定钻套，图 6-5-7(a)为无肩的，图 6-5-7(b)为带肩的。带肩的主要用于钻模板较薄时，以保持钻套必需的导引长度。

（2）可换钻套。可换钻套可以克服固定钻套不可更换的缺点，主要用于生产批量较大时，但也仅供钻孔工序。图 6-5-8 所示是标准可换钻套的结构及其在钻模板上的装配(图 6-5-8)。可换钻套 1 的凸缘上铣有台肩，钻套螺钉的台阶形头部压紧在此台肩上，以防止钻套转动，拧去螺钉便可取出钻套。为避免更换钻套时损坏钻模板，钻套处配装有衬套 3。

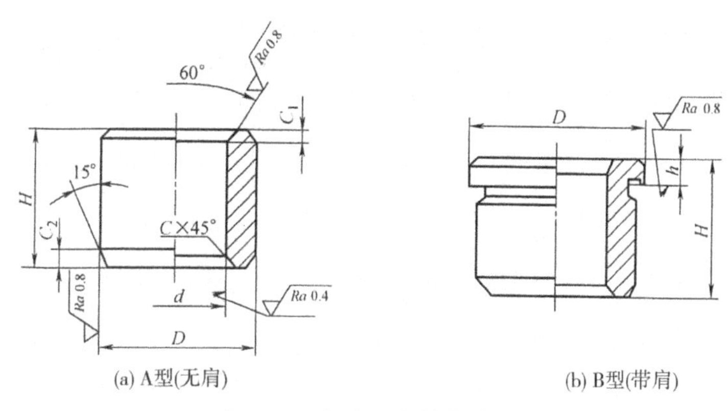

图 6-5-7　标准固定钻套的结构

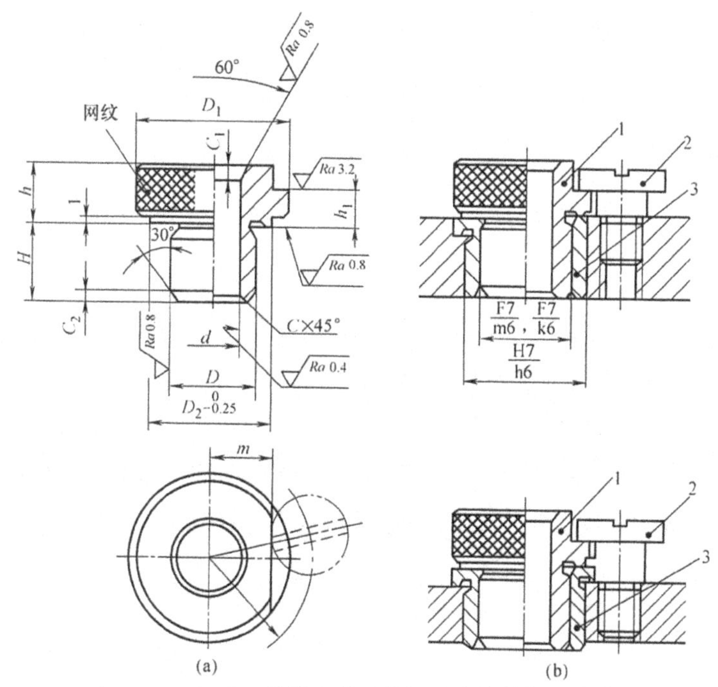

图 6-5-8　标准可换钻套的结构及其在钻模板上的装配

1—可换钻套　2—钻套螺钉　3—钻套用衬套

(3)快换钻套。当工件上同一个孔须经多种加工工步(如钻、扩、铰、攻螺纹等),而在加工过程中必须依次更换或取出(如锪平或攻螺纹)钻套以适应不同加工刀具的需要时,可以采用这种快换钻套。图 6-5-9(a)所示是标准快换钻套结构,它除在其凸缘铣有台肩供钻套螺钉压紧外,同时还铣有一平面,当此平面转至钻套螺钉位置时,便可向上快速取出钻套。为防止直接磨损钻模板,钻模板上也必须配装有衬套,如图 6-5-8(b)所示。

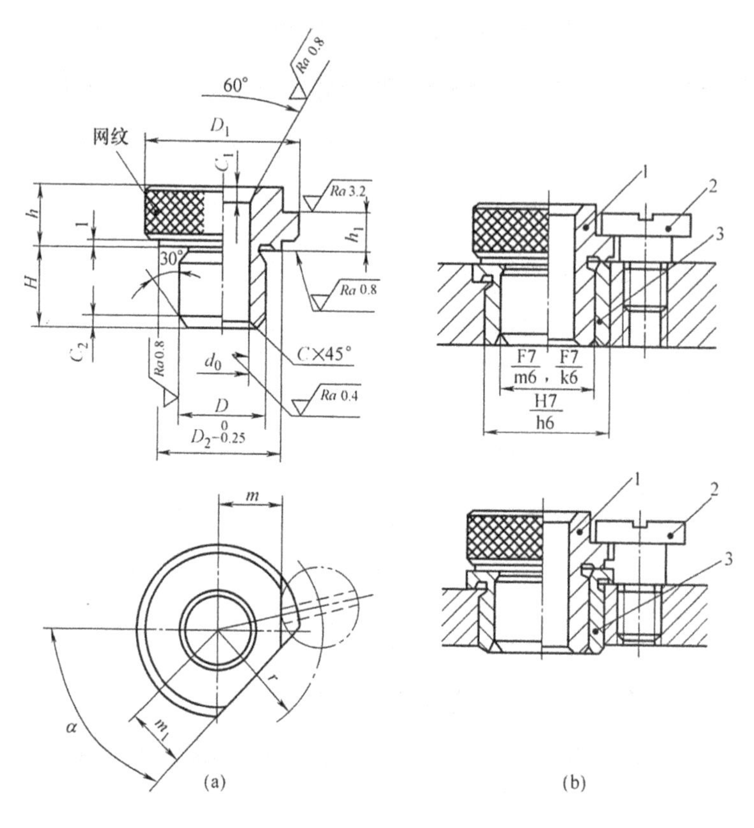

图 6-5-9 标准快换钻套的结构

1—快换钻套 2—钻套螺钉 3—钻套用衬套

(4)特殊钻套。特殊钻套是在特殊情况下加工孔用的,这类钻套只能结合具体情况自行设计。图 6-5-10 所示是几种特殊钻套,图 6-5-10(a)是供钻斜面上的孔(或钻斜孔)用的,图 6-5-10(b)是供钻凹坑中的孔用的。这两种特殊钻套的作用,都是为了保证钻头有良好的起钻条件和必要的导引长度。图 6-5-10(c)是因两孔孔距太小,无法采用各自的快换钻套而采用的一种特殊钻套。

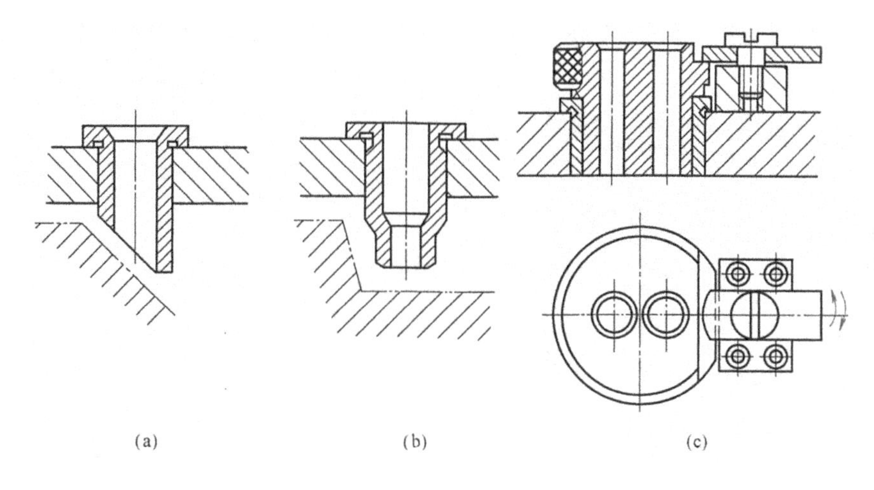

图 6-5-10　特殊钻套

第六节　现代机床夹具

现代机床夹具虽各具特色，但它们的定位、夹紧等基本原理都是相同的，因此本节只重点介绍这些夹具的典型结构和特点。

一、自动线夹具

自动线夹具的种类取决于自动线的配置形式，主要有固定夹具和随行夹具两大类。

(1)固定夹具。固定夹具用于工件直接输送的生产自动线，通常要求工件具有良好的定位和输送基面，例如箱体零件、轴承环等。这类夹具的功能与一般机床夹具相似，但在结构上应具有自动定位、夹紧及相应的安全联锁信号装置，设计中应保证工件的输送方便、可靠与切屑的顺利排除。

(2)随行夹具。随行夹具用于工件间接输送的自动线中，主要适用于工件形状复杂、没有合适的输送基面，或者虽有合适输送基面，但属于易磨损的有色金属工件，使用随行夹具可避免表面划伤与磨损。工件装在随行夹具上，自动线的输送机构把带着工件的随行夹具依次运送到自动线的各加工位置上，各加工位置的机床上都有一个相同的机床夹具来定位与夹紧随行夹具，所以，自动线上应有许多随行夹具在机床的工作位置上进行加工，另有一些随行夹具要进入装卸工位，卸下加工好的工件，装上待加工坯件，这些随行夹具随后也等待送入机床工作位置进行加工，如此循环不停。

随行夹具在自动线上的输送和返回系统是自动线设计的一个重要环节，随行夹具的返回形式有垂直下方返回、垂直上方返回、斜上方或斜下方返回和水平返回等方式。图 6-6-1 和图 6-6-2 分别是垂直上方返回和水平返回的系统图。根据随行夹具的尺寸、返回系统占地面积、输送装置的复杂程度、操作维修方便、机床刚性等因素来选择不同的随行夹具返回系统。

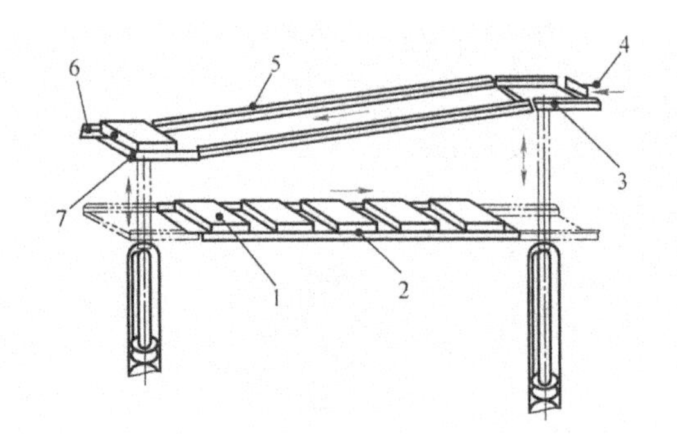

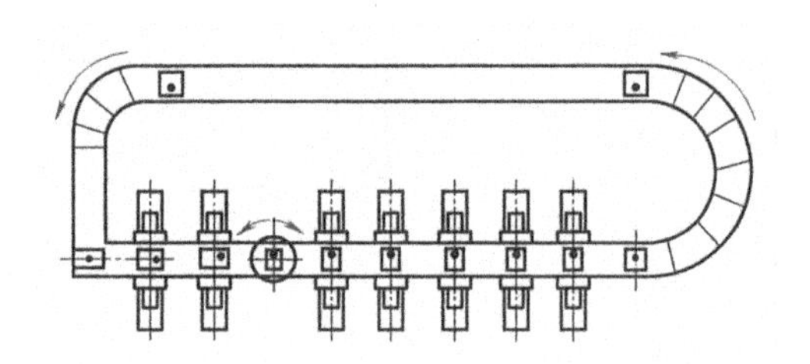

图 6-6-1　随行夹具垂直上方返回系统

1—随行夹具　2—随行夹具输送器　3—提升台

4—推杆　5—倾斜返回滚道　6—限位器　7—下降台

图 6-6-2　随行夹具水平返回系统

图 6-6-3 所示为活塞加工自动线的随行夹具，工件以止口端面和两半圆定位孔在随行夹具 1 的环形布置的 10 个定位块和定位销 2、4 上定位，但不夹紧。待随行夹具到达加工位置时，将工件和随行夹具一起夹紧在机床夹具上。随行夹具上的 T 形槽在 T 形输送轨道上移动，到达加工位置时，机床夹具的定位销插入随行夹具定位套 5 的孔中实现定心，盖板 3 防止切屑落入定位孔中。采用这种夹紧方法必须保证工件在随行夹具的运送过程中不发生任何位移。

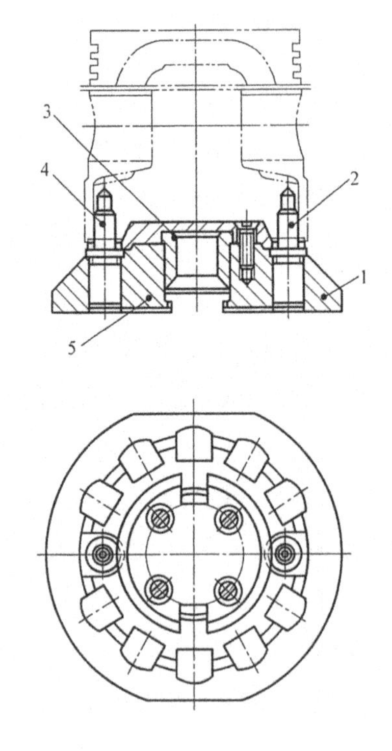

图 6-6-3　活塞加工自动线的随行夹具

1—随行夹具　2、4—定位销　3—盖板　5—定位套

二、组合夹具

组合夹具是在夹具元件高度标准化、通用化、系列化的基础上发展起来的一种夹具。我国自 20 世纪 50 年代后期开始使用，到 60 年代得到了发展。组合夹具由一套预先制造好的，具有各种形状、功用、规格和系列尺寸的标准元件和组件组成。根据工件的加工要求，利用这些标准元件和组件组装成各种不同的夹具。

图 6-6-4 所示是常用的槽系中型系列组合夹具元件和组合件图。图 6-6-4(a)所示是基础件，用作夹具体底座的基础元件。图 6-6-4(b)所示是支承件，主要用作夹具体的支架或角架等。图 6-6-4(c)所示是定位件，用来定位工件和确定夹具元件之间的位置。图 6-6-4(d)所示是导向件，用于确定或导引切削刀具位置。图 6-6-4(e)所示是压紧件，用来压紧工件或夹具元件。图 6-6-4(f)所示是紧固件，用于紧固工件或夹具元件。图 6-6-4(g)所示是其他件，它们在夹具中起辅助作用。图 6-6-4(h)所示是组合件，用来完成特定动作或功用(如分度)。上述是各元件的主要功用，实际情况可有不同。例如支承件，也可用作定位工件平面的定位元件。

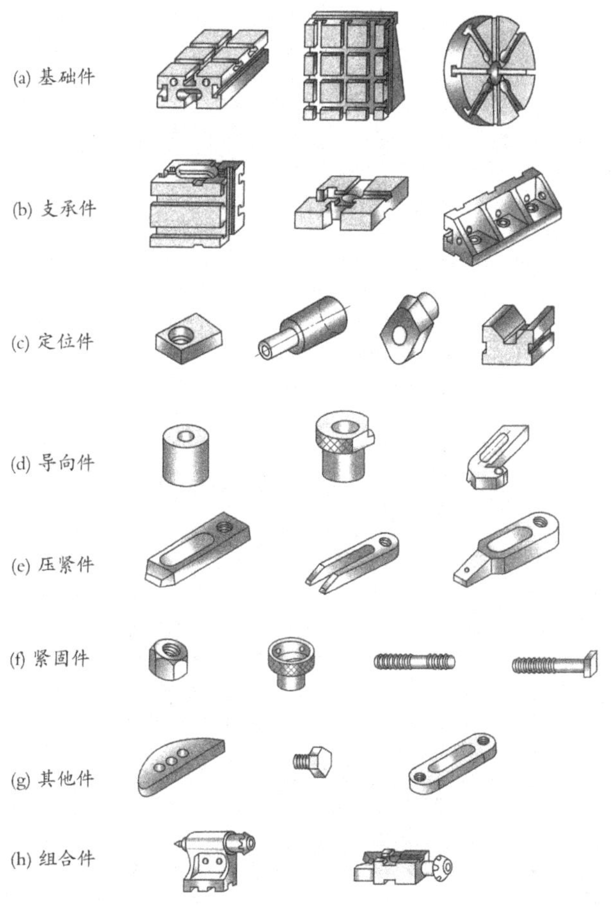

图 6-6-4　组合夹具的标准元件和组合件

图 6-6-5 所示是钻斜孔的组合夹具，其中图 6-6-5(a)所示是工件，在其上钻 ϕ 2.9 mm 的斜孔。工件以背面在支承件上定位，底面则支承在一定位销和一定位盘上。根据斜角要求，按正弦原理计算出定位销轴线和定位盘轴线间的垂直与水平距离尺寸，工件右端则由挡销定位。斜孔加工需要有确定钻模板上钻套轴线位置的工艺孔，在此组合夹具中可利用定位盘兼作工艺辅助基准，计算出定位盘轴线到钻套轴线的水平间距尺寸。按此尺寸要求调整钻模板，即可保证斜孔轴线 47 和 18 两个位置尺寸。

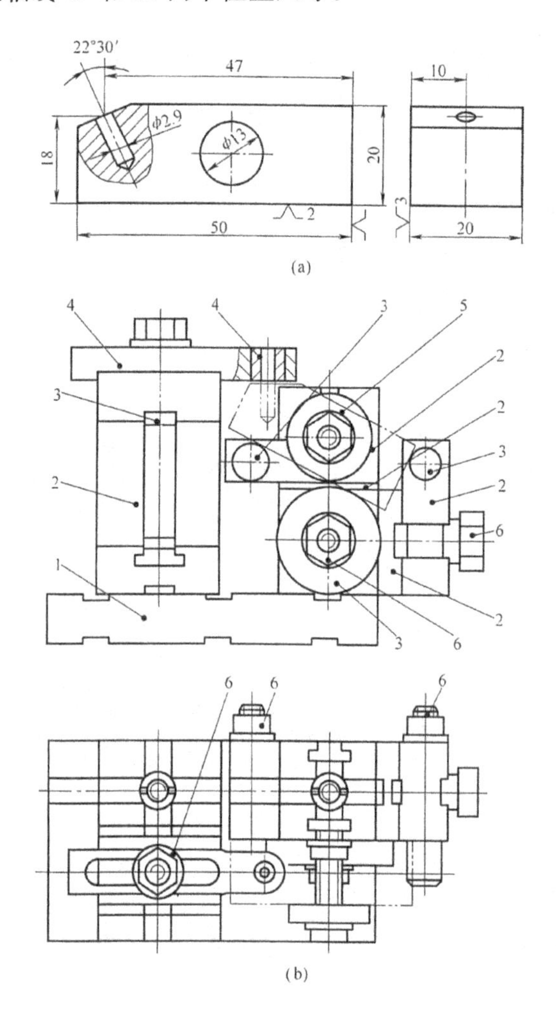

图 6-6-5　钻斜孔组合夹具

1—基础件　2—支承件　3—定位件　4—导向件　5—压紧件　6—紧固件

三、通用可调夹具和成组夹具

专用夹具和组合夹具各有优缺点，如将二者的优势结合起来，既能发挥专用夹具精度高的特点，又能发挥出组合夹具成本低的特点，这就发展了通用可调夹具。其原理是通过调节

或更换装在通用底座上的某些可调节或可更换元件，以装夹多种不同类夹具的工件；而成组夹具则是根据成组工艺的原则，针对一组相似零件而设计的由通用底座和可调节或可更换元件组成的夹具。从结构上看二者十分相似，都具有通用底座固定部分和可调节或可更换的变换部分，但二者的设计指导思想不同。在设计时，通用可调夹具的应用对象不明确，只提出一个大致的加工规格和范围；而成组夹具是根据成组工艺，针对某一组零件的加工而设计的，应用对象十分明确。图 6-6-6、图 6-6-7 所示为可调和成组夹具的两个例子。

图 6-6-6 所示是铣床上使用的可调夹具，其通用底座可长期固定在铣床工作台上，而钳口可根据不同工件的加工要求进行设计或更换，分别装在固定钳口、活动钳口和虎钳底座面上，实现工件的装夹。

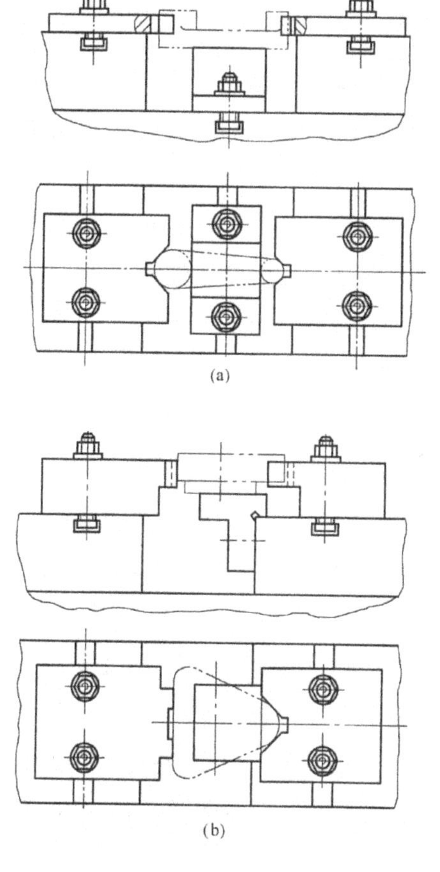

图 6-6-6　通用可调铣床夹具的可换钳口调整图

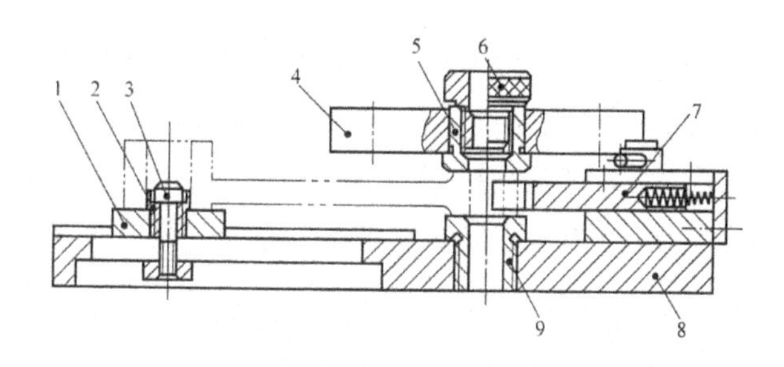

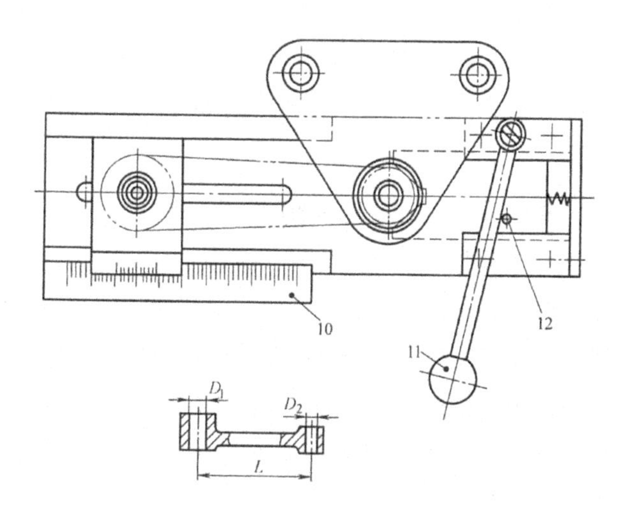

图 6-6-7　钻杠杆小头孔的成组夹具

1—定位板　2—定位销　3—紧固螺钉

4—滑柱式钻模的移动钻模板　5—压紧套

6—可换螺旋钻套　7—活动 V 形块　8—底座

9—支承套　10—固定刻度尺

11—活动 V 形块的操纵手柄　12—挡销

图 6-6-7 所示是钻连杆小头孔的成组夹具。成组夹具的设计是在成组工艺前提下进行的，针对零件分类组某工序，根据该零件组的代表零件进行成组夹具设计。图 6-6-7 的下部便是该代表零件的示例。其主要结构的参数为：两孔径 D_1、D_2 和孔心距 L。该夹具选用标准滑柱式钻模为底座，加上相应的装置组成。为了清晰起见，图中省去了标准滑柱式钻模的大部分，只表示了可上下移动的钻模板 4。工件以端面装在带游标的定位板 1 和支承套 9 上，若大小头孔端面不在同一平面内而有落差时，可相应更换支承套 9。可换定位销 2 与 D_1 孔相配，并可沿槽纵向移动，根据刻度尺 10 的刻度调整孔心距 L，调整好后用紧固螺钉 3 紧固。活动 V 形块 7 在弹簧的作用下定位小头外圆面以保证加工出的孔在杠杆对称轴线上，手柄 11 通过挡销 12 操纵活动 V 形块的进退，便于装卸工件。滑柱式钻模的移动钻模板 4 下降，用压紧套 5 端面压紧工件加工孔的上端面。根据 D_2 孔的尺寸选用不同的可换螺旋钻套 6 旋入压紧套 5 的螺纹内，采用螺纹联接使结构简单紧凑，但对加工精度有影响(由于本工序钻孔加工要求较低因而是允许的)。这样只要更换定位销 2 和可换钻套 6(有时可能要更换支承套 9)，调整定位销(连同定位板)2 的轴线尺寸，便可钻削组内不同 D_1、D_2 孔和孔心距尺寸 L 的各种杠杆的小头孔 D_2。

决定成组夹具可换调整件的形式是设计成组夹具的一个重要问题。采用可换方式，更换迅速，直接由元件的制造精度来保证工作精度因而较为可靠。但更换的元件数量多，制造成本高，保管也较麻烦。采用调整方式则元件数量少，制造成本相对较低，保管也简单，但调整费时，要求技术较高，精度不易保证。实际设计时大多是两者兼用。

第七节　机床夹具设计的基本步骤

机床夹具作为机床的辅助装置，其设计质量的好坏对零件的加工质量、效率、成本以及工人的劳动强度均有直接的影响，因此在进行机床夹具设计时，必须使加工质量、生产率、劳动条件和经济性等几方面达到统一。其中保证加工质量是最基本的要求，但是，根据实际情况有时会有所侧重。如对位置精度要求很高的加工，往往着眼于保证加工精度；对于位置精度要求不高的而加工批量较大的情况，则着重于提高夹具的工作效率。总之，在考虑上述四方面要求时，应在满足加工要求的前提下，根据具体情况处理好生产率与劳动条件、生产率与经济性的关系。

为能设计出质量高、使用方便的夹具，在夹具设计时必须深入生产实际进行调查研究，掌握现场第一手资料，广泛征求操作者的意见，吸收国内外有关的先进经验，在此基础上拟出初步设计方案，经过充分论证，然后定出合理的方案进行具体设计。夹具设计的基本步骤可以概述如下：

1. 研究原始资料，明确设计任务

为了明确设计任务，首先应分析研究工件的结构特点、材料、生产规模、本工序加工的技术要求以及前后工序的联系；然后了解加工所用设备、辅助工具中与设计夹具有关的技术性能和规格；了解工具车间的技术水平等。必要时还要了解同类工件的加工方法和所使用夹具的情况，作为设计的参考。

2. 确定夹具的结构方案，绘制结构草图

确定夹具的结构方案，主要考虑以下问题：

(1)根据六点定位原理确定工件的定位方式，并设计相应的定位装置。

(2)确定刀具的导引方法，并设计引导元件和对刀装置。

(3)确定工件的夹紧方案并设计夹紧装置。

(4)确定其他元件或装置的结构形式，如定向键、分度装置等。

(5)考虑各种装置、元件的布局，确定夹具的总体结构。

(6)对夹具的总体结构，最好考虑几个方案，经过分析比较，从中选取较合理的方案。

3. 绘制夹具总图

夹具总图应遵循国家标准绘制，图形大小的比例尽量取 1∶1，使所绘制的夹具总图直观性好，如工件过大可用 1∶2 或 1∶5 的比例，过小时可用 2∶1 的比例。总图中的视图应尽量少，但必须能清楚地反映出夹具的工作原理和结构，清楚地表示出各种装置和元件的位置关系等。主视图应取操作者实际工作时的位置，以作为装配夹具时的依据并供使用时参考。

绘制总装图的顺序是：先用双点画线绘出工件的轮廓外形，示意出定位基准面和加工面的位置，然后把工件视为透明体，按照工件的形状和位置依次绘出定位、夹紧、导向及其他元件和装置的具体结构；最后绘制夹具体，形成一个夹具整体。

4. 确定并标注有关尺寸和夹具技术要求

在夹具总图上应标注外形尺寸，必要的装配、检验尺寸及其公差，制定主要元件、装置之间的相互位置精度要求、装配调整的要求等。具体包括五类尺寸和四类技术要求。五类尺寸包括夹具外形轮廓尺寸、工件与定位元件间的联系尺寸、夹具与刀具的联系尺寸、夹具与机床联系部分的联系尺寸、夹具内部的配合尺寸。四类技术要求包括定位元件之间的定位要求、定位元件与连接元件和(或)夹具体底面的相互位置要求、导引元件和(或)夹具体底

面的相互位置要求、导引元件与定位元件间的相互位置要求。对于夹具上需标注的公差或精度要求，当该尺寸(或精度)与工件的相应尺寸(或精度)有直接关系时，一般取工件尺寸或精度要求的 1/5～1/2 作为夹具上该尺寸的公差或精度要求；没有直接关系时，按照元件在夹具中的功用和装配要求，根据公差与配合国家标准来制订。

5. 绘制夹具零件图

夹具中的非标准零件都必须绘制零件图。在确定这些零件的尺寸、公差和技术条件时，

应注意使其满足夹具的总图要求。

在夹具设计图样全部绘制完毕后，设计工作并不就此结束，因为所设计的夹具还有待于实践的验证，在试用后有时可能要把设计做必要的修改。因此设计人员应关心夹具的制造和装配过程，参与鉴定工作，并了解使用过程，以便发现问题及时改进，使之达到正确设计的要求，只有夹具经过使用验证合格后，才能算完成设计任务。

在实际工作中，上述设计程序并非一成不变，但设计程序在一定程度上反映了设计夹具所要考虑的问题和设计经验，因此对于缺乏设计经验的人员来说，遵循一定的设计方法、步骤进行设计是有益的。

思考题与习题

1. 机床夹具由哪几个部分组成？各部分起什么作用？
2. 工件在机床上的装夹方法有哪些？其原理是什么？
3. 什么是“六点定位原理”？
4. 什么是完全定位、不完全定位、过定位以及欠定位？
5. 组合定位分析的要点是什么？
6. 什么是固定支承、可调支承、自位支承和辅助支承？
7. 定位误差产生的原因有哪些？其实质是什么？
8. 如题图 6-1 所示圆柱零件，在其上面加工一键槽，要求保证尺寸 $30^{0}_{-0.2}$ mm，采用工作角度 90°的 V 形块定位，试计算该尺寸的定位误差。

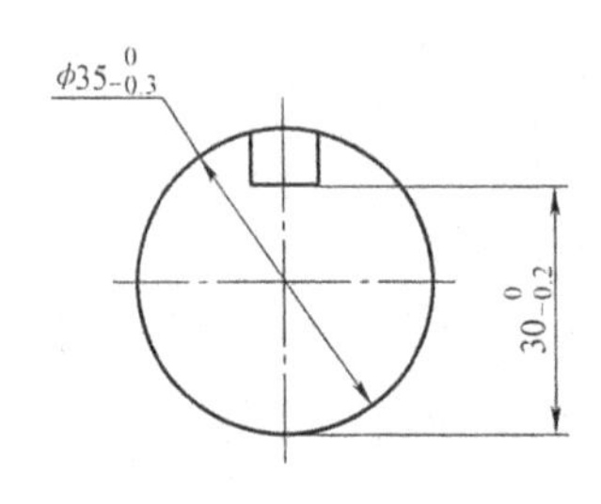

题图 6-1

9. 简述夹具夹紧力的确定原则。
10. 气动夹紧与液压夹紧各有哪些优缺点？
11. 分别简述车、铣、钻床夹具的设计特点。
12. 钻套的种类有哪些？分别适用于什么场合？
13. 何谓随行夹具？适用于什么场合？设计随行夹具主要考虑哪些问题？
14. 何谓组合夹具、成组夹具和通用可调夹具？三种夹具之间有什么关系？
15. 数控机床夹具有什么特点？

第七章 现代制造技术

第一节 精密加工与超精密加工技术

随着航空航天、高精密仪器仪表、惯导平台、光学和激光等技术的迅速发展以及在多领域的广泛应用，对各种高精度复杂零件、光学零件、高精度平面、曲面和复杂形状的加工需求日益迫切。目前国外已开发出了多种精密和超精密车削、磨削、抛光等机床设备，发展了新的精密加工和精密测量技术。

一、精密与超精密加工的范畴

精密和超精密加工主要是根据加工精度和表面质量两项指标来划分的。精密加工是指在一定的发展时期，加工精度和表面质量达到较高程度的加工工艺，超精密加工是指加工精度和表面质量达到最高程度的精密加工工艺。可见这种划分是相对的。随着生产技术的不断发展，其划分界限也将逐渐向前推移，因而精密和超精密在不同的时期必须使用不同的尺度来区分。1983 年日本的 Taniguchi 教授在考查了许多超精密加工实例的基础上对超精密加工的现状进行完整的综述，并对其发展趋势进行了预测。他把精密和超精密加工的过去、现状和未来，系统地归纳为图 7-1-1 所示的几条曲线。回眸过去十几年精密和超精密加工的发展，不难发现这几条曲线确实大体上反映了这一领域的发展规律。今天仍可用它们来衡量加工工艺的精密程度，并以此来区分精密和超精密的范畴。

就目前的发展水平，一般加工、精密加工和超精密加工可按下面标准划分：

(1)一般加工。指加工精度在 10 μm 左右，相当于公差等级 IT6～IT5，表面粗糙度值 Ra=0.8～0.2 μm 的加工方法，如车、铣、刨、磨、铰等工艺方法。适用于一般机械制造行业(如汽车、机床等)。

(2)精密加工。指加工精度在 10～0.1 μm，公差等级在 IT5 以上，表面粗糙度值在 Ra=0.1 μm以下的加工方法，如精密车削、研磨、抛光、精密磨削等。适用于精密机床、精密测量

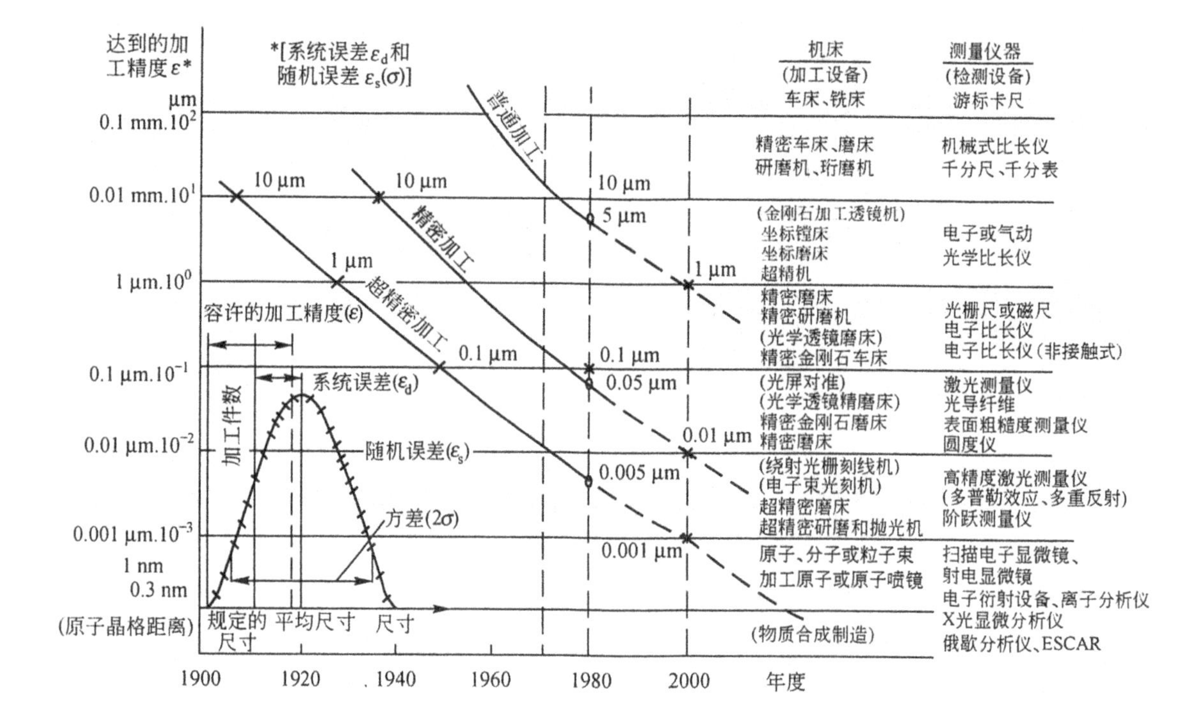

图 7-1-1 加工精度的进展

等行业,它在当前的制造工业中占据极其重要的地位。

(3)超精密加工。指加工精度在 0.1～0.01 μm,表面粗糙度值小于 Ra=0.05 μm(或称为亚微米级加工)的加工方法。加工精度高于 0.01 μm,表面粗糙度值小于 Ra=0.005 μm,被认为是纳米级(nm,1 μm=10^3 nm)的加工范围,它是超精密加工技术研究的主要目标。

更进一步的细分如表 7-1-1 所示。

表 7-1-1 按加工精度划分加工精密度级别

	一般加工	精密加工	高精密加工	超精密加工	极超精密加工
加工精度(μm)	100～10	10～3	3～0.1	0.1～0.005	≤0.005

二、常用精密与超精密加工方法

精密与超精密加工主要可分为两类:一是采用金刚石刀具对工件进行超精密的微细切削和应用磨料磨具对工件进行珩磨、研磨、抛光、精密和超精密磨削等;二是采用激光加工、微波加工、等离子体加工、超声加工、光刻等特种加工方法。另外,现在还经常提及的微细加工是指制造微小尺寸零件的生产加工技术,它的出现与发展与大规模集成电路有密切关系,其加工原理也与一般尺寸加工有区别。它是超精密加工的一个分支。

下面就金刚石刀具的超精密切削、光整加工、精密及超精密磨削加工等几种常用的精密

与超精密加工方法做进一步的说明。

(一)金刚石刀具的超精密切削

1. 切削机理

金刚石刀具的超精密切削主要是应用天然单晶金刚石车刀对铜、铝等软金属及其合金进行切削加工,以获得极高的精度和极低表面粗糙度参数值的一种超精密加工方法。它属于一种原子、分子级加工单位去除的加工方法,因此,其机理与一般切削机理有很大的不同。金刚石刀具在切削时,其背吃刀量 a_p 在 1 μm 以下,刀具可能处于工件晶粒内部切削状态。这样,切削力就要超过分子或原子间巨大的结合力,从而使刀刃承受很大的剪切应力,并产生很大的热量,造成刀刃的高应力、高温的工作状态。这对于普通的刀具材料是无法承受的,因为普通材料刀具的切削刃不可能刃磨得非常锐利,平刃性也很难保证,且在高温、高压下会快速磨损和软化;而金刚石刀具却能胜任,因为金刚石刀具不仅具有很好的高温强度和高温硬度,而且其材料本身质地细密,经过仔细修研,刀刃的几何形状很好,切削刃钝圆半径可达 0.01～0.005 μm,其直线度误差极小(0.1～0.01 μm)。

在金刚石超精密切削过程中,虽然刀刃处于高应力高温环境,但由于其速度很高、进给量和背吃刀量极小,故工件的温升并不高,塑性变形小,可以获得高精度、低表面粗糙度值的加工表面。

2. 金刚石刀具及其刃磨

(1)衡量金刚石刀具质量的标准。

①能否加工出高质量的超光滑表面(Ra=0.005～0.02 μm)。

②能否有较长的切削时间保持刀刃锋锐(一般要求切削长度数百千米)。

(2)设计金刚石刀具时最主要解决的问题。

①确定切削部分的几何形状。

②选择合适的晶面作为刀具的前、后面。

③确定金刚石在刀具上的固定方法和刀具结构。

(3)金刚石刀具切削部分的几何形状。

①刀头形式。金刚石刀具刀头一般采用在主切削刃和副切削刃之间加过渡刃——修光刃的形式,以对加工表面起修光作用,获得好的加工表面质量。若采用主切削刃与副切削刃相交为一点的尖锐刀尖,则刀尖不仅容易崩刃和磨损,而且还在加工表面上留下加工痕迹,从而增大表面粗糙度值。

修光刃有小圆弧修光刃、直线修光刃和圆弧修光刃之分。国内多采用直线修光刃,这种修光刃制造研磨简单,但对刀要求高。国外标准的金刚石刀具,推荐的修光刃圆弧半径 R=0.5～3 mm。采用圆弧修光刃时,对刀容易,使用方便。但刀具制造研磨困难,所以价格也高。

金刚石刀具的主偏角一般为 30°～90°，以 45°主偏角应用最为广泛。

图 7-1-2 所示为几种不同的刀头形式，其中图 7-1-2(a)所示的形式一般不采用。

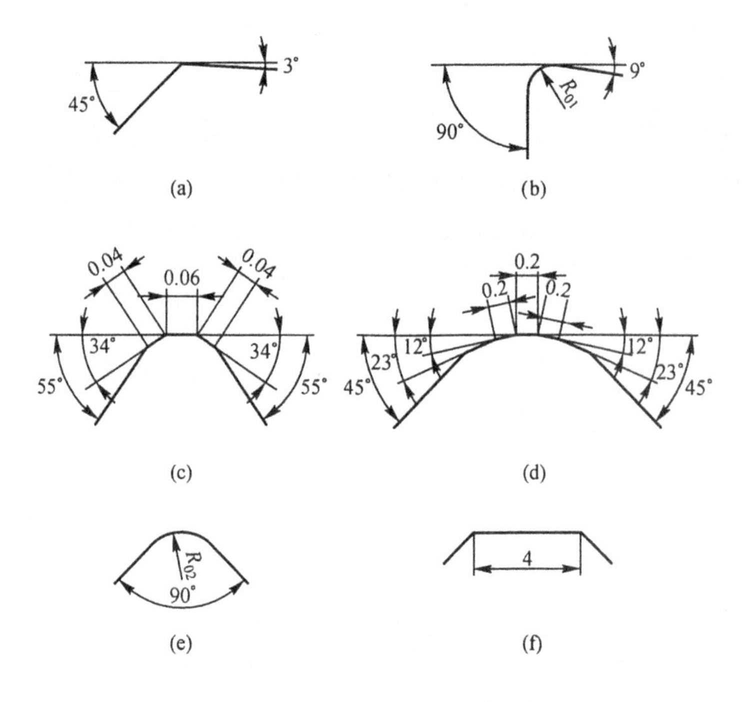

图 7-1-2　金刚石刀具的刀头形式

②前角和后角。根据加工材料不同，金刚石刀具的前角可取 0°～5°，后角一般可取 5°～6°。因为金刚石为脆性材料，在保证获得较小的加工表面粗糙度的前提下，为提高刀刃的强度，应采用较大的刀具楔角 β，所以宜取较小的刀具前角和后角。但增大金刚石刀具的后角，减少刀具后面和加工表面的摩擦，可减小表面粗糙度值，所以加工球面和非球曲面的圆弧修光刃刀具，常取后角为 10°。美国 EI Contour 精密刀具公司的标准金刚石车刀结构如图 7-1-3所示。该车刀采用圆弧修光刃，修光刃圆弧半径 R=0.5～1.5 mm。后角采用 10°，刀具前角可根据加工材料由用户选定。

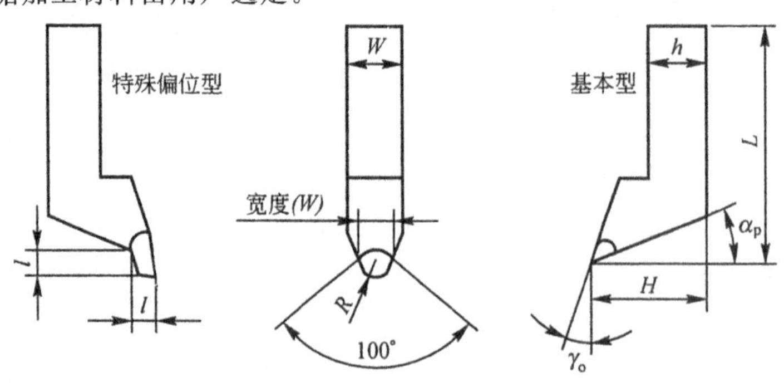

图 7-1-3　圆弧修光刃金刚石车刀

一种可用于车削铝合金、铜、黄铜的通用金刚石车刀结构如图 7-1-4 所示，可获得粗糙度值 Ra 在 0.02～0.005 μm 的表面。

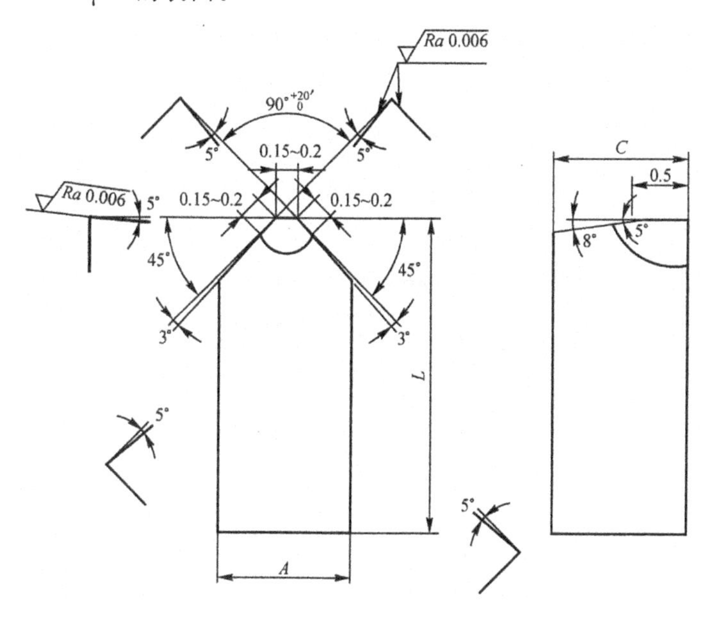

图 7-1-4　通用金刚石车刀

(4)选择合适的晶面作为金刚石刀具前、后面。单晶金刚石各向异性。目前国内制造金刚石刀具，一般前面和后面都采用(110)晶面或者和(110)晶面相近的面(±3°～5°)。这主要是从金刚石的这两个晶面易于研磨加工角度考虑的，而未考虑对金刚石刀具的使用性能和刀具寿命的影响。

(5)金刚石刀具上的金刚石固定方法。

①机械夹固。将金刚石的底面和加压面磨平，用压板加压固定在小刀头上。此法需要较大颗粒的金刚石。图 7-1-5 为机械夹固式金刚石车刀。金刚石刀头被安装在刀体 5 的槽中，上、下各垫一层 0.1 mm 厚的紫铜片，以防止压紧时刀头破裂，通过螺钉 3 与压板 4 将金刚石固定在刀体上。

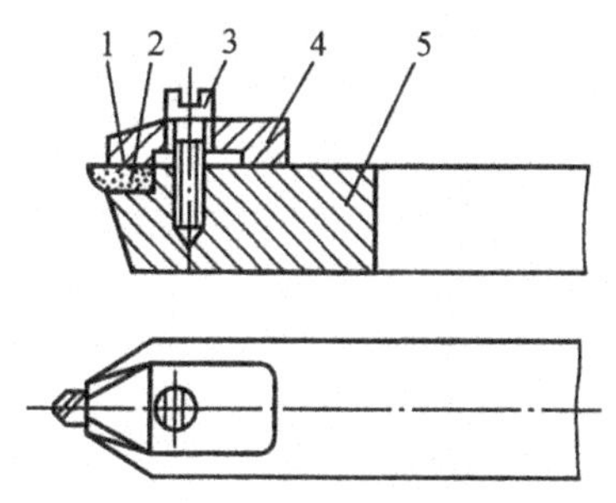

图 7-1-5　机械夹固式金刚石车刀

1—垫片　2—金刚石　3—螺钉　4—压板　5—刀体

②用粉末冶金法固定。将金刚石放在合金粉末中，经加压在真空中烧结，使金刚石固定在小刀头内。此法可使用较小颗粒的金刚石，较为经济，因此目前国际上多采用该方法。

③使用黏结或钎焊固定。使用无机黏结剂或其他黏结剂固定金刚石。黏结强度有限，金刚石容易脱落。钎焊固定是一种好办法，但技术不易掌握。

(6)金刚石刀具的刃磨。金刚石刀具的刃磨是一个关键技术。图 7-1-6 是一种带直线修光刃的金刚石车刀刀头部分。它的过渡刀刃为直线，由于其调整较为困难，故常用圆弧刃代替。刀具的前角不宜太大，否则易产生崩裂，常取 $\gamma_o<6°$，后角 α_o 通常取 6°左右，取主偏角 $\kappa_r=30°$，但由于在刀尖处两侧各有一个 0.1 mm 的过渡刃，故其实际主偏角为 6°左右。同时还要求前、后面的表面粗糙度值极小($Ra=0.01\ \mu m$)，且不能有崩口、裂纹等表面缺陷。因此，对金刚石刀具的刃磨质量要求非常高。

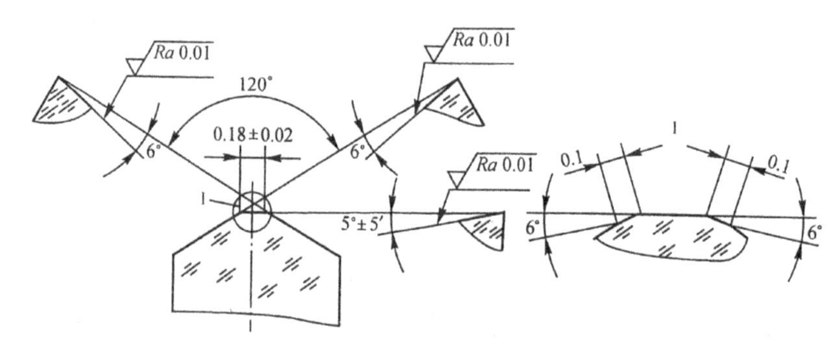

图 7-1-6　带直线修光刃的金刚石精车刀

金刚石刀具的刃磨可采用 320 号天然金刚石粉与 L-AN15 全损耗系统用油配制的研磨剂，在高磷铸铁盘上进行，如图 7-1-7 所示，以红木结构的轴承支撑，具有很高的回转精度及精度保持性，并能起到消振的作用。

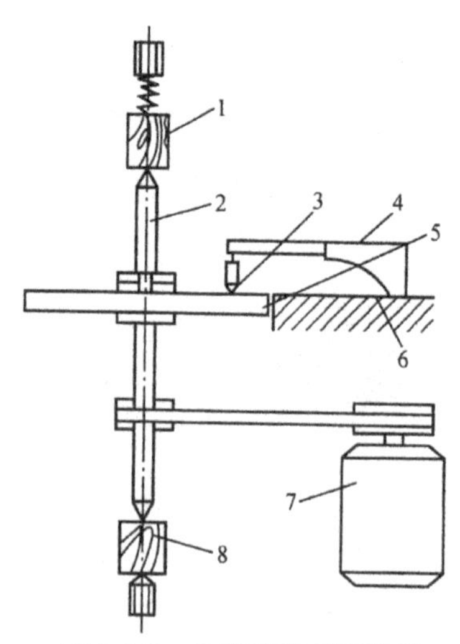

图 7-1-7　金刚石车刀刃磨机

1—红木上轴承　2—主轴　3—金刚石刀具　4—夹具　5—磨盘　6—台面　7—电动机　8—红木下轴承

3. 超精密机床及其关键部件

(1)典型超精密机床。超精密加工机床是超精密加工最重要、最基本的加工设备。超精密加工对超精密加工机床的基本要求如下：

①高精度。包括高的静态精度和动态精度。主要性能指标有几何精度、定位精度和重复定位精度以及分辨率等。

②高刚度。包括高的静刚度和动刚度。除本身刚度外，还要考虑接触刚度，及由工件、机床、刀具、夹具所组成的工艺系统刚度。

③高稳定性。在规定的工作环境下和使用过程中能长时间保持精度，具有良好的耐磨性、抗振性等。

④高自动化。为了保证加工质量的一致性，减少人为因素的影响，采用数控系统实现自动化。

(2)超精密机床的主轴部件。主轴部件是保证超精密机床加工精度的核心。超精密加工对主轴的要求是极高的回转精度、转动平稳、无振动。而满足该要求的关键在于所用的精密轴承。早期的精密主轴采用超精密级的滚动轴承，现在多使用液体静压轴承和空气静压轴承。图 7-1-8所示为一种液体静压轴承主轴结构图。

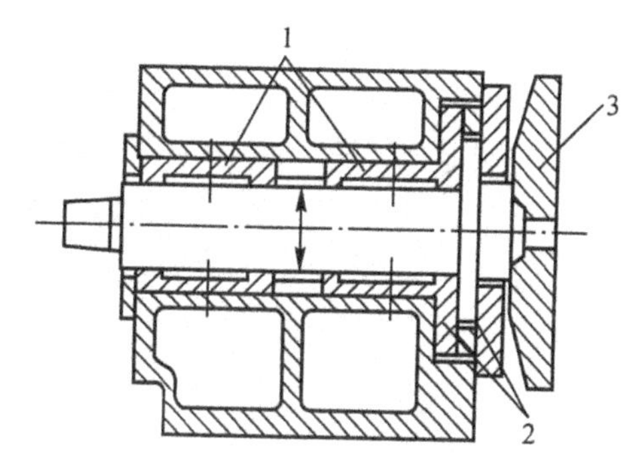

图 7-1-8　液体静压轴承主轴结构

1—径向轴承　2—推力轴承　3—真空吸盘

①液体静压轴承主轴。液体静压轴承具有回转精度高(0.1 μm)、刚度较高、转动平稳、无振动的特点，因此被广泛用于超精密机床。

液体静压轴承的主要缺点有两点：首先是液体静压轴承的油温随着转速的升高而升高。温度升高将造成热变形，影响主轴精度。其次是静压油回油时将空气带入油源，形成微小气泡悬浮在油中，不易排出，因而降低了液体静压轴承的刚度和动特性。

②空气静压轴承主轴。空气静压轴承的工作原理和液体静压轴承相同。空气静压轴承具有很高的回转精度，在高速转动时温升甚小，基本达到恒温状态，因此造成的热变形误差很小。但是与液体静压轴承相比，空气静压轴承刚度低，承受载荷较小。但超精密加工切削力很小，所以空气轴承可以满足相关要求。

③主轴的驱动方式。主轴驱动方式也是影响超精密机床主轴回转精度的主要因素之一。早期的超精密机床应用带传动驱动，在这种驱动方式中，通常采用直流电动机或交流变频电动机，以实现无级调速，避免齿轮调速产生的振动。要求电动机经过精密动平衡，并用单独地基，以免振动影响超精密机床。传动带用柔软的无接缝的丝质材料制成，以产生吸振效果。

目前超精密机床主轴的驱动主要有柔性联轴器驱动和内装式同轴电动机驱动两种方式。前者是机床主轴和电动机在同一轴线上时，超精密机床的主轴通过电磁联轴器或其他柔性联轴器与电动机相连。后者是采用特制的内装式电动机，其转子直接装在机床主轴上，定子装在主轴箱内，电动机本身没有轴承，而是依靠机床的高精度空气轴承支承转子的转动。采用无刷直流电动机，可以很方便地进行主轴转速的无级变速，同时由于电动机没有电刷，不仅可以消除电刷引起的摩擦振动，而且避免了电刷磨损对电动机运转的影响。

(3)精密导轨部件。超精密机床常采用平面导轨结构的液体静压导轨和空气静压导轨，滚动导轨应用也较广泛。常用的超精密机床导轨结构形式有燕尾型、平面型、V一平面型、双V形等。

①液体静压导轨。液体静压导轨具有刚度高，承载能力大，直线运动精度高，运动平稳且无爬行现象等优点。图7-1-9(a)所示为平面型液体静压导轨，图7-1-9(b)所示为双圆柱型液体静压导轨。

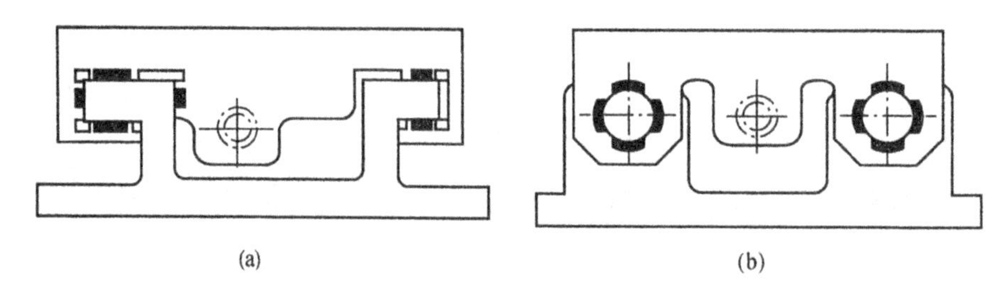

图7-1-9 两种不同结构的液体静压导轨

②空气静压导轨。空气静压导轨可以达到很高的直线运动精度，运动平稳，无爬行，且摩擦系数接近于零，不发热。导轨运动件的导轨面上下、左右均在静压空气的约束下，有较高的刚度和运动精度，但比液体静压导轨要差一些。空气静压导轨有多种形式，其中平面形导轨用得较多，如图7-1-10所示。常用的静压空气压力为 $4\times10^5\sim6\times10^5$ Pa，气压高于 6×10^5 Pa时容易产生振荡。

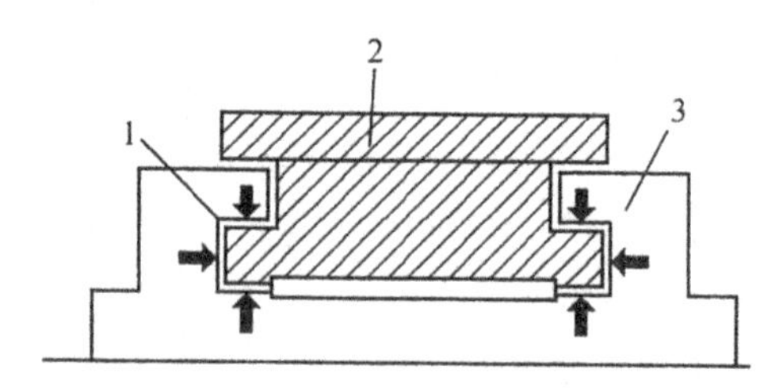

图7-1-10 平面形空气静压导轨

1—静压空气 2—移动工作台 3—底座

③床身及导轨的材料。超精密机床床身结构与所用材料有关。常用的床身及导轨材料有优质耐磨铸铁、花岗岩、人造花岗岩等。

④微量进给装置。超精密机床的进给系统一般采用精密滚珠丝杠副、液体静压和空气静压丝杠副。而高精度微量进给装置则有电致伸缩式、弹性变形式、机械传动或液压传动式、热变形式、流体膜变形式、磁致伸缩式等。其中电致伸缩式和弹性变形式微量进给机构能够满足精密和超精密微量进给装置的要求，且技术成熟。目前高精度微量进给装置的分辨力可达到 0.001～0.01 μm。

(二)光整加工

光整加工是生产中常用的精密加工方法，通常是在精车、精铣、精铰和精磨的基础上进行的加工，它可以获得比普通加工更高的精度(公差等级 IT6～IT5 或更高)和更小的表面粗糙度值(Ra=0.1～0.01 μm)。以下阐述几种常用的光整加工方法。

1. 研磨

研磨是在研具与工件之间置以研磨剂，对工件表面进行光整加工的方法。研磨时，研具在一定压力下与工件作复杂的相对运动，通过研磨剂的机械和化学作用，从工件表面切除一层极微薄的材料，从而达到很高的精度和很小的粗糙度值。

研磨剂由磨料、研磨液和辅助填料等混合而成，有液态、膏状和固态三种，以适应不同的加工需要。磨料主要起切削作用，常用的有刚玉、碳化硅等，其粒度在粗研时选 80～120#，精研时选 150～240#。研磨液有煤油、全损耗系统用油、工业用甘油等，主要起冷却和润滑作用，并能使磨粒较均匀地分布在研具表面。辅助填料可使金属表面生成极薄的软化膜，易于切除，常用的有硬脂酸、油酸等化学活性物质。

研磨前加工面应进行良好的精加工，研磨余量为 0.005～0.03 mm；压力一般为 0.1～0.3 MPa。粗研时的速度为 40～50 m/min，精研取 10～15 m/min。

研磨分手工和机械研磨两种。手工研磨采用手持研具或工件进行。例如在车床上研磨外圆时，工件装在卡盘或顶尖上，由主轴带动作低速旋转(20～30 r/min)，研套套在工件上，用手推动研套做往复直线运动。机械研磨在研磨机上进行。图 7-1-11 为研磨小尺寸外圆用的研磨机工作简图，其研具由两块同轴的上、下铸铁研磨盘 1 组成，它们可同向或反向旋转。隔盘 4 由下研磨盘上的偏心销 5 带动与下研磨盘同向旋转。工作时，工件 3 既可在分隔盘的槽子中自由转动，又可因分隔盘的偏心而产生轴向滑动。由于研磨盘的转动和分隔盘的摆动，工件表面形成了复杂的运动轨迹，可均匀地切除加工余量。研磨时的压力通过作用于法兰 6 上的力 F 来进行调节。

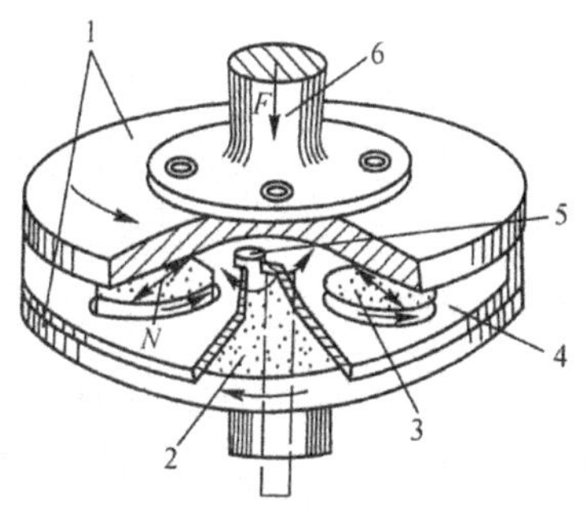

图 7-1-11　研磨工作简图

1—研磨盘　2—研磨剂　3—工件

4—隔盘　5—偏心销　6—法兰

研磨的工艺特点是设备和研具简单，成本低，加工方法简便可靠，质量容易得到保证，但研磨不能提高表面的相对位置精度，生产率较低。研磨后工件的形状精度高(圆度为0.003～0.001 mm)，表面粗糙度值小(Ra=0.1～0.008 μm)，尺寸公差等级可达IT6～IT4。此外，研磨还可以提高零件的耐磨性、耐蚀性、疲劳强度和使用寿命。常用作精密零件的最终加工。

(1)硬脆材料的研磨。硬脆材料研磨的加工模型如图7-1-12所示。一部分磨粒在研磨压力的作用下用露出的尖端刻划工件表面进行微切削加工；另一部分磨粒则产生滚轧效果，使工件表面产生脆性崩碎形成切屑。研磨磨粒为1 μm的氧化铝和碳化硅等。

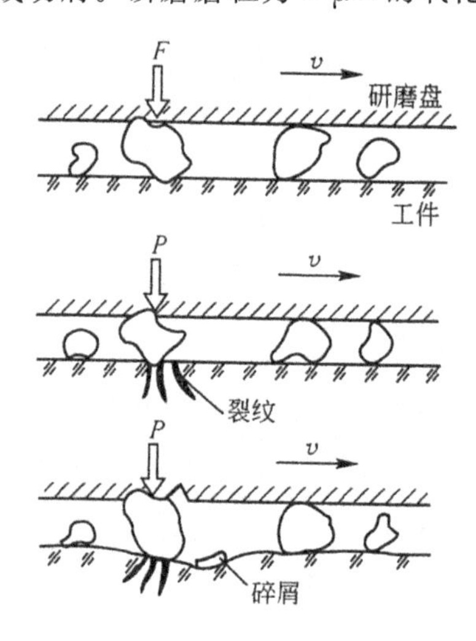

图7-1-12　硬脆材料的研磨加工模型

(2)金属材料的研磨。金属材料研磨时，磨粒的研磨作用相当于普通切削和磨削的切削深度极小时的状态，没有裂纹产生。由于磨粒处于游离状态，难以形成连续的切削，磨粒与工件间仅是断续的研磨动作，从而形成磨屑。

研磨在实际生产中应用比较广，可加工钢、铸铁、铜、铝、硬质合金、陶瓷、半导体和塑料等材料的内外圆柱面、圆锥面、平面、螺纹和齿形等表面。

2. 珩磨

珩磨是研磨的发展，是磨削的特殊形式之一，它是利用带有磨条(油石)的珩磨头对孔进行光整加工的方法。图7-1-13所示为珩磨加工原理图。珩磨时，珩磨头上的磨条以一定压力压在工件的被加工表面上，由机床主轴带动珩磨头旋转并沿轴向作往复运动(工件固定不动)。在相对运动的过程中，磨条从工件表面上切除一层极薄的金属，工件表面上的切削轨迹是交叉而不重复的网纹[图7-1-13(b)]，能获得很高的精度和很小的表面粗糙度值。

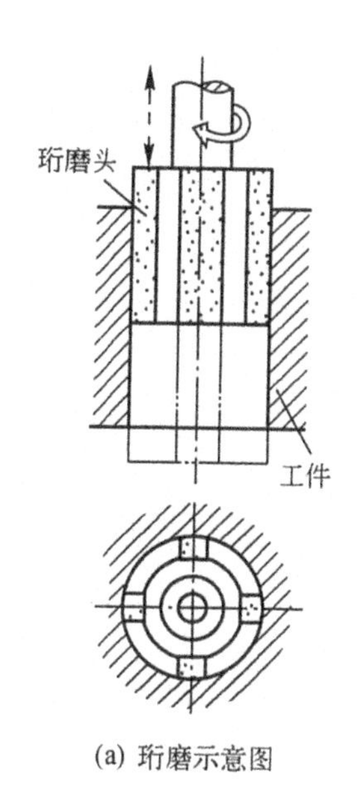

(a) 珩磨示意图

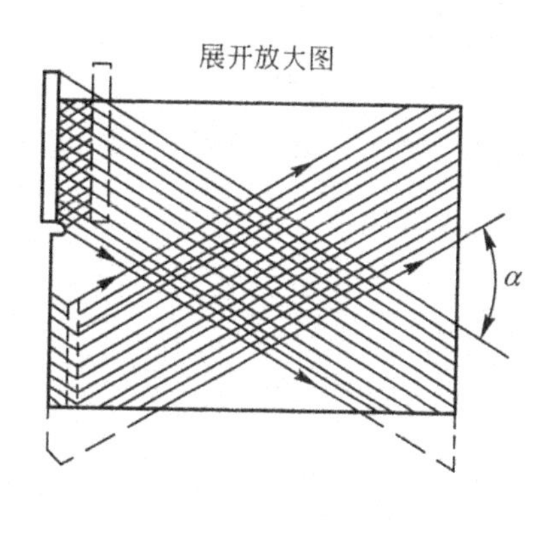

(b) 磨削螺旋线轨迹

图 7-1-13　珩磨加工原理图

珩磨头分磨条手动胀开和液压（或气压）自动胀开两种。图 7-1-14 所示为一种手动珩磨头结构，为使珩磨头沿孔壁自动导向，珩磨头与机床主轴一般采用浮动连接，这种连接可以使磨条与孔壁接触均匀，有利于提高工件的形状精度。磨条 7 用黏结剂或机械方法与垫块 6 固定，装在珩磨头本体 5 的轴向等分槽中，上下两端用弹簧卡箍 8 卡住，使磨条有向内收缩的趋势。转动螺母 1 使锥体 3 下移，经推动垫块和磨条沿径向胀开，珩磨头直径增大。若反向转动螺母，压力弹簧 2 使锥体上移，弹簧卡箍迫使珩磨头直径缩小。与自动珩磨头相比，手动珩磨头调整费时，压力准确性差，生产率低，只适用于单件小批生产。大批大量中广泛采用气动、液压装置调节珩磨头的工作压力。

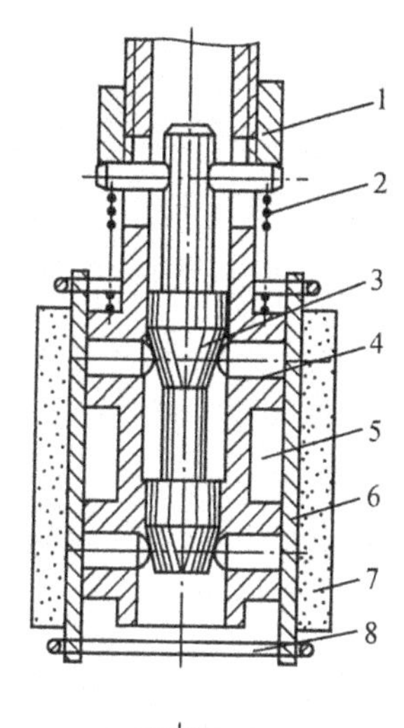

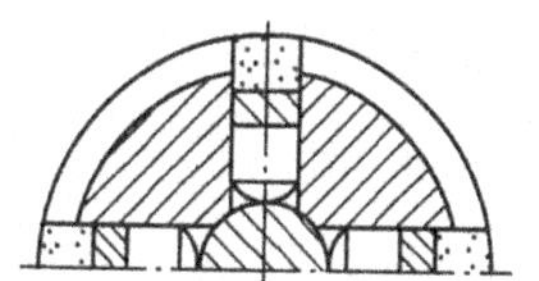

图 7-1-14　手动珩磨头结构

1—螺母　2—弹簧　3—锥体
4—顶销　5—本体　6—垫块
7—磨条（油石）　8—弹簧卡箍

珩磨头磨条一般 4～6 个，磨条选用原则与普通磨削用砂轮相同，磨条长度是孔长的 1/8～1/2，珩磨余量为 0.01～0.2 mm。

为排出破碎的磨粒和切屑，降低切削温度和提高加工质量，应使用充足的切削液。珩磨铸铁和钢时，通常使用煤油作切削液；珩磨青铜时，可用水作切削液或不用切削液。

珩磨的工艺特点是生产率较高；珩磨能获得较高的尺寸精度和形状精度，珩磨后工件公差等级可达 IT6～IT5，孔的圆柱度误差可控制在 3～5 μm 之内，但不能提高孔的位置精度；珩磨能获得较高的表面质量，表面粗糙度值为 Ra 0.2～0.025 μm，珩磨表面金属变质层极薄。珩磨主要用于精密孔的最终加工工序，能加工直径 ϕ 15～ϕ 500 mm 或更大的孔，并可加工深径比大于 10 的深孔。珩磨适于大批大量生产，也适于单件小批生产，但珩磨不宜加工塑性较大的有色金属，也不能加工带键槽孔、花键孔等断续表面。

3. 超精加工

超精加工是用细粒度磨粒、低硬度的油石，在一定的压力下对工件表面进行加工的一种光整加工的方法。如图 7-1-15 所示，加工时，工件旋转，油石以一定的压力（0.1～0.3 MPa）轻压于工件表面，在轴向进给的同时，作轴向低频振动（频率 8～35 Hz，振幅为 2～6 mm），从而对工件表面进行微量磨削。

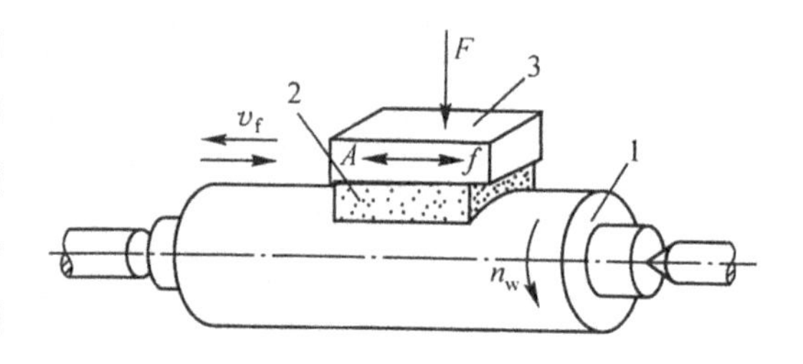

图 7-1-15　超精加工原理图

1—工件　2—油石　3—振动头

加工时，在磨条和工件之间注入切削液（煤油加锭子油）以起到冷却、润滑、清理切屑和形成油膜的作用。当磨条最初与工件表面接触时，因表面凹凸不平、接触面积小、压强大，不能形成完整油膜，加工面微观凸峰很快被切除。随着加工面逐渐被磨平，以及细微切屑嵌入磨条，使磨条表面也逐渐平滑，接触面不断增大，压强不断下降，接触面间逐渐形成完整油膜，切削作用逐渐减弱，经过摩擦抛光阶段，加工便自动停止，最终形成很小的粗糙度值表面。

超精加工的工艺特点是设备简单，自动化程度较高，操作简便，对工人技术水平要求不高；切削余量极小（3～10 μm），加工时间短（30～60 s），生产率高；因磨条运动轨迹复杂，加工后表面具有交叉网纹，利于储存润滑油，耐磨性好。超精加工只能提高加工面质量（Ra= 0.1～0.008 μm），不能提高尺寸精度和形位精度。主要用于轴类零件的外圆柱面、圆锥面和球面等的光整加工。

4. 抛光

抛光是利用机械、化学或电化学的作用，在抛光机或砂带磨床上进行的一种光整加工方法。加工时，将抛光膏涂在高速（30～40 m/s）旋转的软弹性轮（一般用毛毡、橡胶、皮革、布或压制纸板制成）或砂带上，在抛光轮或砂带与工件加工表面间施以一定的压力，由于它们之间的剧烈摩擦产生的高温，使加工面上形成极薄的熔流层，熔流层将加工面上的凹凸微观不平填平；此外，抛光膏中的硬脂酸在加工面上形成的氧化膜，可加速切削作用。因此，抛光时加工面在高速滚压和微弱的切削下，便可获得很小的粗糙度值（Ra 可达 0.1～0.012 μm）。

抛光膏由磨料和油脂（硬脂酸、石蜡、煤油）调制而成。磨料的种类取决于工件材料。抛

光钢件可用刚玉，抛光铸铁件用碳化硅，抛光铜件、铝件用氧化铬。

与其他光整加工方法相比，抛光主要用于减小粗糙度值，增加表面光亮、美观和提高疲劳强度及耐蚀性。抛光设备及加工方法简单，生产率高，成本低；抛光轮有弹性，能与曲面相吻合，便于对曲面及模具型腔进行抛光；抛光轮与工件之间没有刚性的运动联系，不能保证从工件表面均匀地切除材料，故只能去除前道工序所留下的痕迹而得到光亮的表面，而不能提高或保持工件原有的尺寸和形状精度。手工操作劳动强度大，飞溅的磨粒、介质等污染环境，劳动条件差。抛光的零件表面形状不限，可加工外圆、孔、平面及各种成形面。

（三）精密与超精密磨削加工

精密磨削是指加工精度为 1～0.1 μm、表面粗糙度为 Ra＝0.2～0.025 μm 的磨削方法，而超精密磨削是指加工精度在 0.1 μm 以下，表面粗糙度值为 Ra＝0.04～0.02 μm 以下的磨削方法。精密和超精密磨削一般用于机床主轴、轴承、液压滑阀、滚动导轨、量规等的精密加工。

1. 精密磨削机理

精密磨削主要是靠砂轮具有的微刃性和等高性的磨粒实现的。精密磨削机理主要包括以下三个方面：

(1)微刃的微切削作用。应用较小的进给量对砂轮实施精细修整，从而得到如图 7-1-16 所示的微刃，微刃的微切削作用形成了小表面粗糙度值的表面。

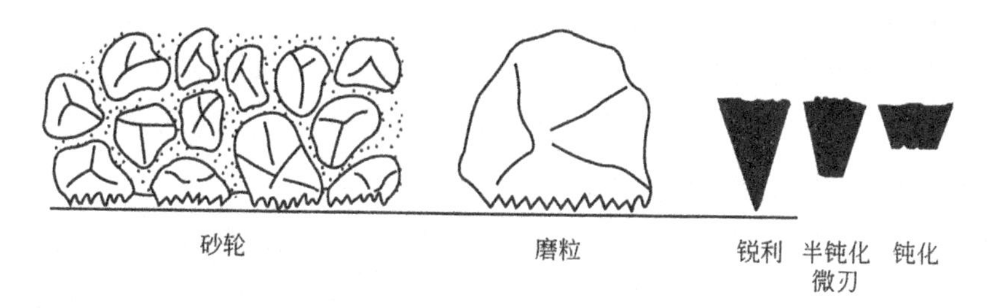

图 7-1-16　磨粒的微刃性和等高性

(2)微刃的等高切削作用。砂轮的精细修整使砂轮表层的同一深度上的微刃数量多、等高性好，从而使加工表面的残留高度极小。

(3)微刃的滑挤、摩擦、抛光作用。砂轮微刃随着磨削时间的增加而逐渐钝化，但等高性逐渐得到改善，因而切削作用减弱，滑挤、摩擦、抛光作用加强。同时磨削区的高温使金属软化，钝化微刃的滑擦和挤压将工件表面凸峰碾平，减小了表面粗糙度值。

2. 精密磨削用量

精密磨削和超精密磨削砂轮的修整量及磨削用量见表 7-1-2。

表 7-1-2 砂轮的修整用量和磨削用量

砂轮的修整用量和磨削用量	精密磨削	超精密磨削
砂轮线速度/m·s^{-1}	32	12～20
修整导程/mm·r^{-1}	0.03～0.05	0.02～0.03
修整深度/mm	0.002 5～0.005	≤0.002 5
修整恒进给次数	2～3	2～3
工件线速度/m·min^{-1}	6～12	4～10
磨削时工作台纵向进给速度/m·min^{-1}	50～100	50～100
背吃刀量/mm	0.002 5～0.005	≤0.002 5
磨削恒进给次数	1～2	1～2
无火花光磨工作台往复次数	5～6	5～6
磨削余量/mm	0.002～0.005	0.002～0.005
可达到的表面粗糙度 Ra/μm	0.2～0.01	0.01～0.025

应当指出，磨削用量与被加工材料和砂轮材料有关，确定磨削用量时要加以考虑。

3. 超精密磨削

超精密磨削是一种亚微米级的加工方法，并正向纳米级发展。它是指加工精度达到或高于0.1 μm、表面粗糙度(Ra)低于0.025 μm的砂轮磨削方法，适宜于对钢、铁材料及陶瓷、玻璃等硬脆材料的加工。

通常所说的镜面磨削是属于精密磨削和超精密磨削范畴的加工。镜面磨削是指加工表面粗糙度达到Ra=0.02～0.01 μm、表面光泽如镜的磨削方法，其加工精度的含义并不明确，而是强调表面粗糙度的要求。影响超精密磨削的因素有：超精密磨削机理、被加工材料、砂轮及其修整、超精密磨床、工件的定位夹紧、检测及误差补偿、工作环境、操作水平等。超精密磨削需要一个高稳定性的工艺系统，对力、热、振动、材料组织、工作环境的温度和净化等都有稳定性的要求，并有较强的抗击来自系统内外的各种干扰的能力。

精密及超精密磨削主要用于对钢铁等黑色金属材料的精密及超精密加工。如果采用金刚石砂轮和立方氮化硼砂轮，还可对各种高硬度、高脆性材料(如硬质合金、陶瓷、玻璃等)和高温合金材料进行精密及超精密加工。因此，精密及超精密磨削加工的应用范围十分广阔。

第二节 快速成形制造技术

快速成形制造技术(Rapid Prototyping & Manufacturing，RP&M)是20世纪90年代发展起来的一种先进制造技术，被认为是近年来制造技术领域的一次重大突破。RP&M系统

综合了机械工程、CAD、数控技术、激光技术及材料科学技术，可以自动、直接、快速、精确地将设计思想物化为具有一定结构和功能的原型或直接制造零件，从而可以对产品设计进行快速评价、修改及功能实验，有效地缩短了产品的研发周期，可以快速响应市场需求，提高企业的竞争力。

RP&M 就是利用三维 CAD 的数据，通过快速成形机，将一层层的材料堆积成实体原型。它彻底摆脱了传统的“去除”加工法（部分去除大于工件的毛坯上的材料来得到工件），而采用全新的“增长”堆积法（用一层层的小毛坯逐步叠加成大工件，将复杂的三维加工分解成简单的二维加工的组合），因此，它不必采用传统的加工机床和工模具，只需传统加工方法的 10%～30%的工时和 20%～35%的成本，就能直接制造出产品样品或模具。由于快速成形具有上述突出的优势，所以近年来发展迅速，已成为现代先进制造技术中的一项支柱技术。

一、RP&M 的原理及主要方法

RP&M 技术采用离散/堆积成形原理，通过离散获得堆积的路径和方式，通过精确堆积将材料“叠加”起来形成复杂三维实体，其成形过程如图 7-2-1 所示。离散/堆积的过程是由三维 CAD 模型开始的：先将 CAD 模型离散化，将某一方向（常取 Z 向）切成许多层面，即分层，属信息处理过程；然后在分层信息控制下顺序堆积各片层，并使层层结合，堆积出三维实体零件，这是 CAD 模型的物理体现过程。每种快速成形设备及其操作原理都是基于逐层叠加的过程的。

(a) 待加工零件

(b) 用CAD软件将待加工零件转化为三维实体模型

(c) 由CAD文件转换成STL格式文件

(d) STL文件的切片和扫描

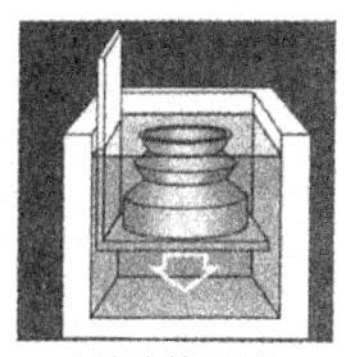

(e) 零件的形成

图 7-2-1　零件的快速成形过程

RP&M 技术的具体工艺很多，主要可分为以下三种类型：

1. 激光快速成形制造法

用激光束扫描各层材料，生成零件的各层切片形状，并连接各层切片形成所要求的零件，这种方法就是激光快速成形制造法。

2. 成形焊接快速制造法

用焊接材料的方法来堆积形成复杂的三维零件就是成形焊接快速制造法。它是用 CAD 软件生成待加工零件的三维实体模型，并进行切片分层离散化，再控制生成焊枪在每层切片上所走的空间轨迹以及对应的焊枪开关状态，进行零件的成形焊接快速制造，加工出所要求的零件。

3. 喷涂式快速成形制造法

用计算机控制喷嘴在 XY 平面内的运动轨迹，通过喷嘴中喷出的液体或微粒，来形成零件。

 二、RP&M 技术的应用

RP&M 技术应用发展很快，最早应用于机械零件或产品整体的设计效果的直观物理实现。因为只是用于审查最终产品的造型、结构和装配关系等，因此，造型材料要求较低。第二类用途是制造用于造型的模型，如陶瓷型精铸模、熔模铸造模、冷喷模和电铸模等。第三类用途则为最终产品，如采用金属粉直接成形机械零件和压力加工模具等。

我国先后发展了立体光刻(Stereo Lithography Apparatus，SLA)、分层实体制造(Laminated Object Manufacturing，LOM)、熔融沉积成形(Fused Deposition Modeling，FDM)、选择性激光烧结(Selective Laser Sintering，SLS)四种 RP&M 工艺、装备及配套材料，其科技成果已经商品化。2002 年我国快速成形制造的设备台数已近千台套，仅次于美国和日本，居世界第三位，其中 60%是我国自己制造的。我国自主开发了无模砂型制造(PLC)、低温冰型(LIRP)工艺以及不采用激光器的紫外光快速成形机等几种快速成形制造新技术，引起了国内外同行的高度重视。RP&M 在国民经济各个领域得到了广泛应用. 目前已可应用于一般制造业、家用电器、航空航天、工程结构模型制造、美学及其相关工程、医学康复和考古等领域，并且还在向新的领域发展。

在制造业中以 RP&M 系统为基础发展起来并已成熟的快速模具工装制造(Quick Tooling)技术、快速精铸技术(Quick Casting)和快速金属粉末烧结技术(Quick Powder Sintering)，可实现零件的快速制造。

近年来，RP&M 因其无可比拟的优势而被用来进行组织工程材料的人体器官诱导成形研究。组织工程材料是与生命体相容的、能够参与生命体代谢并在一定时间内逐渐降解的特种材料。用 RP&M 并采用这种材料制成的细胞载体框架结构能够创造一种微环境，以利细胞的黏附、增殖和功能发挥。它是一种极其复杂的非均质多孔结构，是一种充满生机的蛋白和细胞活动、繁衍的环境。在新的组织、器官生长完毕后，组织工程材料随代谢而降解、消失。在细胞载体框架结构支撑下生长的新器官完全是天然器官。这一技术将为人们的健康提供更强有力的保证。

RP&M 经过十几年的发展，已经显示出无限生命力，成功实现了 CAD/CAM 的集成。该项技术以其不可比拟的优势必将成为 21 世纪占重要地位的先进制造技术。

第三节　微机械制造技术

微机械被认为是一项面向21世纪可以广泛应用的新技术。目前所谓的微机械，大致分为两大类：一类称之为微机械电子系统MEMS(Micro Electric Mechanical System)，侧重于用集成电路可兼容技术加工制造的元器件；另一类就是微缩后的传统机械，如微型机床、微型汽车、微型飞机、微机器人等。

微机械加工起始于硅基(电子)微加工技术，本质上讲是集成电路(IC)制造工艺和硅微加工技术的结合，后来发展了一系列独立于硅微加工技术的新技术，而且加工材料也不仅限于硅。概括来讲，微机械制造技术(Micromachining)是在微电子制造工艺基础上吸收融合其他加工工艺技术逐渐发展起来的，是实现各种微机械结构的手段。

一、对微机械的认识

随着超精加工、精细加工和硅集成电路技术的不断提高，微机械制造技术迅速发展，应用越来越广泛。尽管目前微机械有很多名称，但所指的都是同一领域。对微型机械的尺寸，世界上并没有统一的标准。日本的一些人士所做的划分是：1～10 mm为“小型机械”；1 μm～1 mm为“微型机械”；1 nm～1 μm为“纳米机械或分子机械”，一般统称为微型机械。

美国最早研究并试制成功微机械，在微机械的基础研究与产品开发方面都处于世界领先地位。微机械在美国通常被称为MEMS。日本称之为微型机械(Micro Machine)，欧洲称之为微型系统(Micro System)。美国所说的MEMS侧重于用集成电路可兼容技术加工元器件，把微电子和微机械集成在一起，或者说它是把微机构及其致动器、控制器、传感器、信号处理以及接口、通信和电源等集成在一个微小的空间内，发挥机械功能的集成型机电一体化系统。

MEMS并不是传统机械电子的直接微型化，而是在物质结构、尺度、材料、制造工艺和工作原理等方面都远远超出了传统机械电子的概念和范畴。广义的微机械除了包含MEMS之外，还应包括微缩后的传统机械，如微型机床、微型汽车、微型飞机等。

微机械技术综合应用了当今世界科学技术的尖端成果，是影响产业竞争力的基础技术之一。它的发展将对未来世界科技、经济和社会等诸多领域产生重大变革。图7-3-1是微机械及其支撑体系框图。

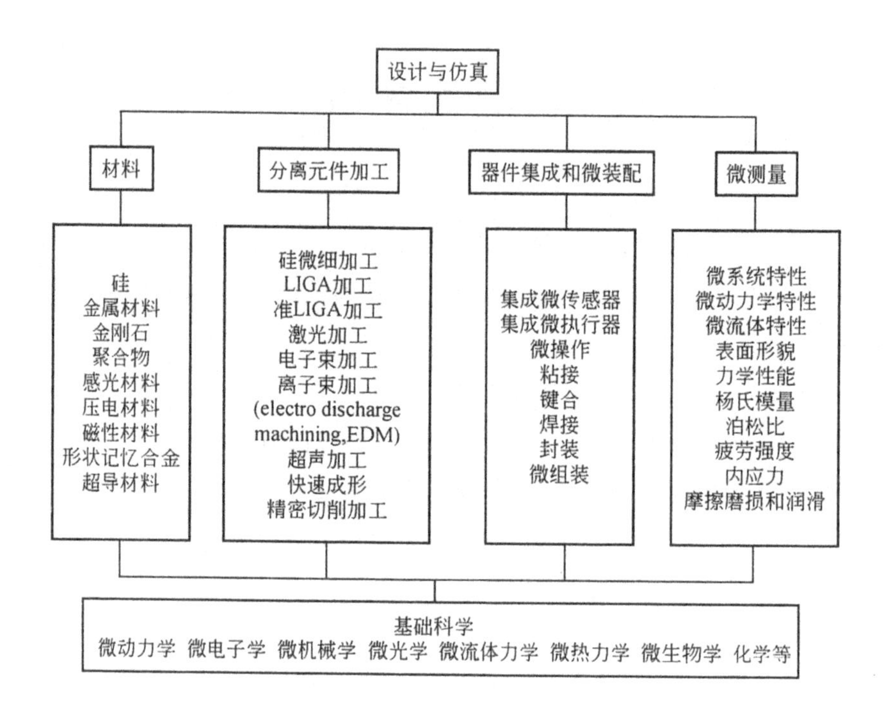

图 7-3-1 微机械及其支撑体系框图

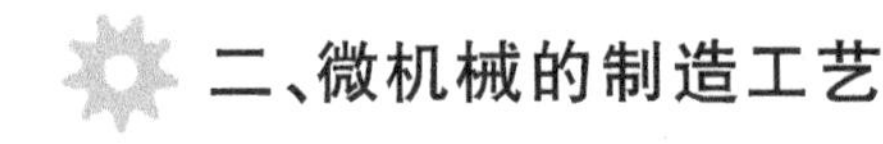

二、微机械的制造工艺

(一)小型机械的制造技术

这种微机械的尺寸在 1～10 mm 之间,可以看成是传统机械的微缩。它们大都结构复杂、运动也复杂。一般是用传统的工艺(切削加工、特种加工)制造,即用小型精密金属切削机床及电火花、线切割机床加工,制作毫米左右的微型机械零件,是一种三维立体加工技术。其特点是加工材料广泛,但是多半是单件加工和装配,成本高。目前已用这种方法制造出能开动的 3 mm 长的小汽车和花生米大的微型飞机。

(二)微型机械制造技术

这种微机械的尺寸在 1 μm～1 mm 之间,其制造技术有多种,主要介绍以下几种:

1. 硅微机械制造技术

它是一种以硅为材料制造微机械的方法,它有两个分支。

(1)集成电路 IC 技术。超大规模集成电路中的各种光刻工艺是微机械制造中的一种主要手段。它是利用物理层蚀刻工艺,在硅片上通过沉积、光刻与蚀刻的巧妙结合制作微型机电系统或元件。但是由于刻蚀深度小,只有几百纳米,微结构陡直性差,仅适用于二维结构

和深宽比很小的三维结构。此外，IC工艺仅适用于硅材料加工。由于硅材料的方向性，这种制作仅限于平面工艺，而对于深宽比较大的微结构和其他材料的元件，这种工艺就无能为力了。目前应用这种方法制造的微机械有微型齿轮、微型发动机、带有振动片的压力传感器、加速度计和陀螺等。

(2)腐蚀成形技术。腐蚀成形技术的特点是在基片上生成一个称为"牺牲层"的 SiO_2 层。蚀刻后再将其溶解、清洗掉。腐蚀成形技术有湿法和干法两种，湿法又分溶液法和阳极法，干法又分离子法和激光法。其中溶液法由于使用简单、成本低、工艺效果好、加工范围宽而备受青睐，而激光腐蚀法通过辐射剂量的调节，能腐蚀加工几乎任何形状的微型机构，这是其他方法所不能比拟的。腐蚀成形技术与IC技术相比，所制造的MEMS更小、更复杂和更精密，结构高度可在20 μm以内，加工材料的范围也更加广泛。

硅微机械制造技术的最大优点是利用了已有的集成电路生产线，电子电路能以微机械结构的形式与机械结构制作在同一芯片上，因而生产率高，成本低，这种结构又称为片式结构。

2. 激光微加工技术

激光加工LBM(Laser Beam Machining)是20世纪90年代初发展起来的，主要有激光束和各向异性刻蚀相结合的激光蚀刻加工、激光化学辅助微加工等，其优越性是激光器可在市场上买到，容易满足加工条件，发展前景看好。激光加工具有以下特点：

①加工精度高。激光束光斑直径可达1 μm以下，可进行超微细加工，它属于非接触式加工，无明显机械作用力，加工变形小，加工精度高。

②可加工材料范围广。可加工各种金属和非金属材料。

③加工性能好。对加工条件和环境要求不高，在某些特殊工况下可方便进行加工。

④加工速度快，热影响区域小、效率高。

3. 薄膜成形技术

采用金刚石、陶瓷、超导材料以及各种半导体材料生成的薄膜具有独特的理化性能。其厚度可以小到微米级甚至纳米级，而且此时这些材料的特性与具有数毫米(或更大些)尺寸的相同材料有难以想象的差别。例如，硅材料在宏观尺寸时脆性大、强度低，但是在薄膜状态，它却具有很高的韧性，并且不像金属材料那样会产生疲劳破坏。薄膜成形技术将不同的基片材料与相应的薄膜结合起来可构成功能十分复杂的微机械，特别是传感器。薄膜一般可以用气相沉积、液相沉积和固相沉积等方法制备。

第四节　数字化、智能化制造技术

数字化、智能化制造已成为各国占领制造技术制高点的重点研发技术与产业化领域。

近年来，美国等国学者不断强调新的工业革命即将到来，其核心技术就是“制造业数字化”。这些学者认为，美国在信息技术方面具有巨大优势，应该通过大力发展和广泛应用以数字化和智能化为核心的先进制造技术，实现制造业的革命性变化。欧美日等将智能制造列为支撑未来可持续发展的重要智能技术。数字化、智能化不仅是实现机械产品创新的共性使能技术，还是制造技术创新的共性使能技术，使制造业向数字化智能化集成制造发展，全面提升产品设计、加工和管理水平。

 一、数字化制造技术

数字化制造技术是制造业信息化的基础，它贯穿于制造业信息化的全过程，是制造企业的神经系统和核心技术。数字化制造能够帮助现代企业实现技术创新，提高产品研发和设计能力，优化产品制造过程，提高制造资源的利用率，缩短企业产品的设计和制造周期，降低产品研发和生产成本，提高产品品质，加快产品上市速度，所以从某种程度上看数字化制造技术是现代工业技术水平的标志。数字化制造技术包括计算机辅助技术和系统，如CAD、CAM、CAPP、CAT、CAA(计算机辅助装配)、CAE；先进制造系统主要有：成组技术(GT)、柔性制造系统(FMS)、准时生产制(JIT)、计算机集成制造系统(CIMS)、产品全生命周期管理(PLM)、制造执行系统(MES)、分布式控制系统(DCS)、数字化工厂系统(DFS)以及产品维护、维修及运行服务(MRO)等。

 二、智能制造技术

智能制造是指制造产品的过程是智能化的，制造产品的工具是智能化的。实现智能制造要有知识库、动态传感及自主决策3大要素。具体是指在产品设计和制造过程中具有感知、分析、决策、执行功能的制造系统的总称，是在现代传感技术、网络技术、自动化技术基础之上，通过拟人化智能技术与制造装备的深度融合与集成，实现设计、制造、服务过程智能化和制造装备的智能化，从而带来制造模式的改变，即形成智能制造系统。

智能制造系统是基于数字化制造技术，利用知识表达处理、智能优化和智能数控加工方法，使制造系统稳定、高效、高质地生产出理想的产品。智能制造系统处理的对象是知识，处理的方法是建立智能数学模型。智能制造是通过技术进步提高劳动生产力的创新驱动，有效实现经济发展动力的转换。

数字化制造技术与众多的智能化方法结合起来就形成各种智能制造技术。智能制造技术特征主要有以下四点。

(1)智能性。智能性表现为对工作环境的自动识别与判断，其工作指令根据反馈信息自动生成。智能性也是智能制造技术上的难点，尽管目前人工智能技术已经获得了较大的突破，但相对于人的智能而言，智能制造技术尚有较大差距。

(2)综合性。智能制造技术是一种集成技术，是典型的交叉学科。任何一个单一技术的突破，都可为智能制造技术带来革命性的改变。

(3)实时性。智能制造技术要求对现实工况做出快速反应。人能够快速地对各种不可预知的突发情况做出实时的响应，这就要求智能制造技术也必须有此能力才能保证工作任务的完成。目前，距离实现这一目标还有不小差距。

(4)交互性。智能制造技术必须能够理解人的意图和思想，必须实现与人和社会的交流。例如，语音识别技术和语音合成技术，就是使机器能"听"懂人类的语言，并将自己的回应转化为语音"说"给人们听。人机交互技术的本质就是让智能制造技术具有与人交流的能力，并且这一交流过程越自然越好。

思考题与习题

1.试述精密与超精密加工的概念、特点及主要影响因素。

2.分析金刚石刀具超精密切削的机理及其应用范围。

3.光整加工的主要目的是什么？它能否提高被加工表面与其他表面之间的相对位置关系？为什么？

4.试简述精密磨削和超精密磨削加工出高精度的工件表面的原理。

5.什么是快速成形制造技术？常用的工艺方法有哪些？

6.快速成形制造技术主要有哪些应用？主要应用在哪些领域？

7.什么是微机械制造技术？有哪些应用前景？

8.什么是数字化、智能化制造技术？智能制造技术有什么主要特点？

9.什么是数字化智能化管理？其关键技术包括哪些方面的内容？

10.什么是数字化工厂？实现数字化工厂的关键技术有哪些？

11.我国中小企业如何实施数字化智能化制造技术？实施数字化工厂需要防范哪些风险？

参考文献

[1]陈日曜.金属切削原理[M].2版.北京:机械工业出版社,2017.

[2]冯之敬.机械制造工程原理[M].北京:清华大学出版社,2018.

[3]华茂发.数控机床加工工艺[M].北京:机械工业出版社,2016.

[4]吉卫喜.现代制造技术与装备[M].2版.北京:高等教育出版社,2017.

[5]吉卫喜.现代制造技术与装备[M].北京:高等教育出版社,2018.

[6]孔庆华.特种加工[M].上海:同济大学出版社,2017.

[7]李华.机械制造技术[M].2版.北京:高等教育出版社,2018.

[8]倪小丹,杨继荣,熊运昌.机械制造技术基础[M].北京:清华大学出版社,2016.

[9]王广春,赵国群.快速成型与快速模具制造技术及其应用[M].北京:机械工业出版社,2018.

[10]王启平.机床夹具设计[M].2版.哈尔滨:哈尔滨工业大学出版社,2017.

[11]王世清.孔加工技术[M].北京:石油工业出版社,2018.

[12]袁慧娟,李容来.机械制造工艺学[M].上海:上海科学技术出版社,2016.

[13]袁哲俊,王先逵.精密与超精密加工技术[M].北京:机械工业出版社,2017.

[14]苑伟政,马炳.微机械与微细加工技术[M].西安:西北工业大学出版社,2018.

[15]张根保.自动化制造系统[M].北京:机械工业出版社,2016.